普通高等职业教育计算机系列规划教材

计算机应用基础

（Windows 7+Office 2010）

（第3版）

邱绪桃　陈　谊　费玲玲　主　编

李　繁　刘丽萍　副主编

U0303892

电子工业出版社.

Publishing House of Electronics Industry

北京·BEIJING

内 容 简 介

本书根据全国计算机等级考试大纲（2018 年版）的基本内容组织编写，充分考虑了大学生的知识结构和学习特点，注重计算机基础知识的介绍和学生动手能力的培养。

本书共 6 章。第 1 章介绍计算机基础知识，第 2 章介绍 Windows 7 操作系统的使用，第 3 章介绍文字处理软件 Word 2010 的常用操作，第 4 章介绍电子表格处理软件 Excel 2010 的使用方法，第 5 章介绍演示文稿制作软件 PowerPoint 2010 的使用方法，第 6 章介绍计算机网络及应用。本书内容通俗易懂、循序渐进，每章后的练习题结合计算机一级等级考试，难度适中，同时本书配有实训教材，便于学中练和练中学，让读者掌握相关知识及操作技能。

本书既可作为高等院校各专业"计算机应用基础"课程的理论教材，又可作为相关人士自学的参考书，还可供计算机等级考试人员参考。

图书在版编目（CIP）数据

计算机应用基础：Windows 7+Office 2010 / 邱绪桃，陈谊，费玲玲主编. —3 版. —北京：电子工业出版社，2019.8
普通高等职业教育计算机系列规划教材

ISBN 978-7-121-36598-0

Ⅰ．①计…　Ⅱ．①邱…　②陈…　③费…　Ⅲ．①Windows 操作系统－高等职业教育－教材②办公自动化－应用软件－高等职业教育－教材　Ⅳ．①TP316.7②TP317.1

中国版本图书馆 CIP 数据核字（2019）第 096810 号

策划编辑：徐建军（xujj@phei.com.cn）
责任编辑：韩玉宏
印　　刷：北京盛通商印快线网络科技有限公司
装　　订：北京盛通商印快线网络科技有限公司
出版发行：电子工业出版社
　　　　　北京市海淀区万寿路 173 信箱　邮编　100036
开　　本：787×1 092　1/16　印张：17.25　字数：441.6 千字
版　　次：2011 年 9 月第 1 版
　　　　　2019 年 8 月第 3 版
印　　次：2023 年 8 月第 9 次印刷
定　　价：52.00 元

凡所购买电子工业出版社图书有缺损问题，请向购买书店调换。若书店售缺，请与本社发行部联系，联系及邮购电话：（010）88254888，88258888。

质量投诉请发邮件至 zlts@phei.com.cn，盗版侵权举报请发邮件至 dbqq@phei.com.cn。

本书咨询联系方式：（010）88254570。

前　言

"计算机应用基础"课程已经成为高校学生的必修课，它为学生了解信息技术的发展趋势、熟悉计算机操作环境及工作平台、具备使用常用工具软件处理日常事务的能力和必要的信息素养等奠定了良好的基础。

计算机信息技术的发展日新月异，要求学校对计算机的教育也要不断改革和发展。特别是对高职教育来说，教育理论、教育体系及教育思想正处于不断的探索之中。为促进计算机教学的开展，适应教学实际的需要和培养学生的应用能力，本书对计算机应用基础教材从内容及组织模式上进行了不同程度的调整，使之更加符合当前高职教育教学的需要。

本书基于目前最为普及的操作系统 Windows 7 和 Office 2010 软件进行编写，强调基础性与实用性，突出"能力导向，学生主体"原则，实行项目化课程设计，把计算机基础知识划分为六大应用部分，包括计算机基础知识、Windows 7 操作系统、文字处理软件 Word 2010、电子表格处理软件 Excel 2010、演示文稿制作软件 PowerPoint 2010、计算机网络及应用，每部分内容通过任务逐步展开，有利于满足高职项目化教学要求，适应学生的学习特点。同时，每个教学项目配有与之对应的实训，以强化学生解决问题的能力，逐步提高应用操作技能。本书符合现代高职教育理念，注重综合应用能力的培养，注重解决问题能力及团队协作精神的培养，注重提高应用技能。

本书根据全国计算机等级考试大纲（2018 年版）的基本内容组织编写，力求语言精练、内容实用、操作步骤及方法详细，并配备大量图片，以方便教学和学习。需特别说明的是，为了让读者能更好地准备计算机等级考试，每章配有不同数量的练习题。

本书由成都纺织高等专科学校的邱绪桃、陈谊、费玲玲担任主编。其中，第 1 章和第 6 章由陈谊编写，第 2 章由刘丽萍编写，第 3 章由邱绪桃编写，第 4 章由李繁编写，第 5 章由费玲玲编写。全书由邱绪桃负责统筹安排和协调，由肖甘主审。在本书的编写过程中，编者得到了各方面的大力支持，在此一并表示感谢。

为了方便教师教学，本书配有电子教学课件及相关资源，请有此需要的教师登录华信教育资源网（www.hxedu.com.cn）注册后免费进行下载，如有问题可在网站留言板留言或与电子工业出版社联系（E-mail：hxedu@phei.com.cn）。

教材建设是一项系统工程，需要在实践中不断加以完善及改进。由于作者水平的局限，书中难免存在疏漏和不足之处，恳请同行专家和读者给予批评和指正。

编　者

目 录
Contents

第1章

计算机基础知识

计算机是人类社会 20 世纪较伟大的发明之一，其应用已渗透到社会生活的各个领域，并发挥着巨大的作用。现在，计算机已成为人类工作和生活中不可缺少的工具，掌握以计算机为核心技术的基础知识和应用能力，是现代大学生应具备的基本素质。

本章主要内容

- 计算机的发展和应用
- 计算机中信息的表示
- 计算机系统的组成
- 计算机的工作原理和主要技术指标
- 多媒体技术的概念

1.1 计算机概述

本章主要从计算机文化的角度，通过对计算机的发展、计算机的特点和应用、信息技术基础知识的学习，使大家对计算机及信息技术有一个初步的了解。

1.1.1 计算机的发展史

从第一台计算机出现到目前为止，计算机的发展经历了 4 个阶段。

第一代计算机（1946—1959 年），称为"电子管时代"。

第二代计算机（1959—1964 年），称为"晶体管时代"。

第三代计算机（1964—1972 年），称为"集成电路时代"。

第四代计算机（1972 年至今），称为"大规模集成电路时代"。

1. 第一代计算机（电子管时代）

1946 年 2 月 14 日，世界上第一台通用电子计算机诞生于美国宾夕法尼亚大学，名为 ENIAC

（Electronic Numerical Integrator And Calculator），全称"电子数字积分计算机"。它占地 $170m^2$ 左右，重达 30t，耗电量超 174kW·h，每秒钟可进行 5000 次加法运算；它的内部总共安装了 17468 只电子管、7200 个二极管、70000 多个电阻器、10000 多只电容器和 6000 个开关；机器表面则布满电表、电线和指示灯。

第一代计算机的主要特点是：硬件方面，以电子管为基本逻辑电路元器件，主存储器采用延迟线或磁鼓（后期采用了磁芯存储器），外存储器采用磁带存储器，计算机体积庞大、功耗大、可靠性差、价格昂贵；软件方面，没有操作系统，最初只能使用机器语言，编写和修改程序都很不方便，20 世纪 50 年代中期以后才出现了汇编语言，但仍未从根本上解决编制程序的困难，因而计算机应用很不普遍。但是，第一代计算机所采用的基本技术（采用二进制、存储程序控制的方法）为现代计算机技术的发展奠定了坚实的理论基础。

2. 第二代计算机（晶体管时代）

这一时代计算机的主要特点是：硬件方面，以晶体管为基本逻辑电路元器件，主存储器全部采用磁芯存储器，外存储器采用磁鼓和磁带，内存容量扩大到几十千字节；计算机的结构也从第一代以运算器为中心改为以存储器为中心，从而使得运算速度可达每秒几十万次；同时，第二代计算机体积减小，功耗降低，可靠性也有显著增强。软件方面，创立了一系列高级程序设计语言和操作系统。计算机的应用从单一的计算发展到数据、事务管理和过程控制。

3. 第三代计算机（集成电路时代）

这一时代计算机的主要特点是：硬件方面，计算机主要逻辑部件采用中、小规模集成电路，主存储器逐步过渡到半导体存储器，使得计算机的体积进一步减小，运算速度、运算精度、存储容量及可靠性等主要性能指标大为改善，运算速度每秒可达几十万次到几百万次；软件方面，对计算机程序设计语言进行了标准化工作，提出了计算机结构化程序设计思想。此外，第三代计算机在产品的系列化、计算机系统之间的通信方面都得到了较大发展，计算机的应用领域和普及程度有了迅速的发展。

4. 第四代计算机（大规模集成电路时代）

计算机进入了超大规模集成电路计算机时代。其主要特点是：硬件方面，计算机逻辑部件由大规模集成电路（Large Scale Intergration，LSI）和超大规模集成电路（Very Large Scale Intergration，VLSI）组成，主存储器采用集成度更高的半导体存储器，提供虚拟能力，计算机外部设备多样化、系列化；软件方面，实现了软件固化技术，出现了面向对象的计算机程序设计思想，并广泛采用了数据库技术、计算机网络技术。

在第四代计算机的发展过程中，重要的成就之一表现在微处理器技术上。微处理器是一种超小型化的电子器件，它把计算机的运算器和控制器等核心部件集成在一块集成电路芯片上，运算速度最高可达每秒几十万亿次。1971 年，Intel 公司成功地在一块 $12mm^2$ 的芯片上集成了 2300 个晶体管，制成了世界上第一款微处理器——4004。此后，微处理器芯片的集成度一直循着"摩尔定律"在飞速发展，到 Intel 九代酷睿处理器，晶体管数量已达到 30 亿个。微处理器的出现为微型计算机的诞生奠定了基础，掀起了计算机普及的浪潮。

1.1.2 计算机的特点

1. 具有高速、精确的运算能力

计算机内部由电路组成，可以高速、准确地完成各种算术运算。目前世界上的计算机系统运算速度最高已能达到每秒 10 亿亿次，从而使大量复杂的科学计算问题得以解决。

目前，我国最快的计算机系统是神威·太湖之光超级计算机，它安装了 40960 个中国自主研发的"申威 26010"众核处理器，该众核处理器采用 64 位自主申威指令系统，峰值性能为 12.5 亿亿次/s，持续性能为 9.3 亿亿次/s。该超级计算机由国家并行计算机工程技术研究中心研制，安装在国家超级计算无锡中心。

2．逻辑运算能力强

计算机既可以进行精确的数值运算，也可以进行逻辑运算。它可以对文字或符号进行判断和比较，进行逻辑推理和证明，这是其他任何计算工具无法比拟的。

3．具有强大的存储能力

计算机内部的存储器具有记忆特性，可以存储大量的信息。这些信息不仅包括各类数据信息，而且包括加工这些数据的程序。计算机这种存储信息的"记忆"能力，使它成为信息处理的有力工具。

4．具有自动运行功能

计算机不仅能存储数据，而且能存储程序。计算机可以按照人们事先编制的程序一步一步自动地运行，不需要人工操作和干预，而且可以反复进行。这是计算机与其他计算工具最本质的区别。

5．具有网络与通信功能

目前最大、应用最广泛的"国际互联网"（Internet）连接了全世界 200 多个国家和地区的数亿台计算机。网上的计算机用户可以共享网上资料、交流信息。

1.1.3　计算机的应用范围

1．科学计算

以数值计算为主要内容，数值计算要求计算速度快、精确度高、差错率低；主要应用于天文、水利、气象、地质、医疗、军事、航天航空、生物工程等科学研究领域，如卫星轨道计算、天气预测、力学计算等。随着当前网络技术的深入发展，"云计算"也将发挥着越来越重要的作用。

2．数据/信息处理

信息处理也称为非数值计算，具体包括数据的采集、存储、加工、分类、排序、检索和发布等一系列工作。它已成为当代计算机的主要任务，也是现代化管理的基础，为计算机应用的主导方向。信息处理已广泛应用于办公自动化、企事业单位计算机辅助管理与决策、情报检索、图书管理、影视动画设计、会计电算化等各行各业。

3．过程控制

过程控制也称为实时控制，指用计算机实时采集现场数据，按最佳值迅速对控制对象进行自动控制或自动调节。

利用计算机进行过程控制，不仅可以大大提高控制的自动化水平，而且可以提高控制的及时性和准确性，从而改善劳动条件、提高质量、节约能源、降低成本。计算机过程控制已在冶金、石油、化工、水电、机械、航天、纺织等部门得到广泛的应用。

4．计算机辅助

以在工程设计、生产制造等领域辅助进行数值计算、数据处理、自动绘图、活动模拟等为主要内容，主要应用于工程设计、教学和生产领域，如计算机辅助设计（Computer Aided Design，CAD）、计算机辅助制造（Computer Aided Manufacturing，CAM）、计算机辅助教育（Computer Aided Instruction，CAI）、计算机辅助技术（Computer Aided Technology，CAT）等。

5．网络通信

计算机网络是由一些独立的和具备信息交换能力的计算机互联构成的，以实现资源共享的系统。计算机在网络方面的应用使人类之间的交流跨越了时间和空间的障碍。计算机网络已成为人类建立信息社会的物质基础，它给我们的工作带来极大的方便和快捷，如在全国范围内的银行信用卡的使用、火车票系统和飞机票系统的使用等。我们还可以在全球最大的互联网络——Internet 上浏览网页、检索信息、收发电子邮件、阅读书报、玩网络游戏、选购商品、参与众多问题的讨论、实现远程医疗服务等。

6．人工智能

人工智能以模拟人的智能活动、逻辑推理和知识学习为主要内容，主要应用于机器人、专家系统等领域，如自然语言理解、定理的机器证明、自动翻译、图像识别、声音识别等。

7．多媒体应用

多媒体（Multimedia）是文本、音频、视频、动画、图形和图像等多种信息类型的综合。它在医疗、教育、商业、银行、保险、行政管理、军事、工业、广播、交流和出版等领域中发展很快。另外，多媒体与人工智能的有机结合还促进了虚拟现实（Virtual Reality，VR）和虚拟制造（Virtual Manufacturing，VM）技术的发展。

8．嵌入式系统

许多特殊的计算机被应用于不同的设备中，包括大量的消费电子产品和工业制造系统，均把处理器芯片嵌入其中，以完成特定的处理任务。例如，数码照相机、数码投影机等使用了不同功能的处理器。

1.1.4　计算机的分类

随着计算机技术的发展，计算机的家族日益庞大，种类繁多，可以按照不同的方法对其进行分类。

计算机按处理数据的类型可以分为模拟计算机、数字计算机、数字和模拟计算机。模拟计算机的特点主要是：参与运算的数值由不间断的连续量表示，其运算过程是连续的。模拟计算机由于受元器件质量影响，计算精度较低，应用范围窄，目前已经很少生产。数字计算机的特点主要是：参与运算的数值用离散的数字量表示，运算过程按数字位进行，具有逻辑判断等功能。

计算机按用途可分为通用计算机和专用计算机。通用计算机能解决多种类型的问题，通用性强，如 PC（Personal Computer，个人计算机）就是很好的例子。专用计算机配备解决特定问题的软件和硬件，其功能单一，可靠性高，结构简单，适应性差；但在特定用途下最有效、最经济、最快速，是其他计算机无法替代的，如军事系统/银行系统专用计算机、弹道参数计算机、监控计算机等。

计算机按其规模、速度和处理能力等可分为巨型机、大型机、微型机、工作站及服务器等。由国防科技大学研制的"银河"计算机，就是巨型计算机系列之一。

1.2　计算机中信息的表示

计算机内部数据分为数值型数据和非数值型数据。数值型数据指日常生活中可以表示数值大小的数据，可进行数学运算；而文字、图画和声音等数据一般不进行数学运算，更多的是用于排序、比较、转换和检索等处理，所以称它们为非数值型数据。

数据是对客观存在的事实、概念或指令的一种可供加工处理的特殊表达形式，而信息强调的是对人有用的数据。计算机信息处理实质上就是计算机处理数据的过程，即通过把采集的数据有效地输入计算机中，由计算机系统对数据进行相应的转换、合并、加工、分类、计算、统计、汇总、存储、建库和传送等处理，向人们提供有用的信息，这个过程就是信息处理。

1.2.1　常用数制及相互转换

计算机中存放的是二进制数。二进制仅有两个数字符号，即"0"和"1"，特别适合于用电子元器件来表示，而且 0 和 1 正好代表逻辑代数中的"假"和"真"，可用逻辑代数作为工具来分析和设计计算机中的逻辑电路，使得逻辑代数成为计算机设计的数学基础。

为了书写和表示方便，还引入了八进制数和十六进制数。无论哪种进制，其共同之处都是进位计数制。

1. 进位计数制

在采用进位计数制的数字系统中，如果只用 r 个基本符号表示数值，则称其为 r 基数制，r 称为该数制的基数，而数值中每一固定位置对应的数值称为位权。

任何一种进位计数制表示的数都可以写成按权展开的多项式之和形式。任意一个 r 进制数 N 可表示为

$$N=a_{n-1}\times r^{n-1}+a_{n-2}\times r^{n-2}+\cdots+a_1\times r^1+a_0\times r^0+a_{-1}\times r^{-1}+\cdots+a_{-m}\times r^{-m}=\sum_{i=-m}^{n-1}a_i\times r^i$$

其中，a_i 是数码，r 是基数，r^i 是位权。不同的基数，表示不同的进制数。

例如，在十进制数值中，348.25 可表示为

$$348.25=3\times10^2+4\times10^1+8\times10^0+2\times10^{-1}+5\times10^{-2}$$

常见的进位计数制有十进制、二进制、八进制和十六进制。表 1-1 是常用的几种进位计数制。

表 1-1　常用的几种进位计数制

进 位 制	二 进 制	八 进 制	十 进 制	十 六 进 制
规则	逢二进一	逢八进一	逢十进一	逢十六进一
基数	$r=2$	$r=8$	$r=10$	$r=16$
基本符号	0, 1	0, 1, 2, 3, 4, 5, 6, 7	0, 1, 2, 3, 4, 5, 6, 7, 8, 9	0, 1, 2, 3, 4, 5, 6, 7, 8, 9, A, B, C, D, E, F
位权	2^i	8^i	10^i	16^i
表示符号	B	O	D	H

1）十进制（D）

十进制数的每一位分别可用 10 个数字符号 0～9 表示，进位规则为"逢十进一"。十进制数的基数为 10，位权为 10^i。因此，任何一个十进制数都可以表示为数字与 10 的乘幂的乘积之和。

例如，十进制数 325.4 可表示为 $(325.4)_{10}=(3×10^2+2×10^1+5×10^0+4×10^{-1})_{10}$。

2）二进制（B）

二进制数分别用数字符号 0 和 1 表示，进位规则为"逢二进一"。任何一个二进制数同样可以用多项式之和来表示。

例如，$(101.01)_2=(1×2^2+0×2^1+1×2^0+0×2^{-1}+1×2^{-2})_{10}$。

其中，二进制整数部分的位权从最低位起依次是 $2^0,2^1,2^2,2^3,\cdots$，小数部分的位权从最高位开始依次是 $2^{-1},2^{-2},2^{-3},\cdots$。

3）八进制（O）和十六进制（H）

八进制数的基数为 8，用 8 个数字符号 0～7 表示，进位规则为"逢八进一"，位权是 8^i。

例如，$(256)_8=(2×8^2+5×8^1+6×8^0)_{10}$。

十六进制数的基数为 16，用 16 个数字符号 0～9 和字母 A～F 表示，进位规则为"逢十六进一"。

例如，$(2BF)_{16}=(2×16^2+11×16^1+15×16^0)_{10}$。

2. 不同进位计数制的转换

1）二、八、十六进制数转换成十进制数

将非十进制数 N 转换成十进制数，只需将 N 按位权展开相加即可。

例如：

$$101.11B=1×2^2+0×2^1+1×2^0+1×2^{-1}+1×2^{-2}=5.75D$$

$$42.57O=4×8^1+2×8^0+5×8^{-1}+7×8^{-2}≈34.7344D$$

$$A6.CH=10×16^1+6×16^0+12×16^{-1}=166.75D$$

2）十进制数转换为二、八、十六进制数

将十进制数转换为二进制数，通常要注意区分这个数的整数部分和小数部分。整数部分按除 2 取余的方法处理，小数部分按乘 2 取整的方法处理。

例如，十进制整数 11 转换成二进制数的过程如下：

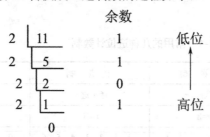

结果：11D=1011B。

例如，十进制小数 0.6875 转换成二进制数的过程如下：

取整数部分

0.6875×2=1.3750	1	高位
0.375×2=0.75	0	
0.75×2=1.50	1	
0.5×2=1.0	1	低位

结果：0.6875D=0.1011B。

十进制数到八进制数的转换过程可以参照十进制数到二进制数的转换方法来实现。

例如，十进制整数 1105 转换成八进制数的过程如下：

结果：1105D=2121O。

例如，十进制小数 0.385 转换成八进制数的过程如下：

取整数部分

0.385×8=3.08	3	高位
0.08×8=0.64	0	
0.64×8=5.12	5	低位

结果：0.385D=0.305O。

十进制数到十六进制数的转换方法与十进制数转换为二进制数、八进制数类似，这里不再赘述。

3）二进制数、八进制数、十六进制数间的转换

二进制表示的数比等值的十进制数占更多的位数，书写较长，容易出错。为了方便起见，人们借助八进制数和十六进制数来进行转换和表示。转换时将十进制数转换成八进制数或十六进制数，再转换成二进制数。二进制数、八进制数和十六进制数之间存在的关系如下：1 位八进制数相当于 3 位二进制数，1 位十六进制数相当于 4 位二进制数，如表 1-2 所示。

表 1-2　八进制数、十六进制数与二进制数之间的关系

八进制数	对应二进制数	十六进制数	对应二进制数	十六进制数	对应二进制数
0	000	0	0000	8	1000
1	001	1	0001	9	1001
2	010	2	0010	A	1010
3	011	3	0011	B	1011
4	100	4	0100	C	1100
5	101	5	0101	D	1101
6	110	6	0110	E	1110
7	111	7	0111	F	1111

二进制数转换成八进制数时，以小数点为中心向左右两边分组，每 3 位为一组，两边不足 3 位补 0 即可。同样，二进制数转换成十六进制数时，只要将二进制数以小数点为中心向左右两边分组，每 4 位为一组进行分组补 0 即可。

例如，将二进制数（1011010010.111110）$_2$转换成十六进制数：

$$（\underline{0010}\ \underline{1101}\ \underline{0010}.\ \underline{1111}\ \underline{1000}）_2 =（2D2.F8）_{16}\quad（整数高位和小数低位补 0）$$
$$\quad\ 2\qquad D\qquad 2\qquad F\qquad 8$$

例如，将二进制数（1011010010.111110）$_2$转换成八进制数：

$$（001\ 011\ 010\ 010.\ 111\ 110）_2 =（1322.76）_8$$

同样，将八进制数、十六进制数转换成二进制数只要将 1 位转化为 3 位或 4 位即可。

例如：

$$（3B6F.E6）_{16} =\quad（\underline{0011}\ \underline{1011}\ \underline{0110}\ \underline{1111}.\ \underline{1110}\ \underline{0110}）_2$$
$$\qquad\qquad\qquad\ 3\qquad B\qquad 6\qquad F\qquad E\qquad 6$$
$$（6732.26）_8 =\quad（\underline{110}\ \underline{111}\ \underline{011}\ \underline{010}.\ \underline{010}\ \underline{110}）_2$$
$$\qquad\qquad\qquad\ 6\qquad 7\qquad 3\qquad 2\qquad 2\qquad 6$$

1.2.2　数据的组织存储

在计算机中，任何一个数都是以二进制数形式存储的。计算机的内存是由千千万万个小的电子线路组成的，每一个能代表 0 和 1 的电子线路存储一位二进制数，若干个这样的电子线路就能存储若干位二进制数。关于内存，常用的术语有以下几个。

（1）位（Bit）：每一个能代表 0 和 1 的电子线路称为一个二进制位，它是数据的最小单位。

（2）字节（Byte）：简写为 B，通常每 8 个二进制位组成 1 字节。字节的容量一般用 KB、MB、GB、TB 来表示，它们之间的换算关系如下：

$$1KB=1024B,\ 1MB=1024KB,\ 1GB=1024MB,\ 1TB=1024GB$$

（3）字（Word）：在计算机中作为一个整体被存取、传送、处理的二进制数字串称一个字或单元，每个字中二进制位数的长度称为字长。一个字由若干字节组成，不同的计算机系统的字长是不同的，常见的有 8 位、16 位、32 位和 64 位等。字长越长，存放数的范围越大，精度越高。

字长是衡量计算机性能的一个重要指标，例如，早期的 APPLE-Ⅱ 个人计算机的字长为 8 位，发展到今天的微型机是 64 位机，大型机已达 128 位。

（4）地址（Address）：为了便于存取信息，每个存储单元必须有唯一的编号（称为地址）。通过地址可以找到所需的存储单元，存入或取出信息。

1.2.3　非数值信息的编码

字符是计算机中使用较多的信息形式之一，它是人与计算机进行通信、交互的重要媒介。字符包括西文字符和中文字符。由于计算机是以二进制数的形式存储和处理数据的，因此字符也必须按照特定的规则进行二进制编码才能进入计算机。

1. ASCII 码

对西文字符编码最常用的是 ASCII。ASCII 码是美国信息交换标准代码（American Standard Code for Information Interchange）的简称，是国际上使用最广泛的一种字符编码。ASCII 用 7

位二进制编码，它可以表示 128（2^7）个字符，如表 1-3 所示。每个字符用 7 位 ASCII 码表示，其排列次序为 $d_6d_5d_4d_3d_2d_1d_0$，d_6 为最高位，d_0 为最低位。

表 1-3　7 位 ASCII 代码表

$d_6d_5d_4$ ／ $d_3d_2d_1d_0$	000	001	010	011	100	101	110	111
0000	NUL	DEL	SP	0	@	P	`	p
0001	SOH	DC1	!	1	A	Q	a	q
0010	STX	DC2	"	2	B	R	b	r
0011	ETX	DC3	#	3	C	S	c	s
0100	EOT	DC4	$	4	D	T	d	t
0101	END	NAK	%	5	E	U	e	u
0110	ACK	SYN	&	6	F	V	f	v
0111	BEL	ETB	,	7	G	W	g	w
1000	BS	CAN	(	8	H	X	h	x
1001	HT	EM	)	9	I	Y	i	y
1010	LF	SUB	*	:	J	Z	j	z
1011	VT	ESC	+	;	K	[	k	{
1100	FF	FS	`	<	L	\	l		
1101	CR	GS	-	=	M	]	m	}
1110	SO	RS	.	>	N	↑	n	~
1111	SI	US	/	?	O	↓	o	DEL

其中常用的控制字符的作用如下。

BS：退格　　　　HT：水平制表　　　LF：换行　　　　VT：垂直制表

FF：换页　　　　CR：回车　　　　　CAN：取消　　　ESC：换码

SP：空格　　　　DEL：删除

计算机的内部存储与操作以字节为单位，即以 8 个二进制位为单位。因此，一个字符在计算机内实际是用 8 位表示的。正常情况下，最高位 d_7 为 0。

2. 中文字符

用计算机处理汉字时，必须先将汉字代码化。汉字是象形文字，种类繁多，编码比较困难，而且在一个汉字处理系统中，输入、内部处理、输出对汉字编码的要求不尽相同，因此要进行一系列的汉字编码及转换。

1）汉字输入码

在计算机系统中使用汉字，首先遇到的问题是如何把汉字输入计算机内。为了能直接使用西文标准键盘进行输入，必须为汉字设计相应的编码方法。汉字编码方法主要分为 3 类：数字编码、拼音码和字形编码。

数字编码就是用数字串代表一个汉字进行输入，常用的是国标区位码。国标区位码根据国家标准局公布的 6763 个两级汉字（一级汉字有 3755 个，按汉语拼音排列；二级汉字有 3008 个，按偏旁部首排列）分成 94 个区，每个区分 94 位，实际上是把汉字表示成二维数组，区码和位码各为两位十进制数字，因此，输入一个汉字需要按键 4 次。

拼音码是以汉语读音为基础的输入方法。由于汉字的同音字太多，输入重码率很高，因此，按拼音输入后还必须进行同音字选择，影响了输入速度。

字形编码是以汉字的形状确定的编码。汉字的总数虽多，但都是由一笔一画组成的，全部汉字的部首和笔画是有限的。因此，把汉字的部首和笔画用字母或数字进行编码，按笔画书写的顺序依次输入，就能表示一个汉字。五笔字型、表形码等便是这种编码法。

2）内部码

内部码是字符在设备或信息处理系统内部最基本的表达形式，是在设备和信息处理系统内部存储、处理、传输字符用的代码。一个国标码占 2 字节，每字节最高位仍为 0；英文字符的机内码是 7 位 ASCII 码，最高位也为 0。为了在计算机内部能够区分是汉字编码还是 ASCII 码，将国标码的每字节的最高位由 0 变为 1，变换后的国标码成为汉字机内码，由此可知汉字机内码的 ASCII 码值都大于 128，而每个西文字符的 ASCII 码值均小于 128。以汉字"大"为例，其国标码为 3473H，机内码为 B4F3H。

3）字形码

汉字字形码是表示汉字字形的字模数据，通常用点阵、矢量函数等方式表示。用点阵表示字形时，汉字字形码指的是这个汉字字形点阵的代码。根据输出的汉字的要求不同，点阵的多少也不同。简易型汉字为 16×16 点阵，提高型汉字为 24×24 点阵、32×32 点阵、48×48 点阵等。

点阵规模越大，字形越清晰、美观，所占用的存储空间也越大。以 16×16 点阵为例，每个汉字要占用 32B 存储空间，两级汉字大约占用 256KB。因此，字模点阵用来构成"字库"，字库中存储了每个汉字的点阵代码，当显示输出时检索字库，输出字模点阵得到字形。

汉字操作系统是具有汉字处理能力的操作系统。它是计算机汉化软件的核心，是人机对话的界面，具有控制和管理计算机系统资源的功能，为用户提供汉字输入、汉字输出、汉字造字等界面，支持中文软件运行。

1.3 计算机系统的组成

计算机系统由硬件系统和软件系统两部分组成。硬件是物质基础，是软件的载体，两者相辅相成，缺一不可。

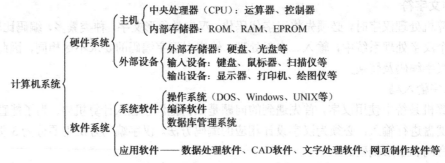

硬件系统通常指机器的物理系统，是看得见、摸得着的物理器件，它包括计算机主机及其外部设备。

软件系统通常又称为程序系统，它包括程序本身和运行程序时所需要的数据或相关的文档资料。

1.3.1　硬件系统

根据美籍匈牙利数学家冯·诺依曼的理论，计算机硬件系统主要有5大组成部分：运算器、控制器、存储器、输入设备和输出设备。图1-1所示是计算机硬件系统的组成框图。

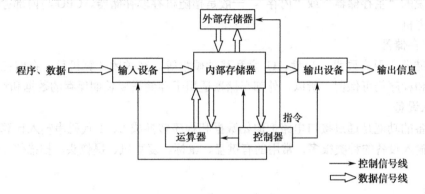

图1-1　计算机硬件系统的组成框图

1. 运算器

运算器也称为算术/逻辑单元（Arithmetic/Logic Unit，ALU），是执行算术运算和逻辑运算的功能部件。它受控制器的控制，对存储器送来的数据进行指定的运算。

2. 控制器

控制器是计算机的指挥中心，它逐条取出存储器中的指令并进行译码，根据程序所确定的算法和操作步骤发出命令，指挥并控制计算机各部件工作。控制器与运算器一同组成了计算机的核心，称为中央处理器，简称CPU。

目前全球生产CPU的厂家主要有Intel公司和AMD公司。Intel公司领导着CPU的世界潮流，始终推动着微处理器的更新换代，它的CPU不仅性能出色，而且在稳定性、功耗方面都十分理想，在CPU市场大约占据了80%的份额。Intel公司分别推出了Pentium、Itanium和Core系列处理器，AMD公司的产品现在已经形成了Athlon、Sempron和Ryzen等一系列产品。

3. 存储器

存储器是计算机用来存储信息的重要功能部件，包括内部存储器和外部存储器两种。

内部存储器简称内存，又称为主存储器，主要存放当前要执行的程序及相关数据。CPU可以直接对内部存储器数据进行存、取操作，而且存和取的速度很快，但因为造价高（以存储单元计算），所以容量比外部存储器小。外部存储器简称外存，又称为辅助存储器，主要存放大量计算机暂时不执行的程序及目前尚不需要处理的数据。因为造价较低，因此其容量远比内部存储器大，但存、取的速度要比内部存储器慢得多。CPU存、取外部存储器中的数据时，必须将数据先调入内部存储器，因为内部存储器是计算机数据交换的中心。

1）内部存储器

内部存储器目前均采用半导体存储器，其存储实体是芯片的一些电子线路。内部存储器又可分两类：一类是只能读不能写的只读存储器（Read-Only Memory，ROM），保存的是计算机最重要的程序或数据，由厂家在生产时用专门设备写入，用户无法修改，只能读出使用，在关闭计算机后，ROM 存储的数据和程序不会丢失；另一类是既可读又可写的随机存取存储器（Random Access Memory，RAM），在关闭计算机后，随机存取存储器的数据和程序就被清除。

ROM 按照是否可以进行在线改写又分为不可在线改写内容的 ROM 及可在线改写内容的 ROM。不可在线改写内容的 ROM 包括掩模 ROM（Mask ROM）、可编程 ROM（PROM）和可擦除可编程 ROM（EPROM）；可在线改写内容的 ROM 包括电可擦除可编程 ROM（EEPROM）和快擦除 ROM（Flash ROM）。

通常所说的"主存储器"或"内存"，一般是指随机存取存储器。CPU 与内部存储器统称为计算机的主机。

2）外部存储器

外部存储器主要有硬盘、光盘、U 盘和移动硬盘等。在关闭计算机后，存储在外部存储器中的数据和程序仍可保留。所以，外部存储器适用于存储需要长期保存的数据和程序。

4．输入设备

输入设备的功能是通过接口电路把原始数据和程序转换成 0、1 代码串输入计算机的存储器。计算机输入设备的种类很多，常用的有键盘、鼠标、麦克风、摄像头、扫描仪、触摸屏和光笔等。

1）键盘

键盘是个人计算机（PC）必不可少的输入设备，利用它可以向计算机输入数据、程序、命令等。它独立于计算机的主机箱，通过电缆和主板上的键盘插座与主机连接。早期计算机使用 83 键的键盘，其后发展到 93 键、101 键、102 键，目前大多数计算机配备 101 键标准键盘。

2）鼠标

鼠标器简称鼠标，源于英文 Mouse。鼠标上有三个键或两个键。

当鼠标指针移到预定位置，如菜单的选项、窗口的按钮或边框、文本的特定位置时，单击鼠标上的键就可以实现特定的输入。击键产生的信号通过连线传给主机，结合鼠标指针在屏幕上的位置，就可以解释用户输入信号的意义，引发相应的操作，如定位、选择、移动图形或文本和扩大窗口等。

5．输出设备

输出设备通过接口电路将计算机处理过的信息从机器内部表示形式转换成人们熟悉的形式输出，或转换成其他设备能够识别的信息输出。输出设备的种类也很多，常用的有显示器、打印机、绘图仪、扬声器和音箱等。磁盘驱动器和磁带机本来属于外部存储器，但兼有输入、输出的功能，因此也作为输入设备或输出设备看待。

1）显示器

显示器是计算机的一种基本输出设备。显示器（又称监视器）有多种类型，根据制造材料的不同，可分为阴极射线管显示器（CRT）、液晶显示器（LCD）等。它们要通过不同的显卡（又称显示适配器）与主机连接。显示器的主要指标是分辨率，它指的是显示器屏幕横向和纵向显示的点（像素）数。例如，1024×768 像素指的是屏幕横向显示 1024 点，纵向显示 768 点（即 768 条扫描线）。单位区域内的分辨率越高，显示的字符和图像就越清晰。另一个指标是色彩的深度（又称色彩位数），它指的是在一点上表示色彩的二进制位数，一般有 16 位、24 位、30 位和 36 位等。位数越多，色彩层次越丰富，图像越精美，但是需要使用的显示缓冲区（显存）也越大。

每一种显示器都要与相应的显示模式和显卡匹配。常用的显示模式有 XGA（1024×768 像素）、WXGA（1366×768 像素）和 WUXGA（1920×1200 像素）等，功能一个比一个强。

显示器的尺寸以显示屏的对角线长度来衡量。目前市场上主流的屏幕以 20 英寸（1 英寸＝2.54 厘米）以上为主。

2）打印机

打印机是计算机的另一种基本输出设备，它通过并行打印接口或 USB 接口与主机相连接。计算机可以配置的打印机种类很多，如点阵式打印机、喷墨打印机和激光打印机等。要求高质量输出时应使用激光打印机或喷墨打印机。

外部存储器、输入设备和输出设备统称为外部设备。

以上介绍了计算机硬件的 5 大主要组成部分和常用的外部设备。将计算机硬件的 5 大功能部件用总线连接起来，就构成了一台完整的计算机硬件系统。

6. 总线

总线（Bus）是计算机各种功能部件之间传送信息的公共通信线路，它是由导线组成的传输线束。按照计算机所传输的信息种类，计算机的总线可分为 3 大类型。

（1）数据总线（Data Bus）：在 CPU 与 RAM 之间来回传送需要处理或是需要存储的数据，为双向三态形式。

（2）地址总线（Address Bus）：用来指定在 RAM 之中存储的数据的地址，为单向三态形式。

（3）控制总线（Control Bus）：将微处理器控制单元（Control Unit）的信号传送到周边设备，一般常见的为 USB 总线和 1394 总线，为双向形式。

1.3.2 软件系统

计算机软件系统可分为系统软件和应用软件两大类。

系统软件是计算机系统的核心，它管理系统所有的硬件资源和软件资源，人们只能够使用它，而不能对其进行修改。系统软件可以看作用户与计算机的接口，为应用软件和用户提供控制、访问硬件的手段。操作系统、编译软件等均属于系统软件。

应用软件是指为解决各种实际问题而设计的专门软件，从其服务对象的角度出发，又分为通用软件和专用软件两类。

1. 系统软件

系统软件中较重要的是操作系统、语言处理程序、数据库管理系统等，下面分别介绍。

（1）操作系统。操作系统管理计算机系统的全部硬件资源、软件资源及数据资源，使计算机系统所有资源的作用得到最大限度发挥，为用户提供方便的、有效的、友好的服务界面。其他软件（包括某些系统软件与所有的应用软件）都建立在操作系统基础上，并得到它的支持和服务。

常用的操作系统有 Windows、Linux、UNIX，以及已经不常见的 DOS 和 OS/2 等。

（2）程序设计语言。程序设计语言是用户用来编写程序的语言，它是人与计算机之间交换信息的工具。程序设计语言是软件系统重要的组成部分，一般可分为机器语言、汇编语言和高级语言 3 类。它为人们编写各类应用软件提供了极大的方便。

高级程序设计语言包括面向过程和面向对象两大类，面向过程的语言代表有 BASIC 语言、C 语言等，面向对象的语言代表有 C++、Java、Python 和 C#等。

（3）数据库管理系统。随着计算机应用的发展，数据管理日益重要，数据库管理系统发展迅速，该系统主要解决数据处理的非数值计算问题，目前主要用于档案管理、财务管理、图书资料管理及仓库管理等方面的数据处理。常见的数据库管理软件有 MS SQL Server、Oracle、MySQL 等。

2. 应用软件

在计算机硬件和软件的支持下，为解决某类实际问题而设计的程序系统称为应用软件。随着计算机的不断发展，应用软件也在不断增加。用户要解决的问题不同，需要使用的应用软件也不同，本书后面要介绍的 Word 2010、Excel 2010、PowerPoint 2010 及各种工具软件等都属于应用软件。应用软件大体可分为以下几种。

（1）用户程序。用户程序是面向特定用户，为解决特定的问题而开发的软件。

（2）应用软件包。应用软件包是为了实现某种功能或专门计算而精心设计的结构严密的独立程序的集合。它们是为具有同类应用的许多用户提供的软件。软件包种类繁多，每个应用计算机的行业都有适合于本行业的软件包，如计算机辅助设计软件包、科学计算软件包、辅助教学软件包和财会管理软件包等。

（3）通用应用工具软件。通用应用工具软件是用于开发应用软件所共同使用的基本软件。此外还有文字处理、电子表格等软件。

在系统软件和应用软件中，还存在一些开源软件（又称开放源代码软件），这是一种源代码可以任意获取的计算机软件，这种软件的著作权持有人在软件协议的规定之下保留一部分权利并允许用户学习、修改及以任何目的向任何人分发该软件。开源协议通常匹配开放源代码的定义的要求。一些开源软件被发布到公有领域。开源软件常被公开和合作开发。

1.3.3 硬件系统和软件系统之间的关系

图 1-2　计算机系统的软、硬件系统层次关系

计算机系统包括硬件和软件两部分。软件系统是在硬件系统的基础上为有效地使用计算机而配置的。一台没有安装任何软件的计算机称为裸机。裸机不能直接使用，仅当装入并且运行一定的软件时，计算机才能发挥它强大的作用，这时的计算机才真正成为计算机系统。

操作系统是直接控制和管理硬件的系统软件，它向下控制硬件系统，向上支持各种软件，所有其他软件都必须在操作系统支持下才能运行，操作系统是用户与计算机的接口。操作系统之上分别是各种语言处理程序、用户使用的应用程序。计算机系统的软、硬件系统层次关系如图 1-2 所示。

1.4　计算机的工作原理和主要技术指标

1.4.1　计算机的工作原理

计算机的工作过程就是执行程序的过程，它涉及计算机体系结构问题。

1946 年，美籍匈牙利数学家冯·诺依曼提出了关于计算机组成和工作方式的基本设想。其设计思想最重要之处在于明确地提出了"程序存储"的概念，他的全部设计思想实际上是对"程序存储"概念的具体化。

计算机的工作过程实际上是快速地执行指令的过程。计算机在工作时，有两种信息在执行指令的过程中流动：数据流和控制流。

数据流是指原始数据、中间结果、结果数据、源程序等。控制流是由控制器对指令进行分析、解释后向各部件发出的控制命令，指挥各部件协调地工作。

下面以指令的执行过程来认识计算机的基本工作原理。指令执行的过程分为以下 4 个步骤。

（1）取指令。按照程序计数器中的地址，从内存中取出指令，并送往指令寄存器。

（2）分析指令。对指令寄存器中存放的指令进行分析，由译码器对操作码进行译码，将指令的操作码转换成相应的控制电位信号；由地址码确定操作数的地址。

（3）执行指令。由操作控制线路发出完成该操作所需要的一系列控制信息，去完成该指令所要求的操作。

（4）一条指令执行完成，程序计数器加 1，或将转移地址码送入程序计数器，然后回到步骤 1。

一般把计算机完成一条指令所花费的时间称为一个指令周期。指令周期越短，指令执行得越快。CPU 的主频反映了指令周期的长短。

计算机在运行时，CPU 从内存读出一条指令到 CPU 内执行，指令执行完，再从内存读出下一条指令到 CPU 内执行。CPU 不断地读取指令、分析指令、执行指令，这就是程序的执行过程。

1.4.2　计算机的主要技术指标

微型计算机的主要技术指标包括以下几个部分。

1. 字长

字长是指计算机运算部件一次能同时处理的二进制信息的位数。字长由 CPU 内部的寄存器、运算器和内部数据总线的位数决定。字长越大，计算机的运算速度和处理能力就越强。字长通常是字节的倍数，如常见字长有 8 位、16 位、32 位和 64 位等。

2. 运算速度

运算速度通常指处理器每秒钟所能执行的指令条数。运算速度单位常用百万条指令每秒（MIPS）来表示，该指标能直观地反映计算机的速度。

3. 主频

主频又称为时钟频率，指 CPU 在单位时间内发出的脉冲数。主频在很大程度上决定了计算机的运算速度。主频越高，计算机的运算速度越快。微型计算机的主频在不断提高。

4. 存储容量

存储容量包括内存容量和外存容量，主要指内存容量。内存容量越大，机器能同时运行的程序就越多，处理能力也就越强。内存的速度用存取周期来衡量。存储器执行一次完整的读（写）操作所需要的时间称为存取周期。

在微型计算机中，外存主要指硬盘。硬盘的主要技术指标是磁盘的容量和存取速度。

5. 高速缓冲存储器

随着 CPU 主频的不断提高，它对内存（RAM）的存取速度要求更快，而 RAM 的响应速度达不到 CPU 的要求。为了协调 CPU 与 RAM 之间的速度差问题，CPU 芯片内又集成了高速缓冲存储器（Cache），由静态存储芯片（SRAM）组成，一般在几十 KB 至几百 KB 之间，容量比较小但速度比内存高得多，接近于 CPU 的速度。

Cache 和内存之间信息的调度和传送是由硬件自动进行的。计算机将内存中的数据和指令调入 Cache，CPU 直接访问 Cache 中的数据，当 CPU 需要数据时，它会首先查看 Cache，如果 Cache 中已经存在该数据，则直接从 Cache 中读取而不再从内存中加载，从而大大缩短了 CPU 得到数据和指令的时间，提高了计算机的整体运算速度。

Cache 也是影响计算机性能的重要因素，它一般由处理器芯片内的 Cache（一级 Cache）和外加的 Cache（二级 Cache）两部分组成，其速度应和 CPU 主频匹配。

1.5 多媒体技术简介

多媒体技术（Multimedia Technology）是指利用计算机对文本、图形、图像、声音、动画、视频等多种媒体信息进行综合处理、建立逻辑关系和进行人机交互的一门跨学科的综合技术。真正的多媒体技术所涉及的对象是计算机技术的产物，而其他的单纯事物（如电影、电视、音响等）均不属于多媒体技术的范畴。

1.5.1 多媒体的特征

多媒体技术具有交互性、集成性、多样性和实时性等特征，这也是它区别于传统计算机技术的显著特征。

1. 交互性

用户可以与计算机的多种信息媒体进行交互操作，从而为用户提供更加有效的控制和使用信息的手段。交互性是多媒体区别于传统信息交流媒体的主要特点之一。传统信息交流媒体只能单向地、被动地传播信息，而多媒体技术则可以实现人对信息的主动选择和控制。

2. 集成性

多媒体技术集成了许多单一的技术，如图像处理技术、声音处理技术等。它以计算机为中心综合处理多种信息媒体，包括信息媒体的集成、处理及这些媒体设备的集成。

3. 多样性

多媒体信息是多样化的，同时媒体输入、传播、再现和展示手段也呈现多样化。多媒体技术使人们的思维不再局限于顺序、单调和狭小的范围。信息媒体包括文字、声音、图像、动画等，扩大了计算机所能处理的信息空间，使计算机不再局限于处理数值、文本等，使人们能得心应手地处理更多种信息。

4. 实时性

实时性是指声音、动态图像（视频）随时间的变化而变化。当用户给出操作命令时，相应的多媒体信息都能够得到实时控制。多媒体系统的一个基本特征就是能够综合地处理与时间相关的媒体，如音频、视频和动画，甚至是实况信息媒体。这就意味着多媒体系统在处理信息时有着严格的时序要求和很高的速度要求。当系统应用扩大到网络范围之后，这个问题将会更加突出，会对系统结构、媒体同步、多媒体操作系统及应用服务提出相应的实时化要求。在许多方面，实时性已经成为影响多媒体系统的关键因素。

1.5.2 多媒体的数字化

多媒体信息可以从计算机输出界面向人们展示丰富多彩的文、图、声信息，而这些在计算机内部都是转换成 0 和 1 的数字化信息后进行处理的，然后以不同的文件类型进行存储。

1. 声音

声音的数字化是指利用计算机将连续的模拟信号变成离散的数字信号。数字化的基本技术是脉冲编码调制（Pulse Code Modulation，PCM），主要包括采样、量化和编码 3 个基本过程。

存储声音信息的文件格式很多，常见的音频文件格式有 WAV、MIDI、WMA、MP3 和 VOC 等。

2. 图像

图像是多媒体中最基本、最重要的数据，分为静态图像和动态图像两种。静态图像根据其在计算机中生成的原理不同，分为矢量图形和位图图像两种，而动态图像又分为视频和动画。

常见的图像文件格式有 BMP、JPEG、GIF、TIF、WMF、PSD、PNG 等，常见的视频文件格式有 AVI、MPG、WMV、ASF、RM、MOV、DAT 等。

1.6 本章小结

通过对本章的学习，读者应该掌握计算机产生、发展及计算机的特点和应用的知识；理解数制转换方法及其运算，能够进行不同进位计数制之间的转换；理解计算机的基本工作原理和计算机系统的组成，以及微型计算机系统的分类；了解微型计算机的硬件系统，包括主机系统和常用外部设备；了解计算机多媒体技术方面的知识。具备了这些知识，可以更好地使用计算机。

1.7 练习题

一、单项选择题

1. 世界上第一台电子计算机是在（　　）年诞生的。
   　A．1927　　　　　　　　　B．1946　　　　　　　　C．1943　　　　　　　　D．1952
2. 第三代计算机由（　　）构成。
   　A．电子管　　　　　　　　　　　　　　　　B．晶体管
   　C．中、小规模集成电路　　　　　　　　　　D．超大规模集成电路
3. 以下关于计算机特点的论述中不正确的是（　　）。
   　A．运算速度快、精度高　　　　　　　　　　B．具有记忆功能
   　C．能自动完成程序运行　　　　　　　　　　D．不能进行逻辑运算
4. 计算机的 CPU 是（　　）。

A．控制器和内存   B．运算器和控制器

C．运算器和内存   D．控制器和寄存器

5．在计算机中，指令主要存放在（   ）中。

    A．CPU   B．内存   C．键盘   D．磁盘

6．一条指令通常由（   ）和操作数两部分组成。

    A．程序   B．操作码   C．机器码   D．二进制数

7．微型计算机的运算器、控制器及内存的总称是（   ）。

    A．CPU   B．MPU   C．ALU   D．主机

8．在计算机中，bit 的含义是（   ）。

    A．字   B．字长   C．字节   D．二进制位

9．英文大小写字母 A 和 a 的 ASCII 码相比较，（   ）。

    A．A 比 a 大   B．A 比 a 小   C．A 与 a 相等   D．无法比较

10．被称为随机存取存储器的是（   ）。

    A．ROM   B．RAM

    C．CD-ROM   D．RAM 和 ROM

11．在微型计算机系统中，数据存取速度最快的是（   ）。

    A．硬盘存储器   B．内存

    C．软盘存储器   D．只读光盘存储器

12．只读光盘的简称（   ）。

    A．MO   B．Word   C．WO   D．CD-ROM

13．在冯·诺依曼型体系结构的计算机中引进了两个重要的概念，它们是（   ）。

    A．引入 CPU 和内存的概念   B．采用二进制和存储程序的概念

    C．机器语言和十六进制   D．ASCII 编码和指令系统

14．计算机按信息的处理方式可分为（   ）。

    A．科学计算、数据处理和人工智能计算机

    B．电子模拟和电子数字计算机

    C．巨型、大型、中型、小型和微型计算机

    D．便携、台式和微型计算机

15．计算机按用途可分为（   ）。

    A．模拟和数字   B．专用机和通用机

    C．单片机和微机   D．工业控制和单片机

16．计算机从规模上可分为（   ）。

    A．科学计算、数据处理和人工智能计算机

    B．电子模拟和电子数字计算机

    C．巨型、大型、中型、小型和微型计算机

    D．便携、台式和微型计算机

17．国际通用的 ASCII 码的码长是（   ）。

    A．7   B．8   C．12   D．16

18．汉字在计算机内部的传输、处理和存储都是使用汉字的（   ）。

    A．字形码   B．输入码   C．机内码   D．国际码

19. 存储 24×24 点阵的一个汉字信息，需要的字节数是（ ）。

 A. 48　　　　　　　　 B. 72　　　　　　　　 C. 144　　　　　　　 D. 192

20. 在计算机中，20GB 的硬盘可以存放的汉字个数是（ ）。

 A. 10×1000×1000B　　　　　　　　　 B. 20×1024MB

 C. 10×1024×1024KB　　　　　　　　 D. 20×1000×1000KB

21. 下列描述中不正确的是（ ）。

 A. 多媒体技术主要的两个特点是集成性和交互性

 B. 所有计算机的字长都是固定不变的，都是 64 位

 C. 计算机的存储容量是计算机的性能指标之一

 D. 各种高级语言的编译系统都属于系统软件

22. 图像的类型分为矢量型和点阵型两种，下列关于矢量图的说法中正确的是（ ）。

 A. 矢量图不易制作出丰富多彩的图像，文件容量较大，对图像进行缩放和旋转时也易失真，可以用 Flash 进行矢量图编辑

 B. 矢量图不易制作出丰富多彩的图像，文件容量较小，对图像进行缩放和旋转时不易失真，可以用 Photoshop 进行矢量图编辑

 C. 矢量图不易制作出丰富多彩的图像，文件容量较小，对图像进行缩放和旋转时不易失真，可以用 Photoshop、Flash 等软件进行矢量图编辑

 D. 矢量图不易制作出丰富多彩的图像，文件容量较小，对图像进行缩放和旋转时不易失真，可以用 Flash 进行矢量图编辑

23. 下列关于图像加工的说法中，正确的是（ ）。

 A. 只要任选一个图像加工软件，就能对图像进行各种加工

 B. Windows 附件中"画图"程序具有图层处理功能

 C. Photoshop 软件主要是用来制作动画的

 D. 图像加工包括旋转、缩放、裁剪、调整亮度与对比度等操作

24. 下面选项中全部为音频文件格式的是（ ）。

 A. WAV、WMV、MP3　　　　　　　　 B. MP3、WMA、WAV

 C. MIDI、BMP、AVI　　　　　　　　　 D. DAT、MP3、JPG

25. 下列具有集成多媒体信息功能的软件是（ ）。

 A. Dreamweaver、PowerPoint　　　　　 B. Flash、Access

 C. FrontPage、Photoshop　　　　　　　 D. PowerPoint、Excel

26. 多媒体处理的是（ ）。

 A. 模拟信号　　　　 B. 音频信号　　　　 C. 视频信号　　　　 D. 数字信号

27. 实现音频信号数字化最核心的硬件电路是（ ）。

 A. A/D 转换器　　　　　　　　　　　　 B. D/A 转换器

 C. 数字编码器　　　　　　　　　　　　 D. 数字解码器

28. 下列关于图像文件的说法中，错误的是（ ）。

 A. 对矢量图像进行缩放或旋转操作时，不会失真

 B. 点阵图像是由许多像素点组成的

 C. 矢量图像的色彩层次变化丰富，可使用 Flash 软件来制作

 D. 点阵图像色彩丰富，可使用 Photoshop 等软件来制作

29．下列关于矢量图和点阵图的说法中，不正确的是（　　）。

    A．矢量图以数学的向量方式来记录图像内容

    B．点阵图由许许多多被称为像素的点组成

    C．矢量图容量较小，并且在放大、缩小、旋转时不会失真；而点阵图则刚好相反

    D．Photoshop 和 Flash 是常见的矢量绘图软件

30．办公自动化（OA）是计算机的一大应用领域，按计算机应用分类，它属于（　　）。

    A．科学计算　　　　　　　B．辅助设计　　　　　　　C．实时控制　　　　　　　D．数据处理

二、填空题

1．计算机系统包括_____和_____两大部分。

2．_____和_____构成 CPU。_____和_____合称为主机。

3．软件系统包括_____软件和_____软件。

4．1MB 的含义是_____，1KB 的含义是_____。

5．(D2F. A8)$_{16}$ 转换为十进制数等于_____，(269.31)$_{10}$ 转换为二进制数等于_____。

6．(1100010111.010111)$_2$ 转换为八进制数等于_____，转换为十六进制数等于_____。

7．在计算机存储器中，保存一个汉字需要_____B。

8．_____和_____一起组成了计算机的核心，称为_____，简称 CPU。

9．常见的打印机类型有_____、_____、_____。

10．存储 24×24 点阵的一个汉字信息，需要的字节数是_____。

三、简述题

1．计算机的发展经历了哪几个阶段？

2．计算机具有什么特点？主要应用在哪些领域？

3．计算机硬件系统主要由哪几部分组成？

4．内存和外存有哪些相同点和不同点？

5．字、字节和字长有什么区别？

6．计算机的主要技术性能指标有哪些？它们的含义是什么？

第2章

Windows 7 操作系统

操作系统（Operating System，OS）是管理和控制计算机硬件与软件资源的计算机程序，是直接运行在"裸机"上的最基本的系统软件。任何其他软件都必须在操作系统的支持下才能运行，计算机用户也必须借助操作系统才能使用计算机。本章重点学习 Windows 7。

本章主要内容

- 操作系统简介
- Windows 7 介绍
- Windows 7 的启动和退出
- Windows 7 的基本操作
- Windows 7 工作环境设置
- 文件系统和文件
- Windows 7 其他操作

2.1 操作系统简介

2.1.1 操作系统的发展历程

操作系统并不是与计算机硬件一起诞生的，它是在人们使用计算机的过程中，为了提高资源利用率和增强计算机系统性能，随着计算机技术本身及其应用的日益发展，而逐步地形成和完善起来的。其整个发展过程分为以下几个阶段。

1. 手工操作阶段（无操作系统）

从 1946 年第一台计算机诞生到 20 世纪 50 年代中期，操作系统还未出现，计算机工作采用手工操作方式。程序员将对应于程序和数据的已穿孔的纸带（或卡片）装入输入机，然后启动输入机把程序和数据输入计算机内存，接着通过控制台开关启动程序针对数据运行；计算完毕，打印机输出计算结果；用户取走结果并卸下纸带（或卡片）后，才让下一个用户上机。手工操作方式有两个特点：①用户独占全机，这样不会出现因资源已被其他用户占用而等待的现象，但资源的利用率低；②CPU 等待手工操作，CPU 的利用不充分。20 世纪 50 年代后期，人机矛盾突显：手工操作的慢速度和计算机的高速度之间形成了尖锐矛盾，手工操作方式已严重损害了系统资源的利用率，使系统资源利用率降为百分之几甚至更低。唯一的解决办法是摆脱人的手工操作，实现作业的自动过渡。这样就出现了批处理系统。

2. 批处理系统阶段

批处理系统是加载在计算机上的一个系统软件，在它的控制下，计算机能够自动地、成批地处理一个或多个用户的作业。批处理系统极大地缓解了人机矛盾及主机与外设的矛盾。但它的不足是每次主机内存中仅存放一道作业，每当它运行期间发出输入/输出（I/O）请求后，高速的 CPU 便处于等待低速的 I/O 完成的状态，致使 CPU 空闲。为改善 CPU 的利用率，又引入了多道程序系统。

3. 多道程序系统阶段

所谓多道程序设计技术，就是指允许多道程序同时进入内存并运行。当一道程序因 I/O 请求而暂停运行时，CPU 便立即转去运行另一道程序。多道程序系统的出现，标志着操作系统的渐趋成熟。虽然用户独占全机资源，并且直接控制程序的运行，可以随时了解程序运行情况，但这种工作方式因独占全机造成资源效率极低。新的追求目标是既能保证计算机效率，又能方便用户使用计算机。20 世纪 60 年代中期，计算机技术和软件技术的发展使这种追求成为可能。

4. 分时系统阶段

随着 CPU 速度的不断提高和分时技术的发展，一台计算机可同时连接多个用户终端，而每个用户可在自己的终端上联机使用计算机，好像自己独占机器一样。多用户分时系统是当今计算机操作系统中最普遍使用的一类操作系统。虽然多道程序系统和分时系统能获得较令人满意的资源利用率和系统响应时间，但其不能满足实时控制与实时信息处理两个应用领域的需求。于是就产生了实时系统。

5. 实时系统阶段

实时系统能够及时响应随机发生的外部事件，并在严格的时间范围内完成对该事件的处理。实时操作系统的主要特点是及时响应和高可靠性。

6. 通用操作系统阶段

20 世纪 60 年代中期，国际上开始研制一些大型的通用操作系统。这些系统试图达到功能齐全、可适应各种应用范围和操作方式变化多端的环境目标，但是，这些系统过于复杂和庞大，不仅成本高昂，而且在解决可靠性、可维护性和可理解性方面都遇到很大的困难。相比之下，UNIX 操作系统是一个例外。UNIX 是一个通用的多用户分时交互型操作系统。它首先建立的是一个精干的核心，而其功能足以与许多大型操作系统相媲美，在核心层以外，可以支持庞大的软件系统。它很快得到应用和推广，并不断完善，对现代操作系统有着重大的影响。

至此，操作系统的基本概念、功能、基本结构和组成都已形成并渐趋完善。

7. 操作系统的进一步发展

进入 20 世纪 80 年代，大规模集成电路工艺技术的飞跃发展、微处理机的出现和发展，掀起了计算机大发展、大普及的浪潮。一方面迎来了个人计算机的时代，另一方面又推动了计算机向网络、分布式处理、巨型化和智能化方向发展，于是，操作系统有了进一步的发展，如个人计算机操作系统、网络操作系统、分布式操作系统等。

2.1.2 操作系统的分类

目前的操作系统种类繁多，很难用单一标准统一分类。

（1）根据应用领域来划分，操作系统可分为桌面操作系统、服务器操作系统、主机操作系统、嵌入式操作系统。

（2）根据所支持的用户数目，操作系统可分为单用户系统（如 MSDOS、OS/2）、多用户系统（如 UNIX、MVS、Windows）。

（3）根据源码开放程度，操作系统可分为开源操作系统（如 Linux、Chrome OS）和不开源操作系统（如 Windows、Mac OS）。

（4）根据硬件结构，操作系统可分为网络操作系统（如 Netware、Windows NT、OS/2 Warp）、分布式系统（Amoeba）、多媒体系统（Amiga）。

（5）根据操作系统的使用环境和对作业处理方式，操作系统可分为批处理系统（MVX、DOS/VSE）、分时系统（Linux、UNIX、XENIX、Mac OS）、实时系统（iEMX、VRTX、RTOS、Windows RT）。

（6）根据操作系统的技术复杂程度，可分为简单操作系统、智能操作系统。

2.1.3 操作系统的主要功能

操作系统的功能主要体现在对处理器、存储器、外部设备、文件和作业五大类计算机资源的管理上。操作系统将这种管理功能分别设置成相应的程序管理模块，每个管理模块分管一定的功能，即操作系统的五大功能。

1. 处理器管理功能

处理器管理最基本的功能是处理中断事件，配置了操作系统后，就可以对各种事件进行处理。其还有一个功能是处理器调度，针对不同情况采取不同的调度策略。

2. 存储器管理

存储器管理主要是针对内存的管理，主要任务是分配内存空间，保证各作业占有的存储空间不发生矛盾，并使各作业在自己所属存储区中互不干扰。

3. 设备管理

设备管理是指对各类外部设备的管理，包括分配、启动和故障处理等。其主要任务是当用户使用外部设备时，必须提出要求，待操作系统进行统一分配后方可使用。

4. 文件管理

文件管理是指操作系统对信息资源的管理。在操作系统中，将负责存取的管理信息的部分称为文件系统。文件管理支持文件的存储、检索和修改等操作及文件的保护功能。

5. 作业管理

每个用户请求计算机系统完成的一个独立的操作称为作业。作业管理是根据用户的需要来控制作业运行的，包括作业的输入和输出、作业的调度与控制。

2.1.4 常见的操作系统

1. DOS

DOS（Disk Operation System，磁盘操作系统）的界面（见图 2-1）用字符命令方式操作，只能运行单个任务。自 1981 年推出 DOS 1.0 后直到 1995 年的 15 年间，DOS 系统在 IBM PC 兼容机市场上占有举足轻重的地位。在 Microsoft 的所有后续版本中，DOS 系统仍然被保留着，以一个后台程序的形式出现。

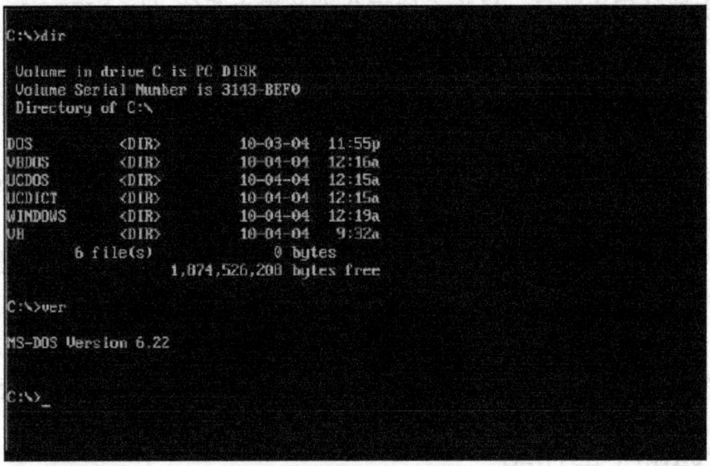

图 2-1　DOS 的界面

2. UNIX

UNIX 操作系统设计是从小型机开始的，从一开始就是一种多用户多任务的通用操作系统。它为用户提供了一个交互、灵活的操作界面，支持用户之间共享数据，并提供众多的集成工具以提高用户的工作效率，同时能移植到不同的硬件平台。UNIX 系统的可靠性和稳定性是其他系统所无法比拟的，是公认的最好的 Internet 服务器操作系统。

3. Linux

准确地说，Linux 操作系统应该是符合 UNIX 规范的一个操作系统，是基于源代码的方式进行开发的，是一套免费使用和自由传播的类似 UNIX 的操作系统。这个系统是由世界各地成千上万的程序员设计和实现的，用户不用支付任何费用就可以获得它和它的源代码，并且可以根据自己的需要对它进行必要的修改，无偿使用，无约束地继续传播。Linux 操作系统以它的高效性和灵活性著称，能够在 PC 上实现全部的 UNIX 特性，具有多任务多用户的能力。

4. Windows

Windows 操作系统是由美国 Microsoft 公司研发的一套操作系统，它问世于 1985 年，起初仅仅是 MS-DOS 模拟环境，后续的系统版本由于 Microsoft 的不断更新升级，慢慢成为人们最喜爱的操作系统。Windows 采用了图形化模式 GUI，比 DOS 需要输入指令使用的方式更为人性化。随着计算机硬件和软件的不断升级，Windows 操作系统也在不断升级，从最初的 Windows 1.0，经历了 Windows 2.0、Windows 3.0、Windows 3.1、Windows 95、Windows 98、Windows Me、Windows 2000、Windows 2003、Windows XP、Windows Vista、Windows 7、Windows 8，直到现在的最新版 Windows 10。图 2-2 所示为 Windows 10 操作系统桌面。

图 2-2　Windows 10 操作系统桌面

5．Mac OS

Mac OS 是一套运行于 Apple Macintosh 系列计算机上的操作系统，是首个在商用领域应用成功的图形用户界面操作系统。Mac OS 是基于 UNIX 内核的图形化操作系统，一般情况下在普通 PC 上无法安装。苹果机的操作系统已经到了 OS 10，代号为 Mac OS X。另外，疯狂肆虐的计算机病毒几乎都是针对 Windows 的，由于 Mac OS 的架构与 Windows 不同，所以很少受到计算机病毒的袭击。Mac OS X 操作系统界面非常独特，突出了形象的图标和人机对话。2011 年 7 月 20 日，Mac OS X 操作系统正式改名为 OS X，最新版本为 10.14.3。图 2-3 所示为 Mac OS X 操作系统桌面。

图 2-3　Mac OS X 操作系统桌面

2.2　Windows 7 介绍

Windows 7 是由 Microsoft 公司开发的操作系统。Windows 7 可供家庭及商业工作环境、笔记本电脑、平板电脑、多媒体中心等使用。2009 年 7 月 14 日，Windows 7 RTM（Build 7600.16385）正式上线。2009 年 10 月 22 日，Microsoft 公司于美国正式发布 Windows 7，2009 年 10 月 23 日于中国正式发布。

2.2.1 版本介绍

为满足不同人群的需求，Windows 7 操作系统一共开发了 6 个版本，分别介绍如下。

1. Windows 7 Starter（初级版）

这是功能最少的版本，缺乏 Aero 特效功能，不支持 64 位计算机，没有 Windows 媒体中心和移动中心等，对更换桌面背景有限制。它主要用于类似上网本的低端计算机，通过系统集成或者在 OEM 计算机上预装获得，并限于某些特定类型的硬件。

2. Windows 7 Home Basic（家庭普通版）

这是简化的家庭版，支持多显示器，有移动中心，限制部分 Aero 特效，没有 Windows 媒体中心，缺乏对平板电脑的支持，没有远程桌面，只能加入而不能创建家庭网络组（Home Group）等。它仅在新兴市场投放，如中国、印度、巴西等。

3. Windows 7 Home Premium（家庭高级版）

该版本面向家庭用户，满足家庭娱乐需求，包含所有桌面增强和多媒体功能，如 Aero 特效、多点触控功能、媒体中心、建立家庭网络组、手写识别等，不支持 Windows 域、Windows XP 模式、多语言等。

4. Windows 7 Professional（专业版）

该版本面向爱好者和小企业用户，满足办公开发需求，包含加强的网络功能，如活动目录和域支持、远程桌面等，另外还有网络备份、位置感知打印、加密文件系统、演示模式、Windows XP 模式等功能。64 位可支持更大内存（192GB），可以通过全球 OEM 厂商和零售商获得。

5. Windows 7 Enterprise（企业版）

该版本是面向企业市场的高级版本，满足企业数据共享、管理、安全等需求，包含多语言包、UNIX 应用支持、BitLocker 驱动器加密、分支缓存（Branch Cache）等，通过与 Microsoft 有软件保证合同的公司进行批量许可出售，不在 OEM 和零售市场发售。

6. Windows 7 Ultimate（旗舰版）

该版本拥有其他版本的所有功能，与企业版基本是相同的产品，仅仅在授权方式及其相关应用、服务上有区别，面向高端用户和软件爱好者。专业版用户和家庭高级版用户可以通过付费将 Windows 服务升级到旗舰版。

2.2.2 系统特色

1. 美观大方

第一眼看到 Windows 7 界面的人多半会被它所吸引，Windows 7 提供的 Aero 特效令整个桌面看上去更华丽，并且 Windows 7 主题壁纸也是一大特色，Microsoft 官方首次提供了海量的主题壁纸素材供用户免费下载，任何安装 Windows 7 系统的计算机用户都可以轻松打造一个绚丽的桌面。

2. 简单易用

Windows 7系统有很多便捷的设计，如最大化窗口、窗口半屏显示、跳转列表、系统故障快速修复、3D桌面效果等，这些使得Windows 7系统一上市便深受用户喜爱。

另外，Windows 7系统让用户搜索和使用信息变得更加简单，本地、网络和互联网的搜索功能得到大大提高，整合的自动化应用程序提交功能和交叉查询的数据透明性使用户操作起来得心应手。

3. 快速高效

Windows 7大幅提升了系统开关机速度，使用过Windows 7系统的用户肯定对这一点深有感受，并且当前市面上流行的超级本以10s开关机闻名，而Windows 7正是所有超级本配备的操作系统。

4. 安全稳定

Windows 7的安全稳定性深受用户好评，很多企业用户第一时间选择从Windows XP升级到Windows 7系统也多半是出于这方面的考虑。仅是好看、简单并不能吸引企业用户，稳定可靠的性能及高效的操作性才是打动企业用户的亮点所在。

2.3 Windows 7 的启动和退出

1. Windows 7 的启动

按下主机箱上的电源开关，计算机开机并进行自检，自检无误后，自动加载Windows 7操作系统，出现Windows桌面，完成启动。

2. Windows 7 的退出

退出Windows 7时，必须先关闭所有正在运行的程序，然后单击"开始"按钮，在出现的"开始"菜单中选择"关机"命令进行关机，如图2-4所示。

图2-4 "开始"→"关机"命令

2.4　Windows 7 的基本操作

2.4.1　桌面

桌面是打开计算机并登录到 Windows 7 之后看到的主屏幕区域。就像实际的桌面一样，它是用户工作的平面。打开程序或文件夹时，其便会出现在桌面上。还可以将一些项目（如文件和文件夹）放在桌面上，并且随意排列它们。图 2-5 所示为 Windows 7 的桌面。

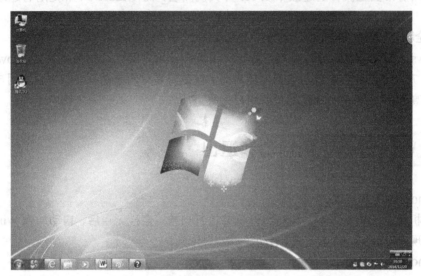

图 2-5　Windows 7 的桌面

2.4.2　图标

图标是代表文件、文件夹、程序和其他项目的小图片，双击图标会启动或打开它所代表的项目。首次启动 Windows 7 时，用户可以在桌面上至少看到一个图标——回收站，其他图标则被隐藏了，如果需要找回，则可以在桌面的空白位置右击，在弹出的快捷菜单中选择"个性化"命令，然后在弹出的个性化设置窗口中选择左侧的"更改桌面图标"选项，就可以进行设置了，如图 2-6 和图 2-7 所示。在 Windows 7 中，原 Windows XP 下的"我的电脑"和"我的文档"已改名为"计算机"和"用户的文件"，在"桌面图标设置"对话框中选中对应的选项，桌面上就会出现这些图标。

1. 移动图标

在 Windows 7 中，图标默认排列在桌面左侧。如果不喜欢这种排列方式，则可以通过将其拖动到桌面上的新位置来移动图标。

另外，还可以让 Windows 7 自动排列图标。右击桌面空白区域，在弹出的快捷菜单中选择"查看"→"自动排列图标"命令，Windows 7 便将图标排列在左上角并将其锁定在此位置。若要对图标解除锁定以便可以再次移动它们，则再次选择"自动排列图标"命令（清除复选标记）即可。

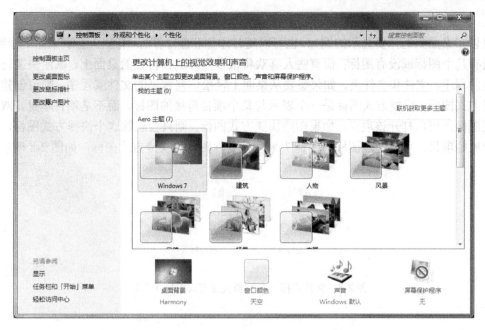

图 2-6　个性化设置窗口

图 2-7　"桌面图标设置"对话框

注意，默认情况下，Windows 7 会在不可见的网格上均匀地隔开图标。若要将图标放置得更近或更精确，则需要关闭网格。右击桌面空白区域，在弹出的快捷菜单中选择"查看"→"将图标与网格对齐"命令（清除复选标记）。再次选择"将图标与网格对齐"命令可将网格再次打开。

2. 隐藏桌面图标

如果想要临时隐藏所有桌面图标，而并不实际删除它们，则可以右击桌面空白区域，在弹出的快捷菜单中选择"查看"→"显示桌面图标"命令（清除复选标记）。可以通过再次选择"显示桌面图标"命令来显示图标。

3. 在桌面上添加和删除图标

可以在桌面上选择要显示的图标，也可以随时添加和删除图标。有些人喜欢桌面干净整齐，上面只有几个图标或没有图标；而有些人喜欢将很多图标放在自己的桌面上，以便快速访问经常使用的程序、文件和文件夹。如果想要从桌面上轻松访问常见的文件或程序，则可创建它们的快捷方式图标。快捷方式图标是一个表示与某个项目链接的图标，而不是项目本身，双击快捷方式图标便可以打开该项目。如果删除快捷方式图标，则只会删除这个快捷方式图标，而不会删除原始项目。可以通过图标上的箭头来区分文件图标和快捷方式图标，如图2-8所示。

图2-8　文件图标（左）和快捷方式图标（右）

2.4.3　窗口

每当打开程序、文件或文件夹时，其都会在屏幕上称为窗口的矩形框中显示。在 Windows中，窗口随处可见，所以了解窗口的组成及其相关操作很重要。

1. 窗口的组成

虽然每个窗口的内容各不相同，但所有窗口都有一些共同点：一方面，窗口始终显示在桌面（屏幕的主要工作区域）上；另一方面，大多数窗口具有相同的基本部分，如图2-9所示。

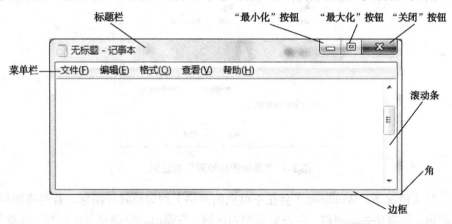

图2-9　典型窗口的组成部分

（1）标题栏：显示文档和程序的名称（或者如果正在文件夹中工作，则显示文件夹的名称）。

（2）"最小化"按钮、"最大化"按钮和"关闭"按钮：分别可以隐藏窗口、放大窗口使其填充整个屏幕及关闭窗口。

（3）菜单栏：包含程序中可单击进行选择的项目。

（4）滚动条：可以滚动窗口中的内容以查看当前视图之外的信息。

（5）边框和角：拖动这些边框和角可以更改窗口的大小。

2. 窗口的操作

Windows 7是多任务操作系统，允许同时打开很多窗口，因此就需要对窗口进行适当的管理操作。窗口的主要操作有移动、改变大小、最小化、最大化、关闭、切换、排列等。

1）移动窗口

若要移动窗口，则将鼠标指针指向其标题栏，然后按住左键将窗口拖动到希望的位置。

2）更改窗口的大小

若要调整窗口的大小（使其变小或变大），则将鼠标指针指向窗口的任意边框或角，当鼠标指针变成双箭头时，按住左键拖动边框或角可以缩小或放大窗口。

3）最小化（隐藏）窗口

如果要使窗口临时消失而不将其关闭，则可以将其最小化。单击"最小化"按钮 ▭ ，窗口会从桌面中消失，只在任务栏（屏幕底部较长的水平栏）中显示为按钮。

4）最大化及还原窗口

若要使窗口填满整个屏幕，则单击"最大化"按钮 ▫ 或双击该窗口的标题栏。若要将最大化的窗口还原到以前大小，则单击"还原"按钮 ▣ （此按钮出现在"最大化"按钮的位置），或者双击窗口的标题栏。

5）关闭窗口

关闭窗口会将其从桌面和任务栏中删除。若要关闭窗口，则单击"关闭"按钮 ✕ 。

6）切换窗口（激活）

Windows 7可以同时打开多个窗口，但只有一个是处于激活状态的。要在打开的多个窗口之间进行切换，有以下几种方法。

（1）单击任务栏上对应窗口的按钮。

（2）直接单击想要激活的窗口的任一部分。

（3）使用Alt+Tab组合键。通过按Alt+Tab组合键可以在当前窗口和先前窗口之间进行切换，或者通过按住Alt键并重复按Tab键循环切换所有打开的窗口。释放Alt组合键可以显示所选的窗口，如图2-10所示。

图2-10　使用Alt+Tab组合键切换窗口

（4）使用Aero三维窗口。三维窗口是Aero桌面体验的一部分，Aero桌面体验的特点是透明的玻璃图案、精致的窗口动画和新的窗口颜色。以下版本的Windows 7包含Aero三维窗口：家庭高级版、专业版、企业版和旗舰版。切换三维窗口的步骤如下：按住Windows徽标键的同时按Tab键可打开三维窗口；当按下Windows徽标键时，重复按Tab键或滚动鼠标滚轮可以循环切换打开的窗口；释放Windows徽标键可以显示堆栈中最前面的窗口，或者单击堆栈中某个窗口的任意部分来显示该窗口，如图2-11所示。

图 2-11　切换 Aero 三维窗口

7）排列窗口

当桌面上同时打开两个或两个以上窗口时，可以对窗口进行排列。排列方式有 3 种：层叠、堆叠和并排，如图 2-12 所示。

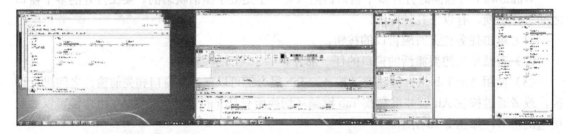

图 2-12　以层叠（左）、堆叠（中）和并排（右）模式排列窗口

若要按这 3 种排列方式之一排列窗口，则右击任务栏的空白区域，在弹出的快捷菜单中选择相应的命令（"层叠窗口"、"堆叠显示窗口"或"并排显示窗口"）即可。

3. 特殊的窗口——对话框

对话框是特殊类型的窗口，可以提出问题，允许用户通过选择选项来执行任务，或者提供信息。当程序或 Windows 需要用户响应它才能继续时，经常会看到对话框。

对话框通常有"提示信息式"对话框和"卡片式"对话框，如图 2-13 和图 2-14 所示。

与常规窗口不同，多数对话框无法最大化、最小化或调整大小。

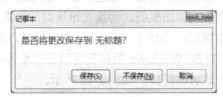

图 2-13　"提示信息式"对话框

图 2-14　"卡片式"对话框

2.4.4　"开始"菜单

"开始"菜单是操作计算机程序、文件（文件夹）的主要位置。它提供一个选项列表，就像餐馆里的菜单那样，所以称为"菜单"。至于"开始"的含义，在于它通常是用户要启动或打开某项内容的位置。图 2-15 所示为默认的"开始"菜单。

图 2-15　默认的"开始"菜单

使用"开始"菜单可执行以下常见活动。

● *启动程序。*

- 打开常用的文件夹。
- 搜索文件、文件夹和程序。
- 调整计算机设置。
- 获取有关 Windows 操作系统的帮助信息。
- 注销 Windows 或切换到其他用户账户。
- 关闭计算机

若要打开"开始"菜单，则单击屏幕左下角的"开始"按钮 ，或者按键盘上的 Windows 徽标键。

"开始"菜单分为以下 3 个基本部分。

- 左边窗格显示计算机程序的一个短列表。计算机制造商可以自定义此列表，所以其确切外观会有所不同。选择"所有程序"选项可显示程序的完整列表。
- 左边窗格的底部是搜索框，通过输入搜索项可在计算机上查找程序和文件。
- 右边窗格提供对常用文件夹、文件、设置和功能的访问。在这里还可注销 Windows 或关闭计算机。

"开始"菜单最常见的一个用途是打开计算机上安装的程序。选择"开始"菜单左边窗格显示的相应程序选项，即可打开相应的程序，并且"开始"菜单随之关闭。如果看不到所需的程序，则可选择左边窗格下方的"所有程序"选项，左边窗格会立即按字母顺序显示程序的长列表，后跟一个文件夹列表。单击某个程序的图标可启动该程序，并且"开始"菜单随之关闭。

随着时间的推移，"开始"菜单中的程序列表也会发生变化。出现这种情况有两种原因：首先，安装新程序时，新程序会添加到"所有程序"列表中；其次，"开始"菜单会检测最常用的程序，并将其置于左边窗格中以便快速访问。

图 2-16　搜索框

搜索框（见图 2-16）是在计算机中查找项目的便捷方法之一。搜索框用于遍历用户的程序及个人文件夹（包括"文档"、"图片"、"音乐"、"桌面"及其他常见位置）中的所有文件夹，因此是否提供项目的确切位置并不重要；还可搜索用户的电子邮件、已保存的即时消息和联系人等。

若要使用搜索框，则打开"开始"菜单并输入搜索项。输入之后，搜索结果将显示在"开始"菜单左边窗格的搜索框上方。

对于以下情况，程序、文件和文件夹将作为搜索结果显示。

- 标题中的任何文字与搜索项匹配或以搜索项开头。
- 该文件实际内容中的任何文本（如字处理文档中的文本）与搜索项匹配或以搜索项开头。
- 文件属性中的任何文字（如作者）与搜索项匹配或以搜索项开头。

单击任一搜索结果可将其打开；单击"清除"按钮，可清除搜索结果并返回主程序列表；单击"查看更多结果"按钮，可以搜索整个计算机。

除可搜索程序、文件、文件夹及通信之外，搜索框还可搜索 Internet 收藏夹和访问的网站的历史记录。如果这些网页中的任何一个包含搜索项，则该网页会出现在"收藏夹和历史记录"标题下。

"开始"菜单的右边窗格包含用户很可能经常使用的部分 Windows 链接，从上到下依次如下。

- 个人文件夹。个人文件夹是根据当前登录到 Windows 的用户命名的。例如，如果当前用户是 Molly Clark，则该文件夹的名称为 Molly Clark。此文件夹包含特定于用户的文件，其中包括"我的文档"、"我的音乐"、"我的图片"和"我的视频"文件夹。

- 文档。打开"文档"文件夹，用户可以在这里存储和打开文本、电子表格、演示文稿及其他类型的文档。
- 图片。打开"图片"文件夹，用户可以在这里存储和查看图片及图形文件。
- 音乐。打开"音乐"文件夹，用户可以在这里存储和播放音乐及其他音频文件。
- 游戏。打开"游戏"文件夹，用户可以在这里访问计算机上的所有游戏。
- 计算机。打开一个窗口，用户可以在这里访问磁盘驱动器、照相机、打印机、扫描仪及其他连接到计算机的硬件。
- 控制面板。打开"控制面板"，用户可以在这里自定义计算机的外观和功能、安装或卸载程序、设置网络连接和管理用户账户。
- 设备和打印机。打开一个窗口，用户可以在这里查看有关打印机、鼠标和计算机上安装的其他设备的信息。
- 默认程序。打开一个窗口，用户可以在这里选择要让 Windows 运行用于诸如 Web 浏览活动的程序。
- 帮助和支持。打开 Windows 帮助和支持，用户可以在这里浏览和搜索有关使用 Windows 和计算机的帮助主题。
- "关机"按钮。单击"关机"按钮可以关闭计算机。单击"关机"按钮旁边的箭头可显示一个带有其他选项的菜单，可用来切换用户、注销、重新启动或关闭计算机，如图 2-17 所示。

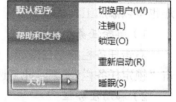

图 2-17 关机选项

2.4.5 任务栏

任务栏是位于屏幕底部的水平长条。与桌面不同的是，桌面可以被打开的窗口覆盖，而任务栏几乎始终可见。

1. 任务栏的组成

任务栏有 3 个主要部分。

- "开始"按钮：用于打开"开始"菜单。
- 中间部分：显示已打开的程序和文件，并可以在它们之间进行快速切换。
- 通知区域：包括时钟及一些告知特定程序和计算机设置状态的图标。

如果一次打开多个程序或文件，则可以将打开窗口快速堆叠在桌面上。由于窗口经常相互覆盖或者占据整个屏幕，因此有时很难看到下面的其他内容，或者不记得已经打开的内容。这种情况下使用任务栏会很方便。无论何时打开程序、文件夹或文件，Windows 都会在任务栏上创建对应的按钮。按钮会显示代表已打开程序的图标。若要切换到另一个窗口，则单击任务栏中对应的按钮。

当窗口处于活动状态（突出显示其任务栏按钮）时，单击其任务栏按钮会"最小化"该窗口。若要还原已最小化的窗口（使其再次显示在桌面上），则单击其任务栏按钮。

将鼠标指针移向任务栏按钮时，会出现一个小图片，显示缩小版的相应窗口。此预览窗口（也称为"缩略图"）非常有用。如果其中一个窗口正在播放视频或动画，则会在预览窗口中看到它正在播放。

注意：仅当 Aero 特效可在用户的计算机上运行且在运行 Windows 7 主题时，才可以查看缩略图。

通知区域位于任务栏的最右侧，包括一个时钟和一组图标，如图 2-18 所示。

图 2-18　任务栏通知区域

这些图标表示计算机上某程序的状态，或提供访问特定设置的途径。用户看到的图标集取决于已安装的程序或服务及计算机制造商设置计算机的方式。将鼠标指针移向特定图标上时，会看到该图标的名称或某个设置的状态。双击通知区域中的图标通常会打开与其相关的程序或设置。例如，双击音量图标会打开音量控件，双击网络图标会打开"网络和共享中心"窗口。

有时，通知区域中的图标会显示小的弹出窗口（称为通知），向用户通知某些信息。例如，向计算机添加新的硬件设备之后，可能会看到相关通知。单击通知右上角的"关闭"按钮可关闭该消息。如果没有执行任何操作，则几秒钟之后，通知会自行消失。

2. 自定义任务栏

用户可以通过自定义任务栏来满足自己的需求。例如，可以将整个任务栏移向屏幕的左边、右边或上边；可以使任务栏变大；可以让 Windows 在用户不使用任务栏的时候自动将其隐藏；还也可以添加工具栏。

1）解除任务栏锁定

右击任务栏的空白区域。如果"锁定任务栏"旁边有复选标记，则任务栏已锁定。通过单击"锁定任务栏"（删除此复选标记）可以解除任务栏锁定。

2）移动任务栏

解除任务栏锁定后，单击任务栏的空白区域，然后按下鼠标左键不放，拖动任务栏到桌面的 4 个边之一。当任务栏出现在所需的位置时，释放鼠标左键。

3）调整任务栏大小

解除任务栏锁定后，将鼠标指针指向任务栏的边缘，直到鼠标指针变为双箭头时，然后按下鼠标左键不放，拖动边框将任务栏调整为所需大小。

4）隐藏任务栏

右击任务栏空白区域，在弹出的快捷菜单中选择"属性"命令，打开"任务栏和「开始」菜单属性"对话框，在"任务栏"选项卡的"任务栏外观"选项组中，选中"自动隐藏任务栏"复选框，然后单击"确定"按钮，则任务栏隐藏起来。通过指向上次看到任务栏的位置，可以再次看到它。

2.5　Windows 7 工作环境设置

2.5.1　外观和个性化

通过更改计算机的主题、桌面背景、窗口颜色、声音、屏幕保护程序等可以向计算机添加个性化设置。

1. 主题

主题是计算机上的 Windows 7 操作系统下的所有图片、颜色和声音的组合。它包括桌面背景、屏幕保护程序、窗口边框颜色和声音方案。主题是桌面总体风格的统一。

右击桌面空白处，在弹出的快捷菜单中选择"个性化"命令，打开"个性化"窗口，可以看到 Windows 7 预置了两种主题，即"Aero 主题"和"基本和高对比度主题"，如图 2-19 所示。

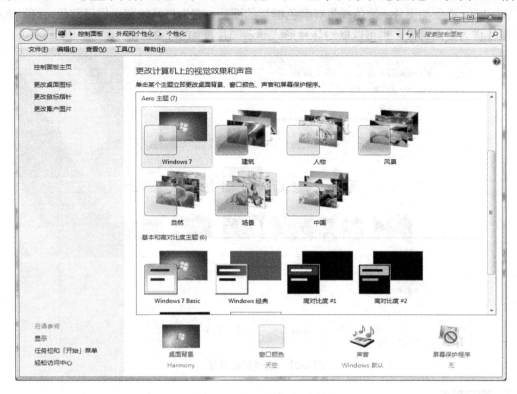

图 2-19　Windows 7 主题

每种预置主题都包括桌面背景、窗口颜色、声音、屏幕保护程序 4 个组成部分，若对其中任一部分进行了改动，则会在 Aero 主题上方自动生成"我的主题"，并可单击"保存主题"按钮进行保存，如图 2-20 所示。

图 2-20　我的主题

2．桌面背景

桌面背景（也称为"壁纸"）是显示在桌面上的图片、颜色或图案，可以是个人收集的图片、Windows 提供的图片、纯色或带有颜色框架的图片。它为打开的窗口提供背景。可以选择某个图片作为桌面背景，也可以以幻灯片形式显示图片，如图 2-21 所示。

图 2-21　选择桌面背景

3．窗口颜色

窗口颜色是 Aero 桌面体验的特点之一，它通过提供多种颜色的选择，可以让用户获取自己满意的窗口边框、"开始"菜单和任务栏的颜色，如图 2-22 所示。

图 2-22　更改窗口颜色

4. 声音

当计算机上发生某些事件时，可以播放声音以示提醒。事件可以是用户执行的操作，如登录计算机；或计算机执行的操作，如在用户收到新电子邮件时发出警报。Windows 7 附带多种针对常见事件的声音方案。此外，很多预置桌面主题都有它们自己的声音方案。如果希望更改预置声音方案，则可以在"个性化"窗口中单击"声音"按钮，通过打开的"声音"对话框进行设置，如图 2-23 所示。

5. 屏幕保护程序

屏幕保护程序是在指定时间内没有使用鼠标或键盘时，出现在屏幕上的图片或动画，其主要作用是保护显示器，因为当用户长时间不使用计算机的时候，显示器的屏幕长时间显示不变的画面，将会使屏幕发光器件疲劳变色，甚至烧毁，最终使屏幕或某个区域偏色或变暗。若要设置屏幕保护程序，则可以在"个性化"窗口中单击"屏幕保护程序"按钮，通过打开的"屏幕保护程序设置"对话框进行设置，如图 2-24 所示。

图 2-23 "声音"对话框

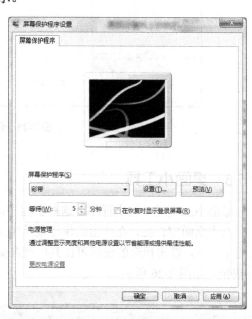

图 2-24 "屏幕保护程序设置"对话框

2.5.2 屏幕分辨率

屏幕分辨率指的是屏幕上显示的文本和图像的清晰度。分辨率越高，项目越清晰，同时屏幕上的项目越小，因此屏幕可以容纳越多的项目；分辨率越低，在屏幕上显示的项目越少，但尺寸越大。

可以使用的分辨率取决于监视器支持的分辨率。CRT 监视器通常显示 800×600 像素或 1024×768 像素的分辨率。LCD 监视器和便携式计算机屏幕通常支持更高的分辨率。监视器越大，其通常所支持的分辨率越高。是否能够增大屏幕分辨率取决于监视器的大小、功能及视频卡的类型。

右击桌面空白处，在弹出的快捷菜单中选择"屏幕分辨率"命令，打开"屏幕分辨率"窗口，可以对分辨率进行设置，如图 2-25 所示。

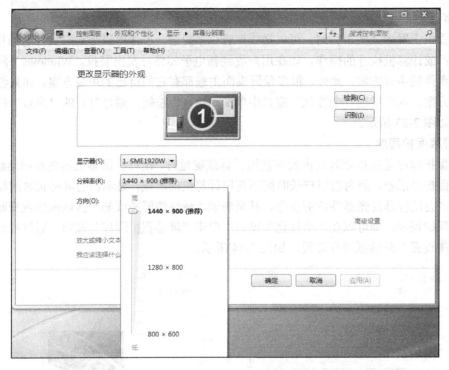

图 2-25　调整屏幕分辨率

2.5.3　桌面小工具

桌面小工具是一些小程序，这些小程序可以提供即时信息及可轻松访问常用工具的途径。

右击桌面空白处，在弹出的快捷菜单中选择"小工具"命令，在打开的窗口中即可选择需要的小工具，双击相应的图标可让其出现在桌面上。如需关闭工具，只需要单击工具右上角的 ⊠ 按钮，如图 2-26 所示。

图 2-26　桌面小工具

2.5.4 日期和时间

将鼠标指针移到任务栏右侧通知区域的时间或日期上，会出现一个小窗口显示当前系统的日期和时间。如果计算机当前显示的日期和时间不正确，则可以右击此处，在弹出的快捷菜单中选择"调整日期和时间"命令，在打开的"日期和时间"对话框中进行调整，如图 2-27 所示。

图 2-27 "日期和时间"对话框

另外，还可以使用"附加时钟"，显示另外两个不同时区的时钟，如图 2-28 所示。

图 2-28 Windows 7 的多时区时钟

2.5.5 区域和语言

1. 更改国家或地区设置

Windows 7 中的国家或地区设置（也称为"位置"）表明用户所在的国家或地区。有些软件程序和服务会根据此设置，提供诸如新闻和天气之类的本地信息。如需更改国家和地区设置，则选择"开始"→"控制面板"→"区域和语言"选项，可在"区域和语言"对话框的"位置"选项卡中进行相关设置，如图 2-29 所示。

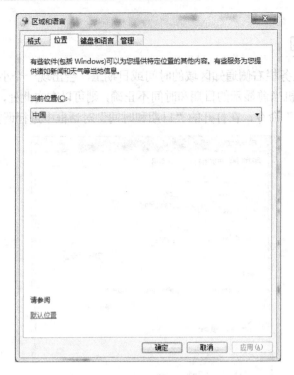

图 2-29　更改位置

2.　添加或更改输入语言

　　Windows 7 支持多种输入语言，用户可以通过更改输入语言使输入文本或编辑文档更加便利，但在使用之前，需要将它们添加到语言列表。

　　选择"开始"→"控制面板"→"区域和语言"选项，打开"区域和语言"对话框，选择"键盘和语言"选项卡，单击"更改键盘"按钮，打开"文本服务和输入语言"对话框，在其中即可对输入语言进行设置，如图 2-30 所示。

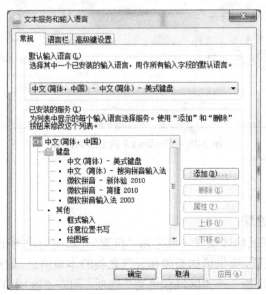

图 2-30　"文本服务和输入语言"对话框

2.6　文件系统和文件

2.6.1　文件系统

在计算机中，信息是以文件的形式进行组织和存储的，简单地说，计算机文件就是用户赋予了名字并存储在磁盘上的信息的有序集合。而计算机文件系统，则是一种存储和组织计算机文件和数据的方法，它使得对文件的访问和查找变得容易。

文件系统通常使用硬盘和光盘这样的存储设备，并维护文件在设备中的物理位置。一个磁盘或分区在作为文件系统使用前，需要初始化，并将记录数据结构写入其中，这个过程就是建立文件系统。通俗地说，一块硬盘就像一块空地，文件就像不同的材料，首先要在空地上建起仓库（也就是分区），并且制定好（格式化）仓库对材料的管理规范（文件系统），这样才能将材料运进仓库保管，并在需要的时候很方便地找到它。

在整个计算机发展过程中出现过很多种文件系统，Windows 7主要支持以下4种。

1. FAT16

顾名思义，文件分配表（File Allocation Table，FAT）就是用来记录文件所在位置的表格，它对硬盘的使用是非常重要的。假若丢失文件分配表，那么硬盘上的数据就会因无法定位而不能使用了。不同操作系统所使用的文件系统不尽相同，在个人计算机上常用的操作系统中，MS-DOS 6.x及以下版本使用FAT16。操作系统根据表现整个磁盘空间所需的簇的数量来确定使用多大的FAT。簇是磁盘空间的配置单位，就像图书馆内一格一格的书架一样。FAT16使用16位的空间来表示每个扇区配置文件的情形，故称之为FAT16。在Windows 9X下，FAT16支持的分区最大为2GB。随着计算机硬件和应用的不断提高，FAT16文件系统已不能很好地适应系统的要求，在这种情况下，推出了增强的文件系统FAT32。

2. FAT32

FAT32（增强文件分配表）是FAT（文件分配表）文件系统的派生文件系统，它比FAT16支持更小的簇（4KB）和更大的分区（32GB），这就使得FAT32的空间分配更有效率。另外，FAT32分区的启动记录被包含在一个含有关键数据的结构中，减少了计算机系统崩溃的可能性。

3. NTFS

NTFS文件系统是Windows NT及之后的Windows 2000、Windows XP、Windows Server 2003、Windows Server 2008、Windows Vista和Windows 7的标准文件系统。NTFS取代了文件分配表（FAT）文件系统。NTFS对FAT和HPFS（高性能文件系统）做了若干改进，例如，支持元数据，并且使用了高级数据结构，以便于改善性能、可靠性和磁盘空间利用率，并提供了若干附加扩展功能，如访问控制列表（ACL）和文件系统日志。

4. exFAT

exFAT（扩展文件分配表）是Microsoft在Windows Embedded 5.0以上系统中引入的一种适合于闪存的文件系统，是为了解决FAT32不支持4GB及其更大的文件而推出的。对于闪存，NTFS系统由于是日志式系统，写入频繁，会缩短闪存的寿命。但exFAT不如FAT32通用，不支持手机和Apple计算机的操作系统，以及Windows XP SP3以下的系统。

2.6.2 认识文件和文件夹

1. 文件

文件是指被赋予了名字并存储在磁盘上的信息的集合。每个文件都有一个文件名，文件名由主文件名和扩展名组成，中间用"."分隔。主文件名用来表示文件的内容，扩展名用来表示文件的类型。

Windows 7 规定文件名可以由字母、数字、下画线和汉字等符号组成，最多可以使用 255 个字符，允许使用空格，但不能含有下列字符（英文输入法状态）：<、>、/、\、|、:、"、*、?。文件名字母的大小写在显示时有不同，但在使用时不区分大小写。

2. 文件夹

文件夹是一种用来组织和管理磁盘文件的数据结构。为了分门别类地有序存放文件，操作系统把文件组织在若干目录中，这种结构就称为文件夹。文件夹的命名方式和文件相同。文件夹一般采用多层次结构（树状结构）。在这种结构中，每一个磁盘有一个根文件夹，它包含若干文件和文件夹。文件夹不但可以包含文件，而且可包含下一级文件夹，这样类推下去形成多级文件夹结构。这种结构既有助于用户将不同类型和功能的文件分类存储，又方便用户查找文件，还允许不同文件夹中文件拥有同样的文件名。

3. 文件路径

文件在磁盘中有其固定的存储位置，这个存储位置称为文件路径。在使用过程中，经常需要给出文件路径以确定文件的位置。文件路径通常由磁盘的盘符、文件夹名和文件名 3 个部分组成，各部分之间用"\"分隔，例如，"C：\Tencent\QQ.exe"是指 C 盘下 Tencent 文件夹下的 QQ.exe 文件。

从盘符开始找到该文件的路径称为"绝对路径"，从正在查看或操作的文件夹开始找到该文件的路径称为"相对路径"。

2.6.3 文件和文件夹的管理

为了方便用户对计算机中的文件和文件夹进行有效的管理，Windows 7 操作系统提供了"资源管理器"这样一个强大的文件管理工具。利用资源管理器所提供的树状文件系统结构，用户能更清楚、更直观地认识计算机的文件和文件夹。

1. 认识资源管理器

打开资源管理器的方法有以下 5 种。

（1）双击桌面上的"计算机"图标。

（2）右击"开始"按钮，在弹出的快捷菜单中选择"Windows 资源管理器"命令。

（3）单击"开始"按钮，选择"计算机"选项。

（4）按 Windows+E 组合键。

（5）将资源管理器固定到任务栏中后，直接单击图标打开资源管理器。

资源管理器窗口如图 2-31 所示。资源管理器默认情况下由以下几部分构成。

1）地址栏

地址栏在每个文件夹窗口的顶部。用户当前的位置在地址栏中显示为以箭头分隔的一系列链接。可以通过单击某个链接或输入位置路径来导航到其他位置。

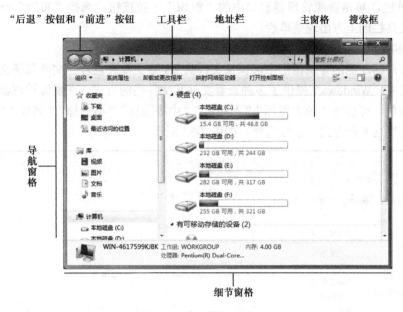

图 2-31　资源管理器窗口

2）搜索栏

搜索栏在地址栏的右侧，可以通过拖动其和地址栏之间的间隔条，灵活调节其宽度。它能快速搜索 Windows 中的文档、图片、程序、Windows 帮助甚至网络等信息。Windows 7 系统的搜索是动态的，当我们在搜索框中输入第一个字时，Windows 7 就已经开始搜索，大大提高了搜索效率。

3）导航窗格

导航窗格在资源管理器的左侧，用来查找文件和文件夹。用户还可以在导航窗格中将项目直接移动或复制到目标位置。如果在已打开窗口的左侧没有看到导航窗格，则单击"组织"下拉按钮，选择"布局"→"导航窗格"选项，即可将其显示出来。导航窗格显示各驱动器及内部各文件夹列表等。文件夹左方有▷标记的表示该文件夹有尚未展开的下级文件夹，单击它可将其展开（此时变为◢）。没有该标记的表示没有下级文件夹。选中的文件夹称为当前文件夹，此时其名称呈高亮显示。

4）主窗格

主窗格在资源管理器的右侧，用来显示当前文件夹所包含的所有文件和下一级文件夹。主窗格的显示方式和排列方式均可以改变。

5）细节窗格

细节窗格位于资源管理器窗口的底部，用来显示所选文件或文件夹最常见的属性。

另外，资源管理器还有两个部分，默认情况下没有显示，用户可以根据自己的需要将其打开。

（1）预览窗格。单击资源管理器窗口中的"组织"下拉按钮，选择"布局"→"预览窗格"选项，或单击资源管理器右上角的▢按钮，则资源管理器主窗格的右侧出现预览窗格。利用预览窗格，用户可以在不打开文档创建程序的情况下查看文档内容。

（2）菜单栏。单击资源管理器窗口中的"组织"下拉按钮，选择"布局"→"菜单栏"选项，则在工具栏的上方出现菜单栏。

2. 文件和文件夹的查看

在资源管理器左侧的导航窗格中选择某文件夹后，该文件夹包含的文件和子文件夹会显示在右侧主窗格中。Windows 7 提供了多种查看文件和文件夹的方式，在资源管理器窗口中，选择"查看"菜单，可以在"超大图标""大图标""中等图标""小图标""列表""详细信息""平铺""内容"这 8 种方式中进行选择，如图 2-32 所示。

图 2-32 "查看"菜单

另外，单击主窗格右上角的"更改视图"按钮 ，也可以在这 8 种方式中进行切换。

3. 文件和文件夹的排序

不管使用哪种显示方式，文件和文件夹都涉及一个排列顺序的问题。在资源管理器窗口中，用户可以根据自己的需要以不同的方式排列文件和文件夹。选择"查看"→"排序方式"选项，可以选择按"名称""修改日期""类型""大小"等以"递增"或"递减"的方式对文件和文件夹进行排序。

4. 文件和文件夹的选择

Windows 环境下的操作有一个共同特点，即先选择，再操作。这对文件和文件夹的操作也不例外。在资源管理器窗口中，用户可以通过单击选择一个文件或文件夹，被选中的文件或文件夹呈高亮显示。若需放弃选择，则在其他空白处单击即可。如果要选择多个文件或文件夹，则可以采用以下方法之一。

（1）使用鼠标选择多个连续文件或文件夹：按住鼠标左键拖动形成一个虚框，将需要选择的文件或文件夹全部框进去。

（2）使用鼠标配合键盘选择多个连续文件或文件夹：单击选中第一个文件或文件夹，然后按住 Shift 键，再单击最后一个文件或文件夹。

（3）使用鼠标配合键盘选择多个不连续文件或文件夹：单击选中第一个文件或文件夹，然后按住 Ctrl 键，再单击需要的每一个文件或文件夹。

（4）使用键盘快捷键选择当前文件夹下的全部文件或文件夹。确定当前文件夹为所需文件夹，然后使用 Ctrl+A 组合键，则当前文件夹下面的所有文件或文件夹全部被选中。

5. 新建文件夹

使用文件夹的主要目的是有效地组织文件。在 Windows 7 系统中，用户可以创建任意数量的文件夹，甚至可以在其他文件夹内创建文件夹（即子文件夹）。新建文件夹的方法常用的有以下 3 种。

（1）使用快捷菜单新建：转到要新建文件夹的位置（如某个文件夹或桌面），在桌面上或文件夹窗口中右击空白区域，在弹出的快捷菜单中选择"新建"→"文件夹"命令，Windows 7 会在该位置增加一个名为"新建文件夹"的文件夹，输入新文件夹的名称，然后按 Enter 键，即可完成新文件夹的创建。

（2）使用资源管理器菜单新建：在资源管理器中选择"文件"→"新建"→"文件夹"命令。

（3）使用资源管理器工具栏工具新建：单击资源管理器工具栏中的"新建文件夹"按钮。

6. 新建文件

大部分文件可以在相应的应用程序中进行新建，部分常用的文件可以在资源管理器中新建并且命名。

新建文件和新建文件夹一样，首先确定新文件存放的位置（如某个文件夹或桌面），然后在当前文件夹窗口中右击空白区域，在弹出的快捷菜单中选择"新建"菜单，在出现的子菜单中选择需要的文件类型，然后输入新文件的名字，按 Enter 键确定即可。新建文件的菜单如图 2-33 所示。

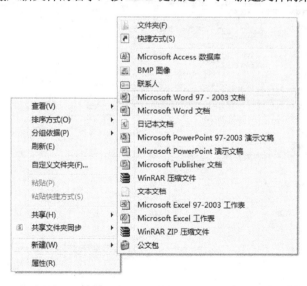

图 2-33　新建文件的菜单

使用这种方法创建新文件时，只是创建了一个空文件，要想编辑该文件的内容，可以双击该文件，启动相应的应用程序即可对其进行编辑。

7. 复制和移动文件或文件夹

复制和移动，是对文件和文件夹最常用的操作。两者的区别在于：复制是新建一个副本，原有的文件或文件夹不变，另外的地方多了一个完全相同的文件或文件夹；而移动则是将原有的文件或文件夹移到另外一个地方，以前的地方不再有这个文件或文件夹了。

复制和移动文件或文件夹的方法很多，常用的有如下几种。

1）用鼠标操作

在同一驱动器内进行操作时，直接用鼠标拖动文件或文件夹，可以实现移动，若需要复制，则在拖动的过程中按住 Ctrl 键不放。

在不同驱动器之间进行操作时，直接用鼠标拖动文件或文件夹，可以实现复制，若需要移动，则在拖动的过程中按住 Shift 键不放。

2）用快捷菜单操作

右击需要操作的文件或文件夹对象，将弹出快捷菜单。如需进行复制操作，则需要在快捷菜单中选择"复制"命令；如需进行移动操作，则需要选择"剪切"命令（选择"剪切"命令后，图标将会变暗），然后在目标位置处右击，在弹出的快捷菜单中选择"粘贴"命令。

3）用快捷键操作

选中需要的文件或文件夹后，按 Ctrl+X 组合键，执行剪切操作；按 Ctrl+C 组合键，执行复制操作，然后切换到目标位置，按 Ctrl+V 组合键，执行粘贴操作。

4）用"编辑"菜单操作

选中需要的文件或文件夹后，单击资源管理器窗口菜单栏中的"编辑"菜单，从子菜单表中选择"复制到文件夹"或"移动到文件夹"选项，并在随后出现的对话框中选定一个目标位置，如图 2-34 所示。

图 2-34　使用"编辑"菜单复制和移动文件或文件夹

8. 重命名文件或文件夹

有的时候，对于已经存在的文件或文件夹，用户可能需要更改它的名称，这时可以选中该文件或文件夹，右击，在弹出的快捷菜单中选择"重命名"命令，输入新的名称并按 Enter 键确认即可。

另外，还可以一次重命名多个文件或文件夹，这对为相关项目分组很有帮助。操作时，需要同时选择这些文件或文件夹，然后右击，在弹出的快捷菜单中选择"重命名"命令，输入一个名称后按 Enter 键确认，则每个文件或文件夹都将用该新名称来保存，并从第二个文件或文件夹开始，在结尾处附带上不同的顺序编号以示区别（如"我的作业""我的作业（2）""我的作业（3）"等）。

9. 删除和恢复文件或文件夹

当某些文件或文件夹不再需要使用时，为了释放硬盘空间，需要将其删除。删除的方法主要有以下 3 种。

（1）使用快捷菜单：选中需要删除的文件或文件夹，右击，在弹出的快捷菜单中选择"删除"命令。

（2）使用键盘：选中需要删除的文件或文件夹，按键盘上的 Delete 键。

（3）使用鼠标拖动：选中需要删除的文件或文件夹，使用鼠标左键将其拖动至桌面上的"回收站"图标。

在以上 3 种方法中，第一种方法和第二种方法执行后，Windows 7 都会出现一个对话框，以确认是否要将对象移动至回收站，用户可单击"是"按钮确认执行，也可以单击"否"按钮放弃执行。而执行第三种方法则不会出现对话框，直接将对象移动到回收站。

删除文件时，需要注意以下几点。

（1）从硬盘中删除文件或文件夹时，不会立即将其删除，而是将其存储在回收站中，直到清空回收站为止。若要永久删除文件而不是先将其移至回收站，则选择该文件，然后按 Shift+Delete 组合键。

（2）如果从网络文件夹或 USB 闪存驱动器删除文件或文件夹，则可能会永久删除该文件或文件夹，而不是将其存储在回收站中。

（3）如果无法删除某个文件，则当前运行的某个程序可能正在使用该文件。先关闭该程序再尝试删除即可。

当从计算机上删除文件或文件夹时，文件或文件夹实际上只是移动到并暂时存储在回收站中，直至回收站被清空。因此，用户可以恢复意外删除的文件或文件夹，将它们还原到其原始位置。操作方法如下。

（1）双击桌面上的"回收站"图标，打开回收站。

（2）若要还原某文件或文件夹，则在回收站中找到该文件或文件夹，单击选中，然后单击工具栏中的"还原此项目"按钮；若要还原所有文件或文件夹，则先确保没有选中任何文件，然后单击工具栏中的"还原所有项目"按钮。执行以上操作后，文件或文件夹将被还原到被删除前在计算机上的原始位置。

10. 查找文件或文件夹

随着使用时间的增加，计算机中存放的文件和文件夹越来越多。面对海量的文件夹，用户可能会忘记某个文件的存放位置。其实 Windows 7 提供了多种非常强大的搜索功能，用户可以快速高效地查找需要的文件和文件夹。

1）使用"开始"菜单上的搜索框

单击"开始"按钮，然后在搜索框中输入需要查找的文件或文件夹的名字或名字的一部分。输入后，与所输入文本相匹配的项目都将出现在"开始"菜单中。该方法的搜索范围是整个硬盘空间。

2）使用资源管理器中的搜索框

如果用户大概知道要查找的文件或文件夹位于某个特定的文件夹中，则为了节省时间和精力，可以使用资源管理器中的搜索框，根据输入的文本筛选当前视图。

3）使用搜索筛选器

如果要基于一个或多个属性（如标记或上次修改文件的日期）搜索文件，则可以在搜索时使用搜索筛选器指定属性，方法如下。

首先在库或文件夹中，单击搜索框，然后单击搜索框下想要的搜索筛选器（例如，若要按特定艺术家搜索音乐库中的歌曲，则可以单击"艺术家"搜索筛选器）。接下来根据单击的搜索筛选器，选择一个值（例如，如果单击"艺术家"搜索筛选器，则单击列表中的一位艺术家）。重复执行这些步骤，可以建立基于多个属性的复杂搜索。每次单击搜索筛选器或值时，相关字词都会自动添加到搜索框中。

11. 隐藏和显示文件或文件夹

有时，出于某些特殊目的，用户可能希望计算机中的某些文件不被其他人看见，为此，可以将那些文件的属性更改为隐藏，操作方法如下。

（1）在资源管理器中选中需要更改属性的文件，右击，在弹出的快捷菜单中选择"属性"命令，打开属性对话框。

（2）选中"属性"选项旁边的"隐藏"复选框，然后单击"确定"按钮退出。

设置为"隐藏"属性的文件或文件夹，在默认情况下是不显示的，如果用户希望将隐藏状态的文件或文件夹显示出来，则可以进行如下操作。

（1）在资源管理器中选择"工具"→"文件夹选项"选项，打开"文件夹选项"对话框。

（2）选择"查看"选项卡，在"高级设置"选项组中选中"显示隐藏的文件、文件夹和驱动器"单选按钮，然后单击"确定"按钮退出。

在日常操作中，用户可以隐藏很少使用的文件以减少混乱。需注意，隐藏文件只是未显示出来，但它仍然存在，仍然占用硬盘空间。

2.7 Windows 7 其他操作

2.7.1 附件操作

附件是 Windows 7 附带的一些小的实用程序，如便签、画图、计算器、笔记本、录音机等。利用这些实用程序，用户可以快速方便地完成一些日常工作。Windows 7 的附件程序很多，下面对几个常用的程序加以介绍。

1. 便签

从 Windows 7 开始，系统增加一个"便笺"工具，它就像我们生活中的便笺纸一样，我们可以在上面写文字并将其置于桌面上，以便随时提醒我们需要做的事情。使用"便签"的方法如下。

选择"开始"→"所有程序"→"附件"→"便签"选项（见图 2-35），桌面右上角会出现一个黄色的便签纸，光标在其中闪烁，表示可以输入内容。单击便签标题栏左边的"+"号可以添加新便笺，单击右边的"×"号可以删除当前便笺，右击便笺的空白区域可以改变颜色。

图 2-35 便签

2. 画图

画图工具的主要功能是绘制图形和处理图片，一些简单的处理如裁剪、旋转、调整大小等使用 Windows 7 附带的画图工具就能轻松实现。相比 Windows XP 等系统，Windows 7 的画图工具改进了不少，如菜单类似于 Office 的 Ribbon 风格界面。

选择"开始"→"所有程序"→"附件"→"画图"选项，即可打开"画图"窗口，如图 2-36 所示。

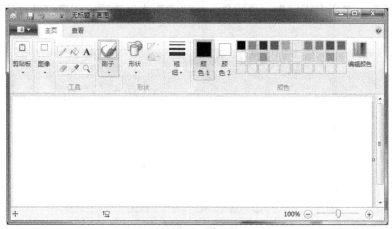

图 2-36 "画图"窗口

在"画图"窗口中选择"新建"或"打开"选项即可新建或打开图像文件。画图工具支持 BMP、JPG 和 IMG 等图形格式文件。

3. 计算器

日常生活中，人们都会遇到一些计算问题。不管是简单的科学运算，还是复杂的汽车油耗问题，用户都可以用 Windows 7 提供的计算器来解决。

选择"开始"→"所有程序"→"附件"→"计算器"选项，即可打开"计算器"窗口。默认情况下，第一次打开计算器时，显示的是标准型计算器界面，如图 2-37 所示。在这个界面，用户可以单击相应的按钮进行简单的数学运算。

如果需要使用方程、函数、几何等更专业的计算，可以通过"查看"菜单，切换到科学型计算器，如图 2-38 所示。

图 2-37　标准型计算器

图 2-38　科学型计算器

除了这两种类型，计算器还可以扩展到程序员型，提供十进制、八进制、十六进制的转换运算。

4．记事本

记事本是非常有用的文字编辑工具，同文字处理软件 Word 相比，它占用内存小，打开速度快，但是它几乎没有什么格式处理能力，只能调节字体格式，不能调节字间距、行间距和段落对齐等格式，所以特别适用于日常的简单记录。

选择"开始"→"所有程序"→"附件"→"记事本"选项，即可打开"记事本"窗口，如图 2-39 所示。

图 2-39　记事本

2.7.2　多媒体休闲与娱乐

在 Windows 系统自带的播放器中，Windows XP 平台自带的有 Windows Media Player 播放器，Windows 7 平台除了具备 Windows Media Player 播放器软件以外，还将 Media 进一步更新和升级，进而出现了今天我们见到的 Windows Media Center，即多媒体娱乐中心，这个娱乐中心所提供的服务涵盖了电视、电影、音乐、图片视频及游戏等，如图 2-40 所示。

图 2-40 Windows Media Center 媒体中心

Windows Media Center 是一种原本运行于 Windows Vista 操作系统上的多媒体应用程序。从数学的角度来说，Windows Media Center 是 Windows Media Player 的一个超集，它除了能够提供 Windows Media Player 的全部功能之外，还在娱乐功能上进行了全新的打造，通过一系列的娱乐软硬件为用户提供了从视频、音频欣赏、游戏娱乐到通信交流等全方位的应用。Windows Media Center 功能之多，不是简单的篇幅所能介绍完的，下面仅简单列举几个常用功能。

1．玩游戏

选择"开始"→"所有程序"→Windows Media Center 选项，即可打开媒体中心，在开始屏幕上滚动到"附加程序"，即可选择所需要的游戏，如图 2-41 所示。

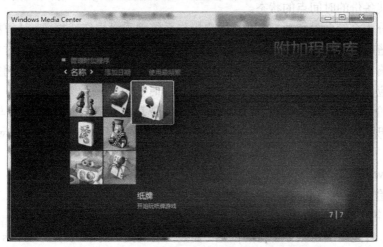

图 2-41 Windows Media Center 之附加程序库

2．播放视频和观看图片

在 Windows Media Center 的开始屏幕上，滚动到"图片+视频"，然后单击"视频库"或"图片库"，找到要观看的视频或图片，然后单击该文件。

3．播放音乐

在 Windows Media Center 的开始屏幕上，滚动到"音乐"，然后单击"音乐库"，找到要播放的歌曲、唱片集或播放列表，然后单击"播放"按钮，如图 2-42 所示。

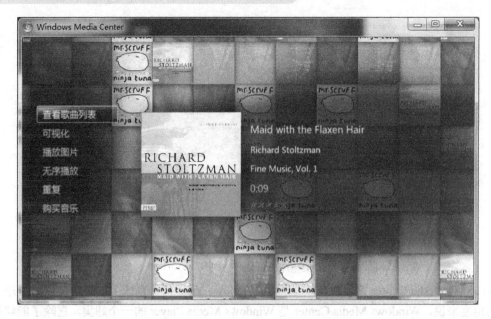

图 2-42　Windows Media Center 之音乐播放

2.7.3　系统备份与还原

为应付文件、数据丢失或损坏等可能出现的意外情况，将电子计算机存储设备中的数据复制到磁盘等大容量存储设备中，从而和原文件单独存储的技术称为备份。还原是指将已经备份的文件恢复到其备份的时间点的状态。

备份可以分为系统备份和数据备份。用户操作系统因磁盘损伤或损坏、计算机病毒或人为误删除等原因造成系统文件丢失，从而造成计算机操作系统不能正常引导，这时可通过系统备份，将操作系统事先储存起来，用于故障后的后备支援。数据备份指的是用户将数据（包括文件、数据库、应用程序等）储存起来，用于数据恢复时使用。

下面重点介绍一下系统备份。Windows 7 本身带有非常强大的系统备份与还原功能，可以在系统出现问题时尽快使系统恢复到正常状态，并且保持之前的 Windows 7 设置、账户等。

1．Windows 7 的备份

选择"开始"→"控制面板"→"备份和还原"选项，打开"备份和还原"窗口。要备份 Windows 7，只需单击"设置备份"按钮即可，备份程序全程自动运行。

备份程序，首先要确定保存备份的位置。需要注意的是，为了确保 Windows 7 系统数据的安全性，建议把备份数据保存在移动硬盘等其他非本地硬盘中。

其次要确定备份哪些内容。选项有两个，一是让 Windows 选择，二是让用户选择。如果用户对自己的备份需求非常明确，则可以选择第二个，否则，尽量选择第一个。

这两步设置完成后，就可以开始进行备份了。

2．Windows 7 的还原

如果 Windows 7 系统出问题了，需要将系统还原为早期的系统，那么原来做过的 Windows 7 备份就可以起作用了。

选择"开始"→"控制面板"→"备份和还原"选项，打开"备份与还原"窗口，如图 2-43 所示。

图 2-43　"备份与还原"窗口

在"还原"选项组中，选择"恢复系统设置或计算机"选项，单击"打开系统还原"按钮，打开"系统还原"对话框。

系统还原的第一步是选择还原点，如图 2-44 所示。

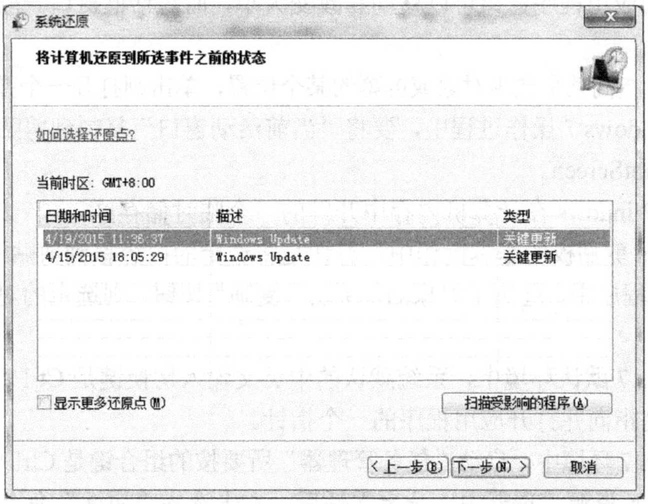

图 2-44　选择还原点

确认还原点之后，单击"完成"按钮，即可开始系统还原。在还原工作开始前，请一定注意，一旦启动还原工作，中途不能中断。

2.8 本章小结

Windows 操作系统是本书后续课程学习的基础。通过对本章的学习，读者可以掌握 Windows 7 的基本操作，包括窗口的操作、对话框的操作、文档操作、应用程序的操作及 Windows 7 的资源管理，掌握文件和文件夹的基本操作，掌握工作环境的基本设置，学会管理磁盘，对计算机进行整理，对计算机进行必要的备份及还原。

2.9 练习题

一、判断题

1．Windows 操作系统的主要功能是管理计算机系统所有的软、硬件。 （   ）

2．在 Windows 7 中，只能一个用户账户访问系统。 （   ）

3．在 Windows 7 的支持下，用户最多只能打开一个应用程序窗口。 （   ）

4．在 Windows 7 中，如果要删除桌面上的图标或快捷方式图标，则可以通过在图标上右击，然后选择弹出式菜单中相应的命令项。 （   ）

5．在 Windows 7 中，"我的文档"含有 3 个特殊的系统自动建立的个人文件夹，"打开的文档"不属于这些文件夹。 （   ）

6．Windows 的"桌面"是指整个屏幕。 （   ）

7．在 Windows 7 中，Alt+Tab 组合键的作用是在应用程序之间相互切换。 （   ）

8．应用程序窗口被"最小化"后，任务栏中不会留有代表它的图标和名称的按钮。（   ）

9．双击窗口的标题栏，可以关闭窗口。 （   ）

10．Windows 的应用程序窗口可以移动和改变大小，而对话框窗口一般仅可以移动，不能改变大小。 （   ）

11．将鼠标指针指向某个选中对象或屏幕的某个位置，单击则打开一个弹出式菜单。（   ）

12．在进行 Windows 7 操作过程中，要将"当前活动窗口"复制到剪贴板中，应同时按下的组合键是 Alt + PrintScreen。 （   ）

13．剪贴板是 Windows 在计算机内存中开辟的一个临时储存区。 （   ）

14．在 Windows 剪贴板的基本操作中，剪切是将选定的内容移到剪贴板中。 （   ）

15．在"画图"程序中，选定了对象后，单击"复制"按钮，则选定的对象将被复制到"我的文档"。 （   ）

16．在 Windows 7 默认环境中，系统默认的中英文输入切换键是 Ctrl+Shift。 （   ）

17．快捷方式是指向并打开应用程序的一个指针。 （   ）

18．在 Windows 7 环境中，启动"任务管理器"所要按的组合键是 Ctrl + Alt + Tab。（   ）

19．在 Windows 资源管理器中，选定文件后，右击选择"属性"命令则可以打开"文件属性"对话框。 （   ）

20．在 Windows 7 中，通过相应设置使文件和文件夹不显示出来（如设置为隐藏属性），可以避免将文件和文件夹误删。 （   ）

21．在 Windows 7 系统中，文件是按文件夹目录进行存取的。　　　（　　　）

22．浏览文件或文件夹时，如果要把文件或文件夹图标设置为"大图标"，则可单击窗口工具栏中的"组织"按钮进行设置。　　　（　　　）

23．在 Windows 7 中，资源管理器图标一定锁定在任务栏中。　　　（　　　）

24．在 Windows 7 中，文件名不能长达 255 个字符。　　　（　　　）

25．在 Windows 资源管理器中，选定多个非连续文件的操作为按住 Shift 键，单击每一个要选定的文件图标。　　　（　　　）

26．在 Windows 7 中，"粘贴"命令的组合键是 Ctrl＋A。　　　（　　　）

27．在 Windows 7 中，若要恢复回收站中的文件，则在选定待恢复的文件后，应单击回收站窗口中的"还原选定的项目"按钮。　　　（　　　）

28．"回收站"所占据的空间是可以调整的。　　　（　　　）

29．在 Windows 7 中，对桌面背景、屏幕保护程序等的设置可以通过鼠标右击"开始"菜单选择"属性"命令进行。　　　（　　　）

30．在 Windows 7 中，所有用户账户登录的用户的"我的文档"的内容一样。　　　（　　　）

31．Windows 7 带有很多功能强大的应用程序，其中磁盘碎片整理程序的主要用途是将磁盘的文件碎片删除，释放磁盘空间。　　　（　　　）

32．"记事本"实用程序的基本功能是文字处理。　　　（　　　）

33．在 Windows 7 中，"开始"菜单几乎包含了 Windows 7 系统的全部功能。　　　（　　　）

34．正版 Windows 7 操作系统不需要激活即可使用。　　　（　　　）

35．Windows 7 旗舰版支持的功能最多。　　　（　　　）

36．Windows 7 家庭普通版支持的功能最少。　　　（　　　）

37．Windows 7 各个版本支持的功能都一样。　　　（　　　）

38．任何一台计算机都可以安装 Windows 7 操作系统。　　　（　　　）

39．要开启 Windows 7 的 Aero 效果，必须使用 Aero 主题。　　　（　　　）

40．在 Windows 7 中，默认库被删除后可以通过恢复默认库进行恢复。　　　（　　　）

二、单项选择题

1．Windows 7 系统提供的用户界面是（　　　）。

    A．交互式的问答界面　　　　　　B．显示器界面

    C．交互式的字符界面　　　　　　D．交互式的图形界面

2．下列关于 Windows 7 的"关机"选项说法中错误的是（　　　）。

    A．选择"锁定"选项，若要再次使用计算机，一般来说必须输入密码

    B．计算机进入"睡眠"状态时将关闭正在运行的应用程序

    C．若需要退出当前用户而转入另一个用户环境，可通过"注销"选项来实现

    D．通过"切换用户"选项也能快速地退出当前用户，并回到用户登录界面

3．在 Windows 7 中，对桌面背景的设置可以通过（　　　）实现。

    A．右击"我的电脑"，选择"属性"命令

    B．右击"开始"菜单

    C．右击桌面空白区域，选择"个性化"命令

    D．右击任务栏空白区域，选择"属性"命令

4．在 Windows 7 中，打开 Windows 资源管理器，在该窗口的右上角有一个搜索框，如果

要搜索第 1 个字符是 a、扩展名是 txt 的所有文本文件，则可在搜索框输入（　　）。

    A．?a.txt　　　　　B．a*.txt　　　　　C．*.*　　　　　D．a?.txt

5．在 Windows 中，除了锁定在任务栏程序图标外，任务栏上的程序按钮区（　　）。

    A．只有程序当前窗口的图标　　　　　B．只有已经打开的文件名

    C．所有已打开窗口的图标　　　　　D．以上说法都不正确

6．在 Windows 7 桌面底部的任务栏中，可能出现的图标有（　　）。

    A．"开始"按钮、打开应用程序窗口的最小化图标按钮、"计算机"图标

    B．"开始"按钮、锁定在任务栏上"资源管理器"图标按钮、"计算机"图标

    C．"开始"按钮、锁定在任务栏上的"资源管理器"图标按钮、打开应用程序窗口的最小化图标按钮及位于通知区的系统时钟、音量等图标按钮

    D．以上说法都错

7．在 Windows 7 中，任务栏右端的通知区域显示的是（　　）。

    A．语言图标（即输入法切换图标）、音量控制图标、系统时钟等

    B．用于多个应用程序之间切换的图标

    C．锁定在任务栏上的"资源管理器"图标按钮

    D．"开始"按钮

8．在 Windows 7 中，"任务栏"的一个作用是（　　）。

    A．显示系统的所有功能　　　　　B．实现被打开的窗口之间的切换

    C．只显示当前活动窗口名　　　　　D．只显示正在后台工作的窗口名

9．在 Windows 7 中，要在同一个屏幕上同时并排显示多个应用程序窗口的正确操作方法是（　　）。

    A．在任务栏空白区域右击，在弹出的快捷菜单中选择"堆叠显示窗口"命令

    B．在任务栏空白区域右击，在弹出的快捷菜单中选择"并排显示窗口"命令

    C．在桌面空白区域右击，在弹出的快捷菜单中选择"并排显示窗口"命令

    D．右击"开始"按钮，在弹出的快捷菜单中选择"打开 Windows 资源管理器"命令，在出现窗口中排列

10．关于"开始"菜单，下列说法正确的是（　　）。

    A．"开始"菜单的内容是固定不变的

    B．"开始"菜单中的常用程序列表是固定不变的

    C．在"开始"菜单的"所有程序"菜单项中，用户可以查到系统安装的所有应用程序

    D．"开始"菜单可以删除

11．在 Windows 7 中，当一个应用程序窗口被最小化后，该应用程序将（　　）。

    A．终止运行　　　　　B．继续运行

    C．暂停运行　　　　　D．以上都不正确

12．在 Windows 7 的各种窗口中，单击左上角的窗口标识（又称窗口图标，或称控制菜单按钮）可以（　　）。

    A．关闭窗口　　　　　B．打开控制菜单

    C．把窗口最大化　　　　　D．打开资源管理器

13．在 Windows 中，控制菜单图标位于窗口的（　　）。

    A．左上角　　　B．左下角　　　C．右上角　　　D．右下角

14．在 Windows 7 中，打开一个菜单后，其中某菜单项会出现下属级联菜单的标识是（　　）。

    A．菜单项右侧有一组英文提示　　　　B．菜单项右侧有一个黑色三角形

    C．菜单项右侧有黑色圆点（…）　　　　D．菜单项左侧有一个"√"

15．关闭"当前窗口"或结束"当前应用程序的运行"的快捷键是（　　）。

    A．Alt+F4　　　　B．Ctrl+F4　　　　C．Ctrl+Alt+Delete　　　　D．Alt+F3

16．在 Windows 7 操作环境下，要将整个屏幕画面全部复制到剪贴板中所使用的快捷键是（　　）。

    A．PrintScreen　　　　　　　　　　B．PageUp

    C．Alt + F4　　　　　　　　　　　　D．Ctrl + Space

17．在 Windows 7 中，若在某一文档中做过剪切操作，则当关闭该文档后，剪贴板中存放的是（　　）。

    A．空白　　　　　　　　　　　　　　B．剪切过的内容

    C．信息丢失　　　　　　　　　　　　D．以上说法都错

18．在 Windows 7 中，将信息传送到剪贴板不正确的方法是（　　）。

    A．用"复制"命令把选定的对象送到剪贴板

    B．用"剪切"命令把选定的对象送到剪贴板

    C．按 Ctrl+V 组合键把选定的对象送到剪贴板

    D．按 Alt+PrintScreen 组合键把当前窗口送到剪贴板

19．在 Windows 7 中，"剪切"命令的快捷键是（　　）。

    A．Ctrl+C　　　　B．Ctrl+X　　　　C．Ctrl+A　　　　D．Ctrl+V

20．在 Windows 7 中文输入方式下，在几种中文输入方式之间切换应按（　　）。

    A．Ctrl + Alt　　　　　　　　　　　B．Ctrl + Shift

    C．Shift + Space　　　　　　　　　　D．Ctrl + Space

21．关于任务管理器，下列说法错误是（　　）。

    A．计算机死机后，通过任务管理器关闭程序，有可能恢复计算机的正常运行

    B．同时按 Ctrl + Alt + Delete 组合键可出现启动任务管理器的界面

    C．在任务管理器窗口中不能看到 CPU 的使用情况

    D．右击任务栏空白处，在弹出的快捷菜单也可以启动任务管理器

22．如果把一个文件属性设置为"隐藏"，则在资源管理器或"计算机"窗口中，该文件一般不显示。若想让该文件在不改变隐藏属性的前提下显示出来，则其操作是（　　）。

    A．通过"组织"下拉列表中的"文件夹和搜索选项"选项查看，可找到设置项

    B．选择"工具"→"文件夹选项"选项

    C．选择"文件"→"打开"选项

    D．以上说法都不正确

23．D 盘根目录中文件夹 DATA 里的位图文件 TEST 的完整文件路径为（　　）。

    A．D：\DATA\TEST　　　　　　　　B．D：\DATA\TEST\BMP

    C．C：\DATA\TEST.bmp　　　　　　D．D：\DATA\TEST.bmp

24．在 Windows 7 的树形目录结构下，不允许两个文件名（包括扩展名）相同指的是在（　　）。

A．不同磁盘的不同目录下　　　　B．不同磁盘的同一个目录下

C．同一个磁盘的不同目录下　　　D．同一个磁盘的同一个目录下

25．资源管理器的右窗格称为文件夹内容窗格，它将显示活动文件夹的内容。如果要使所显示的内容按照"名称、修改日期、类型、大小"列出，应该单击窗口工具栏中的（　　）按钮，然后选择"详细"选项。

A．查看　　　　　　　　　　　　B．更改你的视图

C．编辑　　　　　　　　　　　　D．文件

26．在 Windows 资源管理器中，格式化磁盘的操作可以在左窗格中进行，具体操作是（　　）。

A．单击磁盘图标，选择"格式化"命令

B．右击磁盘图标，选择"格式化"命令

C．单击"组织"下拉按钮，选择"格式化"命令

D．以上说法都不正确

27．在 Windows 7 中，文件名"ABCD.doc.exe.txt"的扩展名是（　　）。

A．ABCD　　　　　B．doc　　　　　　C．exe　　　　　　D．txt

28．在 Windows 7 中，文件夹名错误的是（　　）。

A．12%+3%　　　　B．12-3　　　　C．12*3!　　　　　D．1&2=0

29．在 Windows 7 中，下列正确的文件名是（　　）。

A．A?B、DOC　　　　　　　　　　B．File1| File2

C．A<>B、txt　　　　　　　　　　D．My MusiC、wav

30．在查找文件时，通配符"*"与"？"的含义是（　　）。

A．"*"表示任意多个字符，"？"表示任意一个字符

B．"？"表示任意多个字符，"*"表示任意一个字符

C．"*"和"？"表示乘号和问号

D．查找"*.？"与"?.*"的文件是一致的

31．在 Windows 资源管理器中选定了文件或文件夹后，若要将它们复制到同一驱动器（即同一个逻辑盘）的文件夹中，其操作是（　　）。

A．直接拖动鼠标　　　　　　　　B．按下 Shift 键拖动鼠标

C．按下 Ctrl 键拖动鼠标　　　　　D．按下 Alt 键拖动鼠标

32．在 Windows 7 中，要实现文件或文件夹的快速移动与复制，可使用鼠标的（　　）操作。

A．单击　　　　　B．双击　　　　　C．拖动（拖曳）　　　D．移动

33．在 Windows 7 中，当已选定文件夹后，下列操作中不能删除该文件夹的是（　　）。

A．在键盘上按 Delete 键

B．右击该文件夹，打开快捷菜单，然后选择"删除"命令

C．单击"组织"下拉按钮并选择"删除"命令

D．双击该文件夹

34．在 Windows 7 中，在选定文件或文件夹后，将其彻底删除的操作是（　　）。

A．用鼠标直接将文件或文件夹拖放到"回收站"中

B．按 Delete 键删除

C. 用 Shift + Delete 组合键删除

D. 单击"组织"下拉按钮并选择"删除"命令

35. 在 Windows 7 中，剪贴板和回收站所占用的存储区分别属于（　　）。

    A. 内存和硬盘　　　　　　　　　　B. 内存和内存

    C. 硬盘和内存　　　　　　　　　　D. 硬盘和硬盘

36. 在 Windows 7 中，下列各项中不属于控制面板操作的是（　　）。

    A. 卸载或更改程序　　　　　　　　B. 管理用户账户

    C. 启动 Windows 资源管理器　　　　D. 外观和个性化

37. 要改变任务栏右端的时间显示形式，如把 13：50 更改为下午 1：50，应该在控制面板下的"时钟、语言和区域"中选择（　　）。

    A. 区域和语言　　　　　　　　　　B. 日期和时间

    C. 外观和个性化　　　　　　　　　D. 系统

38. Windows 7 中的"系统还原"的主要作用是（　　）。

    A. 还原出厂设置　　　　　　　　　B. 还原昨天开机的状态

    C. 还原今天开机的状态　　　　　　D. 还原到以前设置还原点时的状态

39. 在 Windows 7 中，要使用"附件"中的计算器工具计算 $5^{3.7}$，应选择（　　）。

    A. 标准型计算器　　　　　　　　　B. 科学型计算器

    C. 程序员计算器　　　　　　　　　D. 统计信息计算器

40. 用写字板、记事本和 Word 编辑文字时，如果要使用键盘删除文字，删除光标所在位置以前的那一个字符，则应该按（　　）键。

    A. Alt　　　　　　B. Ctrl　　　　　　C. Delete　　　　　　D. Backspace

三、多项选择题

1. 关于 Windows 7 操作系统，下列说法错误的是（　　）。

    A. 它是用户与软件的接口　　　　　B. 它不是图形用户界面操作系统

    C. 它是用户与计算机的接口　　　　D. 它属于应用软件

2. Windows 7 操作系统的特点包括（　　）。

    A. 属于图形界面

    B. 支持多任务

    C. 支持即插即用

    D. 支持卫星通信

3. 关于 Windows 运行环境，下列说法错误的是（　　）。

    A. 对内存容量没有要求　　　　　　B. 对处理器配置没有要求

    C. 对硬件配置有一定要求　　　　　D. 对硬盘配置没有要求

4. 在 Windows 7 中，关于桌面上的图标，下列说法错误的是（　　）。

    A. 删除桌面上的应用程序的快捷方式图标，就是删除对应的应用程序文件

    B. 删除桌面上的应用程序的快捷方式图标，并未删除对应的应用程序文件

    C. 在桌面上建立应用程序的快捷方式图标，就是将对应的应用程序文件复制到桌面上

    D. 在桌面上只能建立应用程序快捷方式图标，而不能建立文件夹快捷方式图标

5. 在 Windows 7 中，能在任务栏内进行的操作是（　　）。

    A. 排列桌面图标　　　　　　　　　B. 设置系统日期和时间

C. 切换窗口   D. 启动"开始"菜单

6. 在 Windows 7 中，能对窗口进行的操作是（　　）。

    A. 粘贴   B. 移动   C. 调整大小   D. 关闭

7. 在 Windows 中，关于启动应用程序的说法，下列正确的是（　　）。

    A. 通过双击桌面上应用程序快捷方式图标，可启动该应用程序

    B. 在资源管理器中，双击应用程序名即可运行该应用程序

    C. 只需选中该应用程序图标，然后右击即可启动该应用程序

    D. 在"开始"→"所有程序"菜单中选择应用程序项，即可运行该应用程序

8. 在 Windows 7 中，关于对话框的描述，下列说法正确的是（　　）。

    A. 弹出对话框后，一般要求用户输入或选择某些参数

    B. 在对话框中完成输入或选择操作后，单击"确定"按钮对话框被关闭

    C. 若想在未执行命令时关闭对话框，可单击"取消"按钮，或按 Esc 键

    D. 对话框不能移动

9. 关于 Windows 7 命令，下列说法正确的是（　　）。

    A. 命令前有符号√表示该命令有效

    B. 带省略号（…）的命令执行后会打开一个对话框

    C. 命令呈暗淡的颜色，表示相应的程序被破坏

    D. 当鼠标指针指向带黑三角符号的菜单项时，会弹出一个级联菜单

10. 关于 Windows 7 窗口的概念，下列说法错误的是（　　）。

    A. 屏幕上只能出现一个窗口，这就是活动窗口

    B. 屏幕上可以出现多个窗口，但只有一个是活动窗口

    C. 屏幕上可以出现多个窗口，但不止一个是活动窗口

    D. 屏幕上可以出现多个活动窗口

11. 在 Windows 7 中，关于文件的定义，下列说法不准确的有（　　）。

    A. 记录在磁盘上的一组有名字的相关信息的集合

    B. 记录在磁盘上的一组有名字的相关程序的集合

    C. 记录在磁盘上的一组相关数据的集合

    D. 记录在磁盘上的一组相关命令的集合

12. 在 Windows 7 中，关于文件夹的描述，下列说法正确的是（　　）。

    A. 文件夹是用来组织和管理文件的

    B. 文件夹中可以存放子文件夹

    C. 文件夹可以形象地看作一个容器，用来存放文件或子文件夹

    D. 文件夹中不可以存放设备驱动程序

13. 关于 Windows 文件命名的规定，下列说法错误的是（　　）。

    A. 文件名中不能有空格和扩展名间隔符"."

    B. 文件名可用字符、数字或汉字，文件名最多使用 8 个字符

    C. 文件名可用允许的字符、数字或汉字

    D. 文件名可用所有的字符、数字或汉字

14. 关于 Windows 7 文件命名的规定，下列说法正确的是（　　）。

    A. 用户指定文件名时可以用字母的大小写形式，但不能利用大小写区别文件名

      B. 搜索文件时，可使用通配符"*"

      C. 文件名可用字母、允许的字符、数字和汉字

      D. 以上说法都正确

15. 在 Windows 7 中，下列文件名正确的是（   ）。

      A. My Program Group   B. file1.file2.bas

      C. A\B.C   D. ABC.FOR

16. 在 Windows 7 中，属于控制面板操作的是（   ）。

      A. 更改桌面显示和字体   B. 添加设备

      C. 造字   D. 更改键盘设置

17. 在 Windows 7 中，不可以设置、控制计算机硬件配置和修改桌面个性化的应用程序是（   ）。

      A. Word   B. Excel   C. 控制面板   D. 资源管理器

18. 关于"附件"中画图程序的描述，下列说法正确的是（   ）。

      A. 生成的文件默认为 PNG 文件   B. 只能浏览图片

      C. 可以编辑图片   D. 打开的图片中可以输入文本内容

19. 在 Windows 7 中，下列关于"附件"中的工具说法错误的是（   ）。

      A. 写字板是字处理软件，不能插入图形

      B. 画图是绘图工具，不能输入文字

      C. 画图工具不可以进行图形、图片的编辑处理

      D. 记事本不能插入图形

20. 下列程序属于"附件"的是（   ）。

      A. 计算器   B. 记事本   C. 回收站   D. 画图

四、填空题

1. 装有 Windows 7 系统的计算机正常启动后，用户在屏幕上首先看到的是_____。

2. 在 Windows 7 中，单击"开始"按钮，可以打开_____。

3. 在 Windows 7 中，为获得相关软件的帮助信息，一般按_____键。

4. 在 Windows 中，要移动桌面上的图标，需要使用的鼠标操作是_____。

5. 在 Windows 7 中，要实现同时改变窗口的高度和宽度，可以拖放_____。

6. 在 Windows 中，用户建立的文件默认具有的属性是_____。

7. 在记事本中保存文件的扩展名是_____。

8. 在 Windows 7 中，要将屏幕分辨率调整到 1024×768 像素，进行设置时应选择控制面板中的"外观与个性化"类别下的_____，其中有调整屏幕分辨率选项。

9. 在 Windows 7 中，在"附件"→"系统工具"菜单下，可以对一些临时文件、已下载的文件等进行清理，以释放磁盘空间的程序是_____。

10. 在 Windows 7 附件中，画图程序保存文件默认的扩展名是_____。

第3章

文字处理软件 Word 2010

　　文本、图形、图像等是多媒体信息世界中较普遍的信息表现形式，利用计算机对文本、图形、图像等多种信息进行加工处理的过程称为文档信息处理。常见的文档处理软件主要有 Word、WPS 等。Word 2010 是 Microsoft Office 2010 组件中的一个文档处理软件，运行在 Windows 7 等环境下。它功能齐全，包括文档编辑、格式设置、图文混排、美化文档、长文档处理、打印等，是一个全能的桌面排版系统。同前期版本的 Word 相比，Word 2010 增加了许多实用功能，它已成为当今世界上应用较为广泛的文字处理软件之一。

➡ 本章主要内容

　📖 Word 2010 基础知识
　📖 文档的创建、保存与编辑
　📖 设置字体、段落格式
　📖 表格处理与图文混排
　📖 使用样式和邮件合并
　📖 页面设置与打印

3.1　Word 2010 基础知识

　　通常，文字处理软件的功能分为基本应用和高级应用。基本应用主要包括文档的建立、编辑、排版与打印；高级应用包括文档格式设置，图、文、表混排，添加艺术字及文档页面格式设置等。在继承以前 Word 版本系列优点的基础上，Word 2010 的功能又进行了进一步扩充，使文档的操作、共享、美化和阅读变得更加简单。

3.1.1　Word 2010 的主要新增实用功能

　　Word 2010 使用户能够更轻松地协作使用和浏览长文档。为了提升影响力，新增功能主要集中于为已完成的文档增色。新增的主要实用功能如下。

（1）新编号格式。Word 2010 新增固定位数数字编号格式，如 001、002、003……及 0001、0002、0003……

（2）新增的"文档导航"窗格和搜索功能。在 Word 2010 中，用户可以迅速处理长文档。通过拖放标题而不是通过复制和粘贴，可以轻松地重新组织文档。除此以外，用户还可以使用渐进式搜索功能查找内容，因此无须确切地知道要搜索的内容。

（3）新增的 SmartArt 图形图片布局。在 Word 2010 中，利用新增的 SmartArt 图形图片布局，用户可以使用照片或其他图像来讲述故事。用户只需在图片布局图表的 SmartArt 形状中插入图片即可。每个形状还具有一个标题，用户可以在其中添加说明性文本。

更为便利的是，如果用户的文档已经包含图片，则可以像处理文本一样，将这些图片快速转换为 SmartArt 图形。

（4）新增的艺术效果。通过 Word 2010，用户可以对图片应用复杂的艺术效果，使其看起来更像素描、绘图或绘画作品。这是无须使用其他照片编辑程序便可增强图像效果的简便方法。

Word 2010 新增 20 种艺术效果，包括铅笔素描、线条图形、水彩海绵、马赛克气泡、玻璃、蜡笔平滑、塑封、影印和画图笔画等。

（5）图片修正。用户可以通过微调图片的颜色强度（饱和度）和色调（色温）使图像具有引人注目、有震撼力的视觉效果。用户还可以调整其亮度、对比度、清晰度和模糊度，或调整图片颜色以便使其更适合文档内容。

（6）自动消除图片背景。Word 2010 的另一个高级图片编辑功能是它能够自动删除图片的不必要部分（如背景），从而突出显示图片主题或删除分散注意力的细节。

（7）将 Word 文档转换为 PDF 或 XPS。Word 2010 支持将文件导出为 PDF 或 XPS 格式。

① 可移植文档格式（PDF）。PDF 是一种版式固定的电子文件格式，可以保留文档格式并允许文件共享。当联机查看或打印 PDF 格式的文件时，该文件可以保持与原文完全一致的格式，文件中的数据也不能被轻易更改。对于要使用专业印刷方法进行复制的文档，PDF 格式也很有用。

② XML 纸张规范（XPS）。XPS 是一种电子文件格式，可以保留文档格式并允许文件共享。XPS 格式可确保在联机查看或打印 XPS 格式的文件时，该文件可以保持与原文完全一致的格式，文件中的数据也不能被轻易更改。

3.1.2 Word 2010 的启动与退出

1. 启动

启动 Word 2010 有多种方法。

- 从"开始"菜单启动。选择"开始"→"所有程序"→Microsoft Office→Microsoft Office Word 2010 选项，即可启动 Word 2010。
- 通过桌面快捷方式图标启动。如果桌面上有 Word 2010 的快捷方式图标，双击该快捷方式图标即可启动 Word 2010。
- 从"开始"菜单搜索后启动。单击"开始"按钮，在"搜索程序和文件"框内输入"WINWORD.EXE"，在找到的程序中，单击 WINWORD.EXE 即可。
- 从资源管理器中启动。打开 Windows 资源管理器，在搜索框内输入"WINWORD. EXE"，在右侧窗口中双击 WINWORD.EXE，即可启动 Word 2010。

2. 退出

退出 Word 2010 也有多种方法。

● 单击"文件"选项卡 → "退出"命令。

● 直接单击 Word 标题栏右上角的"关闭"按钮。

● 按 Alt+F4 组合键。

如果在退出 Word 2010 时，文件未保存过或在原来保存的基础上做了修改，则 Word 将提示用户是否保存编辑或修改的内容，单击"保存"按钮后将保存编辑内容并退出。

3.1.3　Word 2010 的窗口与视图

1. Word 2010 窗口

启动 Word 2010 后，用户首先会看到 Word 2010 的启动界面，随后便进入 Word 2010 的工作界面，如图 3-1 所示。其中主要包括快速访问工具栏、标题栏、功能选项卡和功能区、标尺、编辑区、滚动条和状态栏等组成部分。

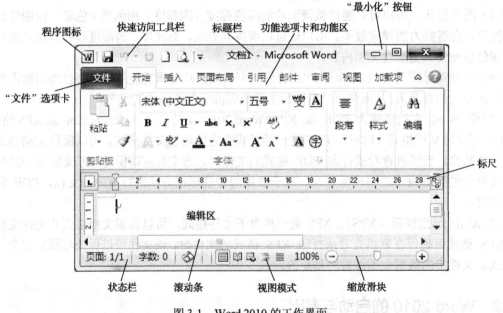

图 3-1　Word 2010 的工作界面

提示：如果不清楚各功能区中按钮的功能，只需要将鼠标指针移动到相应的按钮位置，Word 2010 将自动提供"屏幕提示"，在其下方显示该按钮的相应说明。

2. Word 2010 文档视图

Word 2010 提供了多种视图，这些视图模式包括"页面视图"、"阅读版式视图"、"Web 版式视图"、"大纲视图"及"草稿" 5 种视图模式，用户可以根据自己的需要选择最适合自己的视图模式来显示文档。例如，用户可以使用页面视图来输入、编辑和排版文档，使用大纲视图来查看文档结构等。

1）页面视图

页面视图可以查看与实际打印效果相同的文档，如果滚动到页的正文之外，则可以看到如页眉、页脚及页边距等项目。页面视图还可以显示分栏、环绕固定位置对象的文字、首字下沉等特殊效果，是所见即所得的视图模式。

要切换到页面视图，可以单击"视图"选项卡→"文档视图"分组→"页面视图"按钮，或单击窗口右下角视图模式中的"页面视图"按钮▤。在页面视图中，不再以虚线表示分页，而是直接显示页边距。

2）阅读版式视图

阅读版式视图是进行了优化的视图，以便于在计算机屏幕上阅读文档。在阅读版式视图中，可以以打印页显示效果查看文档。在阅读版式视图中，内容的显示几乎是全屏幕的，如图 3-2 所示。用户可以根据自己的需要，通过单击"工具"按钮选择各种阅读工具。

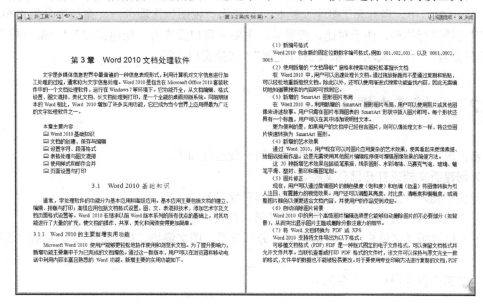

图 3-2　Word 2010 "阅读版式视图"

要切换到阅读版式视图，可以单击"视图"选项卡→"文档视图"分组→"阅读版式视图"按钮，或单击窗口右下角视图模式中的"阅读版式视图"按钮▤。要关闭阅读版式视图，只需要单击该视图模式下屏幕右上角的"关闭"按钮，或按 Esc 键即可。

3）Web 版式视图

Web 版式视图以网页的形式显示 Word 2010 文档，Web 版式视图适用于发送电子邮件和创建网页等。

要切换到 Web 版式视图，可以单击"视图"选项卡→"文档视图"分组→"Web 版式视图"按钮，或单击窗口右下角视图模式中的"Web 版式视图"按钮▤。

4）大纲视图

用户在大纲视图中可以折叠文档，只查看标题，或者展开各种层级的文档，这样可以更好地查看整个文档的内容，移动、复制文字和重组文档都比较方便。

要切换到大纲视图，可以单击"视图"选项卡→"文档视图"分组→"大纲视图"按钮，或单击窗口右下角视图模式中的"大纲视图"按钮▤。

5）草稿

草稿视图取消了页面边距、分栏、页眉、页脚和图片等元素，仅显示标题和正文，是最节省计算机系统硬件资源的视图方式。当然，现在计算机系统的硬件配置都比较高，基本上不存在由于硬件配置偏低而使 Word 2010 运行遇到障碍的问题。

要切换到草稿视图，可以单击"视图"选项卡→"文档视图"分组→"草稿视图"按钮，或单击窗口右下角视图模式中的"草稿视图"按钮▤。

3. 显示比例

用户可根据需要调整文档编辑区域在屏幕上的显示比例。单击"视图"选项卡→"显示比例"分组中相应的按钮即可。主要的显示比例有"显示比例""100%""单页""双页""页宽"等，用户根据需要设置相应的显示比例即可。

4. 窗口排列

在 Word 窗口中，当打开了多个文档时，可单击"视图"选项卡→"窗口"分组中相应的按钮来对文档进行排列，便于对比、查看等。主要的窗口操作有"新建窗口""全部重排""拆分""并排查看""同步滚动""重设窗口位置""切换窗口"等。

3.2 文档基本操作

通常情况下，利用 Word 2010 处理文档的一般过程如下。

（1）创建新文档或打开已有文档。

（2）文档输入（文本、数字、表格、图形对象等）。

（3）文档编辑（选定、移动、删除、复制、查找、替换等）。

（4）文档排版（字体格式、段落格式、分节分栏、图文混排、样式、页眉、页脚、页面设置等）。

（5）文档存盘（保存、另存为）。

3.2.1 创建文档

在 Word 2010 中可建立多种文档，如空白文档、博客文章、书法字帖及根据现有模板、现有内容新建文档等。

1. 创建空白文档

每次启动 Word 2010 时，Word 应用程序已经为用户创建了一个基于默认模板的名为"文档 1"的新文档。除此之外，也可以用其他方法建立新的空文档。

- 单击快速访问工具栏中的"新建"按钮▯，系统会自动建立一个基于 Normal 模板的空文档；Word 2010 在建立的第一个文档标题栏中显示"文档 1"，以后建立的其他文档的序号名称依次递增，如"文档 2""文档 3"等。
- 单击"文件"选项卡→"新建"命令，单击屏幕右面的"创建"按钮即可。
- 按 Ctrl+N 组合键，即可创建一个空白文档。
- 在 Windows 7 操作系统下，如果 Word 已经启动，则单击任务栏的 Word 图标，也可以新建一个 Word 空白文档。

2. 使用模板创建文档

当用户对 Word 2010 的功能不了解，不会编辑、排版或不熟悉一些特殊公文的格式时，可以利用 Word 2010 提供的丰富的文档模板来创建相应的文档。Word 2010 提供了常用的文档模板，几乎涵盖了所有的公文样式，如黑领结系列、报告、信函、简历、传真、报表、博客文章等，还可以联网从 Office.com 模板中查找用户需要的模板来创建新文档。

要使用模板创建文档，可单击"文件"选项卡→"新建"命令，打开相应的"可用模板"界面，如图 3-3 所示。单击打开相应的模板，或在网络已连接的环境下搜索网上的模板，在右边的预览框中可以预览到相应模板的外观，然后单击"创建"按钮或"下载"按钮完成相应的操作。

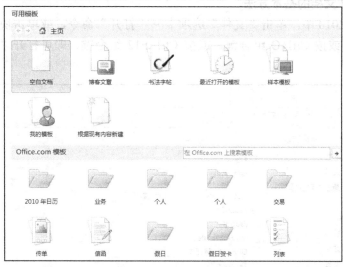

图 3-3 Word 2010 "可用模板"界面

3. 根据现有内容创建新文档

可将选择的文档以副本方式在一个新的文档中打开，这时用户就可以在新的文档（即文档的副本）中操作，而且不会影响原有的文档。操作方法如下：单击"文件"选项卡→"新建"命令，打开图 3-3 所示的"可用模板"界面，在"可用模板"选项组中，单击"根据现有内容新建"按钮，这时将打开图 3-4 所示的"根据现有文档新建"对话框，在该对话框中选择要创建文档副本的文档，单击"新建"按钮即可。

图 3-4 "根据现有文档新建"对话框

3.2.2 打开文档

在进行文字处理等操作时，很多时候不可能一次完成全部工作，而是需要对已存在的文档进行补充或修改，这就需要将存储在外部存储器上的文档调入 Word 工作窗口，便于进行后续的编辑、修改、美化等操作，这个过程称为打开文档。

1. 打开 Word 文档的基本方法

（1）在 Word 2010 中，单击"文件"选项卡→"打开"命令，或单击快速访问工具栏中的"打开"按钮，或按 Ctrl+O 组合键，或按 Ctrl+F12 组合键，即可打开"打开"对话框，如图 3-5 所示。

图 3-5 "打开"对话框

（2）在左窗格中，选择包含要找的 Word 文件的驱动器、文件夹，同时在对话框下面的"文件类型"下拉列表中选择文件的类型，则窗口区域将显示该驱动器和文件夹中所包含的所有文件夹和文件。

（3）选择要打开的文件或在"文件名"文本框中输入文件名，单击"打开"按钮即可。

提示：可以直接双击文件打开文件。另外，如果想同时打开多个 Word 文档，则可以在"打开"对话框中选中想打开的多个文件（方法是按住 Shift 键或 Ctrl 键，再单击要打开的文件），然后单击"打开"按钮即可。

2. 利用其他方法打开 Word 文档

● 选择"开始"→Microsoft Word 2010 选项，从中打开用户最近使用过的文档。

● 在 Word 2010 中，单击"文件"选项卡→"最近所用文件"命令，打开最近使用过的文件。

● 在"计算机"或 Windows 资源管理器窗口中，找到想要打开的 Word 文件，双击该文件。

● 在 Word 已经启动后，将需要打开的 Word 文档直接拖到程序窗口中。

3.2.3　保存文档

用户在文档窗口中输入的文档内容，仅仅是保存在计算机内存中并显示在显示器上，如果希望将该文档保存下来备用，就要对它进行命名并保存到外存上。在文档的编辑过程中，随时保存文档是一个好习惯。Word 默认的文档保存位置是文档库。当然，用户也可以根据自己的需要更改保存文档的位置。

1．保存新文档

（1）单击快速访问工具栏中的"保存"按钮，或者按 F12 键，或者按 Ctrl+S 组合键，可打开"另存为"对话框，如图 3-6 所示。

图 3-6　"另存为"对话框

（2）在左窗格中拖动垂直滚动条，选择保存文件的驱动器及文件夹。

（3）在"文件名"文本框中输入保存文档的名称。通常 Word 会建议一个文件名，用户可以使用这个文件名，也可以根据文件的内容给文件重新命名。

（4）在"保存类型"下拉列表中选择所需的文件类型。Word 2010 默认文件类型为".docx"。

（5）单击"保存"按钮即可。

提示： 首次保存新文档，也可以通过"文件"选项卡→"保存"或"另存为"命令来操作，系统也会打开"另存为"对话框。另外，在"另存为"对话框中，用户还可以创建新的文件夹。在保存文档时，用户还可以设置文件的打开密码及修改密码等。

2．保存已命名的文档

对于已经命名并保存过的文档，再次进行编辑、修改后可对其进行再次保存。这时可通过单击"保存"按钮，或单击"文件"选项卡→"保存"命令，或按 Ctrl+S 组合键实现。

3．换名保存文档

如果打开了旧文档，对其进行了编辑、修改，但同时希望保留修改之前的原文档内容，这时就可以将正在编辑的文档进行换名保存。方法如下。

（1）单击"文件"选项卡→"另存为"命令，或按 F12 键，打开"另存为"对话框，如图 3-6 所示。

（2）选择要保存文档的驱动器及文件夹。

（3）在"文件名"文本框中输入新的文件名，单击"保存"按钮即可。

提示：保存文档时要注意文档的保存类型。如果在 Word 2010 中编辑的文档可能要在 Word 2003 中打开，则需要在保存对话框中，将"保存类型"设置为"Word97-2003 文档（.doc）"。

4. 自动保存

Word 提供了自动保存功能，用户可根据需要对自动保存的时间间隔进行设置。查看或更改自动保存选项的方法如下：单击"文件"选项卡→"选项"命令，打开"Word 选项"对话框，选择"保存"选项，在"保存文档"选项组中可设置时间间隔、保存位置等选项，如图 3-7 所示。

图 3-7　自定义文档保存方式

5. 关闭文档

要关闭当前正编辑的某一个文档，而不退出 Word 2010 应用程序，可单击"文件"选项卡→"关闭"命令。

提示：要在不退出程序的情况下关闭已保存过的文档，按 Ctrl+W 组合键即可。

3.2.4　文档格式转换

除了默认的".docx"格式外，Word 可以将文档保存为多种格式。但是，并不是所有的文件格式都能存储".docx"文件中通常所保存的文件信息。例如，纯文本文件（.txt）只能够保存无格式文本。如果将 Word 文档保存为纯文本格式，那么任何格式、图片、对象和表格（除了文本自身外的任何信息）都会被丢弃，因为这些信息无法保存在纯文本文件中。

3.3　文档编辑基本操作

在 Word 中创建或打开一个文档后，就可以对文档进行插入、删除、移动、复制、替换等操作，这些基本操作都要遵守"先选定，后操作"的原则。

3.3.1　插入与选定

1. 插入

启动 Word，创建或打开一个文档后，就可以对文档进行输入、编辑、修改等操作。

（1）插入点。在窗口的编辑区中时刻闪烁着一个竖条（I）光标，称为插入点，表示新文字或对象的插入位置。定位插入点后，就可以输入文本了。在要插入文本处单击，插入点就定位到该处。另外，也可以使用方向移动键改变插入点的位置；如果文本内容过长不能同屏显示，则可使用 PageUp 键和 PageDown 键进行翻页，然后用方向移动键定位插入点。表 3-1 列出了一些可以快速移动插入点的常用组合键。

表 3-1　快速移动插入点的常用组合键

组　合　键	功　　能	组　合　键	功　　能
←	左移一个字符或汉字	Ctrl+→	右移一个字词
→	右移一个字符或汉字	PageUp	上移一屏
↑	上移一行	PageDown	下移一屏
↓	下移一行	Ctrl+Home	移到文档开头
Home	移到行首	Ctrl+End	移到文档结尾
End	移到行尾	Ctrl+PageUp	移到上一页顶端
Ctrl+↑	上移一段	Ctrl+PageDown	移到下一页顶端
Ctrl+↓	下移一段	Alt+Ctrl+PageUp	移到窗口顶端
Ctrl+←	左移一个字词	Alt+Ctrl+PageDown	移到窗口结尾

（2）快速定位插入点。单击"开始"选项卡→"编辑"分组→"替换"按钮，打开"查找和替换"对话框，然后选择"定位"选项卡，或者按 Ctrl+G 组合键，显示"定位"选项卡，如图 3-8 所示，如果"输入页号"为"21"，单击"定位"按钮，则屏幕显示第 21 页的内容，插入点位于第 21 页的第一个字符。单击"关闭"按钮可关闭"查找和替换"对话框。

图 3-8　"定位"选项卡

（3）多种方式输入文本。在文档中输入内容有多种方法，如键盘输入、文档部件、插入其他文件中的内容、输入时的自动校正及命令的撤销与重复等。当然，在文档中输入的内容总是出现在插入点处。在 Word 中输入文本直到一行的最右边时，不需要按 Enter 键进行换行，用户输入的下一个字符会自动转到下一行的开头。

在输入文本的过程中，可以单击"插入"选项卡→"符号"分组→"符号"下拉按钮→"其他符号"命令，打开"符号"对话框，如图3-9所示，在该对话框中可插入特殊符号；也可以利用输入法状态栏上的"软键盘"来插入某些常见的"特殊符号"。

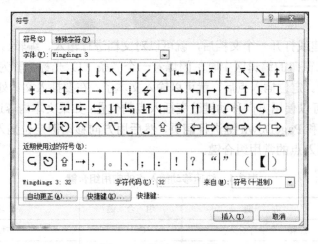

图3-9 "符号"对话框

提示：

① 按 Enter 键表示一个自然段的结束。

② 注意插入点的位置。

③ 对齐文本用缩进方式，不要按 Space（空格）键对齐。

④ 注意插入方式和改写方式的区别。

⑤ 在输入时，如果文字下面出现红色波浪线，则表示拼写错误；如果文字下面出现绿色波浪线，则表示语法错误。

2．选定

在 Word 中，为了加快文档的编辑、修改速度，允许对文本块进行操作，前提是必须选定文本。选定文本可以用键盘，也可以用鼠标。在选定文本内容后，被选中的部分变为黑底白字，即反相显示，此时便可方便地对其进行删除、替换、移动、复制等操作。要选定的文本可细分为字、词、句、行、段、全文等。

（1）使用鼠标选定文本。选定文本的常用方法是使用鼠标选定文本。常用操作方法如表3-2所示。

表3-2 使用鼠标选定文本的常用操作方法

选定内容	操作方法
文本	按下鼠标左键拖过需要选定的文本
一个单词	双击该单词
一行文本	将鼠标指针移动到该行的左侧，直到指针变为指向右边的箭头，然后单击
多行文本	将鼠标指针移动到该行的左侧，直到指针变为指向右边的箭头，然后按住鼠标左键向上或向下拖动
一个句子	按住 Ctrl 键，然后单击该句的任何位置
一个段落	将鼠标指针移动到该段落的左侧，直到指针变为指向右边的箭头，然后双击
多个段落	将鼠标指针移动到该段落的左侧，直到指针变为指向右边的箭头，然后双击，并向上或向下拖动鼠标
一大块文本	单击要选定内容的起始处，然后滚动到要选定内容的结尾处，在按住 Shift 键的同时单击

续表

选 定 内 容	操 作 方 法
整篇文档	将鼠标指针移动到文档中任意正文的左侧空白区域（或称文本选定区），然后三击鼠标左键
一矩形文本	按住 Alt 键，然后按下鼠标左键拖过要选定的文本
多处不连续文本	先使用鼠标左键拖过要选择的文本，然后按住 Ctrl 键，再按住鼠标左键拖过另外需要选择的文本

另外，在 Word 2010 中，使用功能区按钮也可以选定整个文档。方法如下：单击"开始"选项卡→"编辑"分组→"选择"下拉按钮→"全选"命令即可。

（2）使用键盘选定文本。使用键盘选定文本时，要用到 Shift 键。选定文本的方法如下：按住 Shift 键，同时按下能够移动插入点的键。使用键盘选定文本的常用组合键功能说明如表 3-3 所示。

表 3-3　使用键盘选定文本的常用组合键功能说明

组 合 键	功 能 说 明
Shift+↑	上移一行
Shift+↓	下移一行
Shift+←	左移一个字符
Shift+→	右移一个字符
Ctrl+Shift+←	词的开头
Ctrl+Shift+→	词的结尾
Shift+Home	当前行行首
Shift+End	当前行行尾
Shift+PageUp	上移一屏
Shift+PageDown	下移一屏
Ctrl+A	整个文档

3.3.2　移动、复制、修改与删除

在编辑文档时，剪切、复制和粘贴是常用的编辑操作，既可以在同一文档中移动或复制文本，又可以在 Office 系列办公软件的文档间复制、粘贴重复的内容，这样可以提高文档编辑效率。注意区分剪切和复制操作：剪切是将被选定的文本内容复制到剪贴板上，同时删除被选定的文本；而复制则是在将被选定的文本内容复制到剪贴板上的同时，仍保留原来被选定的文本。

移动与复制文本都能通过鼠标操作或执行功能区命令等方法来实现。

1．移动

移动文本是将选定的文本移到另外一个位置，从始至终只有一个被移动的内容。移动文本有以下几种方法。

- 选定要移动的文本，在选定的文本处按住鼠标左键不放，同时拖动鼠标，鼠标指针变成 形状，拖到目标位置后，松开鼠标即可。
- 选定要移动的文本，单击"开始"选项卡→"剪贴板"分组→"剪切"按钮，可将选定的文本内容剪切到剪贴板上。将插入点移到目标位置，单击"开始"选项卡→"剪贴板"分组→"粘贴"按钮，即完成了文本的移动。

- 选定要移动的文本，按 Ctrl+X 组合键完成剪切操作，将插入点移到目标位置，按 Ctrl+V 组合键完成粘贴操作。
- 选定要移动的文本，右击，在弹出的快捷菜单中选择"剪切"命令，完成剪切操作，将插入点移到目标位置，执行粘贴操作完成移动操作。

2. 复制

复制文本是指将所选定的文本做一个备份，然后在一个或多个位置将其复制出来，但原始文本并不改变。复制文本大致有以下几种方法。

- 选定要复制的文本，按住 Ctrl 键不放，同时拖动选定的文本，将其拖到目标位置后，先松开鼠标后释放 Ctrl 键即可。
- 选定要复制的文本，单击"开始"选项卡→"剪贴板"分组→"复制"按钮，此时可将选定的文本内容复制到剪贴板上。将插入点移到目标位置，单击"开始"选项卡→"剪贴板"分组→"粘贴"按钮，在目标位置就会插入复制的内容。
- 选定要复制的文本，按 Ctrl+C 组合键完成复制操作，将插入点移到目标位置，按 Ctrl+V 组合键完成粘贴操作。
- 选定要复制的文本，右击，在弹出的快捷菜单中选择"复制"命令，完成复制操作，将插入点移到目标位置，执行粘贴操作完成复制操作。

3. 修改

在编辑文档的过程中，可能会对前期输入的文档内容进行修改，主要包括添加及替换操作。

- 添加：如果想添加一部分或一段新内容，则只需单击要添加内容的位置，输入新的内容即可。
- 替换：选定需要替换的内容，直接输入新的内容即可。

4. 删除

用 Backspace 键和 Delete 键可逐个删除插入点前后的字符，但如果要删除大量的文本，则可以先选定要删除的文本，再利用以下几种方法进行删除。

- 单击"开始"选项卡→"剪贴板"分组→"剪切"按钮。
- 按 Backspace 键或 Delete 键。
- 直接输入新的内容取代选定的文本。

3.3.3 撤销与恢复

1. 撤销

在编辑 Word 2010 文档的时候，如果所做的操作不合适，而想返回当前结果前面的状态，则可以通过"撤销"或"恢复"功能实现。"撤销"功能可以保留最近执行的操作记录，用户可以按照从后到前的顺序撤销若干步骤，但不能有选择地撤销不连续的操作。用户可以按 Ctrl+Z 组合键，或者 Alt+Backspace 组合键执行撤销操作，也可以单击快速访问工具栏中的"撤销"按钮 完成撤销操作。

某些操作无法撤销，如使用"文件"选项卡中的"保存"命令保存了文件。对于无法撤销的操作，"撤销"命令将更改为"无法撤销"。

2. 恢复

执行撤销操作后，还可以将 Word 2010 文档恢复到最新编辑的状态。当用户执行一次撤销操作后，用户可以按 Ctrl+Y 组合键执行恢复操作，也可以单击快速访问工具栏中已经变成可用状态的"恢复"按钮  完成恢复操作。

3.3.4　查找和替换

在编辑文档的过程中，可能需要将文档中所有的某一文本内容全部查找或替换为另一文本内容，Word 2010 提供了快速查找与替换功能。

单击"开始"选项卡→"编辑"分组→"查找"下拉按钮→"高级查找"命令，打开"查找和替换"对话框，如图 3-10 所示，利用该对话框可以查找文字、指定格式和段落标记等，设置方法主要有 4 种。

图 3-10　"查找和替换"对话框

提示：单击"开始"选项卡→"编辑"分组→"查找"按钮或按 Ctrl+F 组合键，则打开"导航"窗格，直接输入要查找的内容，即可找出所有的匹配项。

1）查找文字

在"查找和替换"对话框的"查找内容"文本框中输入要查找的文字，然后单击"查找下一处"按钮。

2）查找文字格式

在"查找和替换"对话框的"查找内容"文本框中输入要查找的文字，然后单击"更多"按钮，在扩展对话框（见图 3-11）中，单击"格式"下拉按钮，在打开的下拉列表中，用户可以选择某一格式，在相应的对话框中设定查找文本的格式，如红色、黑体、加粗、行距为 2 倍行距等。

图 3-11　"查找"选项卡

3）查找特殊格式

在"查找和替换"对话框的"查找内容"文本框中输入要查找的文字，然后单击"更多"按钮，在扩展对话框中单击"特殊格式"下拉按钮，在打开的下拉列表中选择要查找的特殊格式。

"搜索"下拉列表中提供了 3 种选择：向下、向上或全部。设置完成后，单击"查找下一处"按钮，光标将移动到文档中第一个符合条件处，以后每单击一次该按钮，光标就移到下一个符合条件处，直到查找完毕。如果文档中没有符合条件的搜索项，则系统将给出提示信息。

4）替换文本

单击"开始"选项卡→"编辑"分组→"替换"按钮，打开"查找和替换"对话框，如图 3-12 所示。用户可以在"查找内容"文本框中输入将要被替换的内容，在"替换为"文本框中输入要替换的新内容。单击"替换"按钮，将替换第一个查找到的内容；单击"全部替换"按钮，则替换查找到的全部内容。

另外，还可以进行特殊格式的替换。例如，替换字符颜色、换行符"↓"、段落标记"↵"等。

图3-12 "替换"选项卡

3.4 设置文本

文档基本内容编辑完成以后，还需要对文档中的文本进行格式设置，从而使文档更加美观、实用。在默认情况下，Word 2010 所有的输入文本会以"中文：宋体、五号字；英文：Times New Roman 体、五号字及黑色"显示出来。Word 提供了两种表示文字大小的方法：一种是"字号"，系统给定的"初号"最大，然后是"小初""一号"……最小是"八号"；另一种是"磅"值，使用阿拉伯数字表示大小，数字越大，字越大。

要为某一部分文本设置字体格式，则必须先选中这部分文本。如果没有选定文本，而进行了字体格式的设置，那么，从当前位置开始，输入的文本都沿用当前设置的字体格式。

3.4.1　设置文本格式

字体、字号、字形和字体颜色的设置可通过功能区按钮或"字体"对话框来完成。

1. 使用功能区按钮

选定要设置字体格式的文本，单击"开始"选项卡→"字体"分组中的相应按钮，如图3-13所示，被选中的文本的字体、字号、字形和字体颜色就会随之发生相应的变化。字形主要有"常规"、"加粗"、"倾斜"及"加粗并倾斜"，还可以设置"增大字体"、"缩小字体"、"上标"、"下标"、"突出显示"、"字符底纹"和"清除格式"等相关的字体格式。

图3-13　"开始"选项卡→"字体"分组

2. 使用"字体"对话框

（1）选定要设置的文本，单击"开始"选项卡→"字体"分组→功能扩展按钮 ，或按Ctrl+D组合键，或者右击，在弹出的快捷菜单中选择"字体"命令，打开图3-14所示的"字体"对话框。

图3-14　"字体"对话框

（2）在"中文字体"下拉列表中选择一种字体，在"字形""字号"列表框中选取相应的选项，在"下画线线型"下拉列表中选取一种线型，在"字体颜色"下拉列表中选择字体的颜色。根据需要，用户还可以选择是否使用"着重号"效果。

（3）在"效果"选项组中根据需要选择相应的选项。

（4）单击"确定"按钮，完成对选定文本的字体、字号、字形和字体颜色等的设置。

3.4.2　设置文本效果

在Word 2010文档中，用户可以根据文档需要为文本设置"轮廓""阴影""映像""发光""文本填充"等特殊文本效果，使文档更具表现力。

1. 使用"文本效果"按钮

（1）单击"开始"选项卡→"字体"分组→"文本效果"按钮 A，打开"文本效果"列表，如图 3-15 所示。

（2）根据需要可选择"轮廓"、"阴影"、"映像"或者"发光"等特殊效果应用于所选文本。如果选择"发光"效果，则会出现图 3-16 所示的"发光"相关效果的设置界面，设置完成关闭该界面即可。

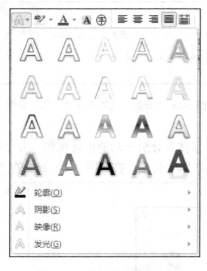

图 3-15 "文本效果"列表

图 3-16 "发光"相关效果的设置界面

2. 使用"字体"对话框中的"文字效果"按钮

（1）在图 3-14 所示的"字体"对话框中，单击"文字效果"按钮，打开"设置文本效果格式"对话框，如图 3-17 所示。

图 3-17 "设置文本效果格式"对话框

（2）根据需要，用户可设置"文本填充"、"文本边框"、"轮廓样式"、"阴影"、"映像"、"发光和柔化边缘"及"三维格式"等文本效果。

（3）设置完成，单击"关闭"按钮即可。

3.4.3 设置字符间距

字符间距是指两个字符之间的间隔距离。

在图 3-14 所示的"字体"对话框中，选择"高级"选项卡，如图 3-18 所示，即可对字符之间的间距和位置进行设置。

图 3-18 "高级"选项卡

- 缩放：在"缩放"下拉列表中可以通过输入一个比例值来设置字符缩放的比例。
- 间距：该选项用来调整字符之间的距离。其下拉列表中有"标准"、"加宽"和"紧缩" 3 种选项。当选择了"加宽"或"紧缩"选项后，可在右边的"磅值"数值框中输入一个数值，对字符间距进行精确的调整。
- 位置：该选项用于设置文字的位置（在基准线上或其上、下位置），有"标准"、"提升"和"降低" 3 种选项。如果需要，则可在右边的"磅值"数值框中输入数字进行精确的调整。

3.4.4 设置其他文本格式

在 Word 2010 文档中，除了常规的字体格式外，还可以为文字添加拼音效果、带圈字符等。

1. 添加拼音效果

（1）选中需要添加拼音的内容。

（2）单击"开始"选项卡→"字体"分组→"拼音指南"按钮，打开"拼音指南"对话框，如图 3-19 所示。

（3）选择相应的选项，单击"确定"按钮。

（4）如果只需要类似的"měilì rénshěng"汉字的拼音，则可以使用"软键盘"或者"特殊符号"来完成。

2. 设置带圈字符

（1）选中要设置带圈格式的字符。

（2）单击"开始"选项卡→"字体"分组→"带圈字符"按钮⊕，打开"带圈字符"对话框，如图 3-20 所示。

（3）选择相应的选项，单击"确定"按钮。

图 3-19 "拼音指南"对话框

图 3-20 "带圈字符"对话框

3.5 设置段落格式

在 Word 中，段落是独立的信息单位，具有自身的格式特征，如对齐方式、间距和样式等。每个段落的结尾处都有段落标记。文档中段落格式的设置取决于文档的用途及用户所希望的外观。通常在同一篇文档中会设置不同的段落格式。当按 Enter 键结束一段落开始另一段落时，新生成的段落会具有与前一段落相同的段落格式。

用户可以对段落进行缩进、文本对齐方式、行距和间距等格式设置。缩进是指将要缩进段落的左右边界或段落的起始位置向右或向左移动。移动后，要缩进段落的文字将按缩进后的宽度重新排版。

3.5.1 段落对齐

段落对齐是指段落边缘的对齐方式，默认对齐方式为两端对齐。在 Word 2010 中，段落的对齐方式有以下几种。

● 左对齐：使所选段落的每一行文字左侧与左页边距对齐。

● 两端对齐：使所选段落的每一行两端（行末除外）对齐。

● 居中对齐：使所选段落的文本居中排列。

● 右对齐：使所选段落的文本右边对齐，左边不对齐。

● 分散对齐：通过调整空格，使所选段落的各行等宽。

段落对齐设置可通过单击"开始"选项卡→"段落"分组中相应的对齐方式功能按钮 ≣ ≣ ≣ ≣ 来实现，具体操作步骤如下：将插入点定位在需要设置段落对齐格式的段落内，单击"开始"选项卡→"段落"分组中相应的对齐方式按钮，即可设置相应的对齐方式。

在两端对齐、右对齐、居中和分散对齐这4种对齐方式中，分散对齐是针对页面边缘的。当功能区中某一对齐方式按钮呈按下状态时，表示目前的段落处于相应的对齐方式下。

提示：需要撤销段落的某种对齐方式，则再次单击该对齐按钮即可。当两端对齐按钮呈释放状态时，该段落的对齐方式为左对齐。当然，也可以利用"段落"对话框中的"缩进和间距"选项卡设置段落文本的对齐方式，如图3-21所示。

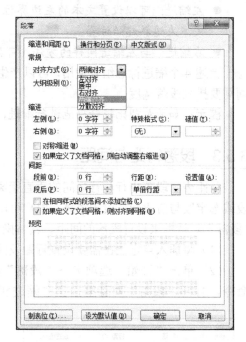

图3-21　"缩进和间距"选项卡

3.5.2　段落缩进

段落缩进是指文本正文与页边距之间的距离。段落缩进包括4种缩进方式：左缩进、右缩进、悬挂缩进和首行缩进。

创建悬挂缩进，定义的是一个元素（如项目符号、数字或单词）相对于本段落首行左侧的偏移量。

1．使用功能区按钮设置缩进

选定要缩进的段落。

单击"开始"选项卡→"段落"分组→"增加缩进量"按钮，单击一次该按钮，选定的段落或当前段落左边起始位置向右缩进1个字符。

单击"开始"选项卡→"段落"分组→"减少缩进量"按钮，单击一次该按钮，选定的段落或当前段落左边起始位置向左缩进1个字符。

2．使用"段落"对话框设置缩进

单击"开始"选项卡→"段落"分组→功能扩展按钮，或者右击，在弹出的快捷菜单中选择"段落"命令，打开图3-21所示的"段落"对话框。在"缩进和间距"选项卡中，用户可以在"缩进"选项组中精确设置段落的缩进（"左侧"缩进、"右侧"缩进、"首行缩进"和"悬挂缩进"）。

需要注意的是，缩进值的度量单位可以是"字符"或者"磅值"，在数字的后面必须加上"字符"或者"磅"的度量单位以进行准确设置。

3．使用标尺设置缩进

使用水平标尺可以为同一段落同时设置"首行缩进"效果和"悬挂缩进"效果。"水平标尺"上的4种缩进如图3-22所示。

悬挂缩进　首行缩进

左缩进　　　　　　　　　　　　　　　　　　　右缩进

图3-22　水平标尺上的4种缩进

- 首行缩进：将水平标尺上的"首行缩进"标记拖动至希望文本开始的位置。
- 悬挂缩进：将水平标尺上的"悬挂缩进"标记拖动至所需的缩进起始位置。

● 左缩进：可以设置文本的左边界位置。将水平标尺上的"左缩进"标记拖动至所需的
文本左边界起始位置。

● 右缩进：与左缩进同样的方法，可拖动"右缩进"标记，移动右边界。

上述 4 个缩进标志组合使用，可以产生不同的缩进排列效果，从而使各段落能按用户的不同需要排列段落宽度。

提示：如果希望比较精确地进行缩进，则可以按下 Alt 键，同时拖动"缩进"标记。

3.5.3 段落行距与间距

行距表示段落内行与行之间的垂直距离。段落的间距是不同段落之间的垂直距离，即当前段或选定段与前段和后段的距离。用户可以使用"段落"分组→"行和段落间距"按钮，或者"段落"对话框来设置段落的间距。具体操作步骤如下。

（1）将插入点定位在需要设置行距及间距的段落。

（2）单击"开始"选项卡→"段落"分组→"行和段落间距"按钮 →"行距选项"命令，打开"段落"对话框，在"缩进和间距"选项卡中可以对段落的间距进行设置，如

图 3-23 "间距"选项

图 3-23 所示。需要注意的是，设置的单位可以是"行"，或者"磅"值。

（3）选择合适的行距选项，单击"确定"按钮。

提示：如果"行距"设置为"固定值"或"最小值"，则需在"设置值"文本框中输入所需的行间隔。如果"行距"设置为"多倍行距"，则需在"设置值"文本框中输入行数。如果选定的文本包含多个段落，则被选定的文本包含的段落之间的间距将是段前间距与段后间距之和。

3.5.4 格式刷

"格式刷"是 Word 2010 提供的一个非常有用的工具，其功能是将一个选定文本的格式复制到另一个文本上去，以减少手工操作的时间，并保持文字格式的一致；还可以复制一些基本图形格式，如边框和填充等。用户根据需要可以复制文本格式、段落格式，或者基本图形格式。

1. 复制文本格式

（1）选择具有要复制格式的文本。

（2）单击"开始"选项卡→"剪贴板"分组→"格式刷"按钮 ，然后选定要应用此格式的文本。

2. 复制段落格式

（1）将插入点置于要复制格式的段落内。

（2）单击"开始"选项卡→"剪贴板"分组→"格式刷"按钮 ，然后在要应用此格式的段落内单击即可。

3. 同时复制文本格式和段落格式

（1）选定具有要复制格式的段落（包括段落标记）。

（2）单击"开始"选项卡→"剪贴板"分组→"格式刷"按钮 ，然后选定要应用此格式的段落。

4．复制基本图形格式

对于图形，"格式刷"最适合处理自选图形对象；也可以从图片中复制格式，如图片的边框等。

（1）选定具有要复制格式的基本图形。

（2）单击"开始"选项卡→"剪贴板"分组→"格式刷"按钮，然后选定要应用此格式的基本图形。

提示：若要将选定格式复制到多个位置，可双击"格式刷"按钮。复制完毕后再次单击此按钮或按 Esc 键，即可取消"格式刷"的应用。

3.5.5 边框和底纹

在处理 Word 文档过程中，有时为了获得一些特殊效果，需要为页面、文本或者段落加上边框和底纹。

1．添加边框

给某些文本、段落或页面添加边框的具体操作步骤如下。

（1）选定需要添加边框的文本或段落。

（2）单击"开始"选项卡→"段落"分组→"下框线"下拉按钮→"边框和底纹"命令，或者单击"页面布局"选项卡→"页面背景"分组→"页面边框"按钮，打开"边框和底纹"对话框，选择"边框"选项卡，如图 3-24 所示。

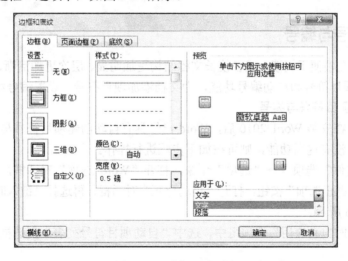

图 3-24 "边框"选项卡

（3）在该选项卡中设置边框类型、边框样式、边框颜色、边框宽度、应用范围（可选择应用于"文字"或"段落"）等属性后，单击"确定"按钮即可。

（4）选择"页面边框"选项卡，可对页面边框进行设置。

提示：如果要为文字添加简单的边框，则单击"开始"选项卡→"段落"分组→"下框线"下拉按钮，然后选择所需边框即可。

2．添加底纹

添加底纹的具体操作步骤如下。

（1）在图 3-24 中选择"底纹"选项卡，如图 3-25 所示。

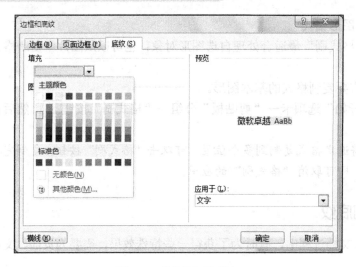

图 3-25 "底纹"选项卡

（2）在"填充"下拉列表和"图案"选项组中选择用户需要的底纹样式和颜色，单击"确定"按钮即可完成添加底纹的操作。

提示：如果要为字符添加简单的底纹，则单击"开始"选项卡→"字体"分组→"字符底纹" Ａ 按钮即可。也可以使用"开始"选项卡→"字体"分组→"突出显示文本"按钮 来构造一个突出显示的效果。

3.5.6 项目符号与编号

为了使 Word 文档便于阅读，或者使长文档结构更加明显、层次更加清晰，可以使用 Word 2010 提供的自动项目符号和自动编号功能，为文档添加项目符号、设置编号和设置多级列表。

1. 自动创建项目符号与编号

一般情况下，在安装 Word 2010 后，Word 已经具有自动创建项目符号与编号的功能。如果用户的计算机上没有这项功能，则可按如下步骤进行操作。

（1）单击"文件"选项卡→"选项"命令，打开"Word 选项"对话框，选择"校对"选项卡，单击"自动更正选项"按钮，打开"自动更正"对话框，再选择"键入时自动套用格式"选项卡，如图 3-26 所示。

（2）在"键入时自动应用"选项组中，选中"自动项目符号列表"复选框和"自动编号列表"复选框。

（3）单击"确定"按钮，即可在输入文本时，自动创建项目符号或编号。

如果要创建项目符号或编号，可输入"1."或"*"，再按 Space 键或 Tab 键，然后输入任何所需文字。当按 Enter 键以添加下一列表项时，Word 会自动插入下一个编号或项目符号。要结束列表，请按两次 Enter 键。也可通过按 Backspace 键删除列表中的最后一个编号或项目符号来结束该列表。

提示：如果用户的计算机上已经有自动创建项目符号和编号的功能，而用户在输入时又不希望使用该功能，则可以在"自动更正"对话框的"键入时自动套用格式"选项卡中，取消选中"自动项目符号列表"复选框和"自动编号列表"复选框，单击"确定"按钮即可。

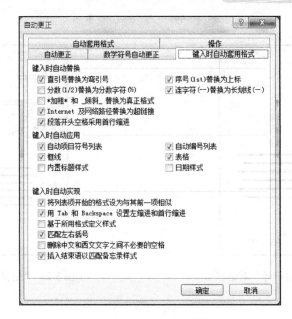

图 3-26　"自动更正"对话框

2．添加项目符号

（1）选择要添加项目符号的段落。

（2）单击"开始"选项卡→"段落"分组→"项目符号"下拉按钮，→"定义新项目符号"命令，打开"定义新项目符号"对话框，如图 3-27 所示。

（3）单击"符号"按钮，可以选择新的符号作为项目符号。

（4）单击"图片"按钮，可以打开剪辑库中的图片符号作为新的项目符号。

（5）单击"字体"按钮，可以打开"字体"对话框，为选定的符号设置字体格式，单击"确定"按钮，添加项目符号完成。

提示：要添加简单的项目符号，可直接单击"段落"分组→"项目符号"下拉按钮，然后选择相应的项目符号即可。

3．添加编号

为已有段落添加编号的具体操作步骤如下。

（1）选择要添加编号的段落。

（2）单击"开始"选项卡→"段落"分组→"编号"下拉按钮，→"定义新编号格式"命令，打开"定义新编号格式"对话框，如图 3-28 所示。

（3）根据需要选择所需选项。单击"确定"按钮，编号设置完成。

提示：要添加简单的编号，可单击"分组"→"编号"下拉按钮，然后选择相应的编号即可。

4．设置多级列表

设置多级列表的具体操作步骤如下。

（1）选择要添加多级列表的段落。

（2）单击"开始"选项卡→"段落"分组→"多级列表"下拉按钮，在打开的下拉列表中选择需要的样式。

（3）按 Tab 键，或者 Shift+Tab 组合键可更改级别。用户还可以根据需要，定义新的多级列表或者列表样式。

图 3-27　"定义新项目符号"对话框

图 3-28　"定义新编号格式"对话框

3.5.7　分栏

有时在处理 Word 长文档时，为了美化文档，可能需要多种排版方式。例如，在奇、偶页上采用不同的页眉、页脚；某些段落需要采用分栏的形式等时，就需要设置文档分隔符等。

Word 2010 提供了段落分隔符、换行符、分页符和分节符等几种重要的分隔符，通过对这些分隔符的设置和使用可以实现不同的效果。

1．插入段落分隔符

在输入文字的过程中，每按一次 Enter 键，Word 结束一个段落，并在当前的光标位置插入一个段落标记，同时创建一个新段落。段落分隔符是区别段落的标志，通过对段落分隔符的操作，可以将一段文字分为两段或将两段文字合并为一段。

把一段内容分成两段的方法是：将光标移到要分段的断点处按 Enter 键。

将两段文字合并为一段文字的方法是：将光标移到段落标记前，按 Delete 键。

提示：如果不希望段落分隔符总是显示在屏幕上，而"段落"分组中的"显示/隐藏编辑标记"按钮 ￤无法起作用时，可单击"文件"选项卡→"选项"命令，打开"Word 选项"对话框，选择"显示"选项卡，取消选中"段落标记"复选框，即可让"段落"分组中的"显示/隐藏编辑标记"按钮 ￤起作用。单击该按钮，即可隐藏段落分隔符。

2．插入换行符

如果在两行文字之间插入换行符，则说明这两行文字在同一段落中，并没有重新开始新段落，对该段落进行格式设置时，它们同时被设置。

插入手动换行符的方法如下：将光标移到要插入手动换行符的位置，单击"页面布局"选项卡→"页面设置"分组→"分隔符"下拉按钮→"自动换行符"命令，在当前光标处插入一个换行符 ↓ 。

提示：插入换行符的快捷方式是按 Shift+Enter 组合键。

将光标移到换行符处，按 Delete 键，可删除换行符。

3．插入分页符

当输入完一页时，Word 会自动增加一个新页，同时在新页的前面产生一个自动分页符

（也称为"软分页符"）。如果在自动分页符前面插入一行文字，那么放不下的文字会自动移到下一页。

在编辑文档的过程中，有时需要将某些文字放在一页的开头。无论在前面插入多少行文字，都需要保证该部分内容在某页开始的位置，那么就需要在该部分文字前面插入手动分页符（也称为"硬分页符"）。

插入手动分页符的方法如下。

方法一：将插入点移到要插入分页符的位置。单击"页面布局"选项卡→"页面设置"分组→"分隔符"下拉按钮→"分页符"命令，在当前光标处插入一个分页符。

方法二：单击"插入"选项卡→"页"分组→"分页"按钮，也可插入分页符。

提示：插入分页符的快捷方式是按 Ctrl+Enter 组合键。

将光标移到手动分页符处，按 Delete 键，可删除手动分页符。

4. 插入分节符

将光标移动到需要设置分节符的开始位置，单击"页面布局"选项卡→"页面设置"分组→"分隔符"下拉按钮→"分节符"中的某一选项，即可在当前光标处插入一个分节符。

提示：分节符可以像字符一样被删除掉。建立新节后，对新节所做的格式操作都将被记录在分节符中。一旦删除了分节符，那么后面的节将服从前一节的格式设置，因此，删除分节符的操作一定要慎重。

5. 分栏

对文档进行分栏的最简单的方法如下：单击"页面布局"选项卡→"页面设置"分组→"分栏"按钮，在出现的选项中，选择需要的分栏方式即可。在一般的情况下，可通过"分栏"对话框来设置分栏。操作过程如下。

（1）选定将要进行分栏排版的文本。

（2）单击"页面布局"选项卡→"页面设置"分组→"分栏"下拉按钮→"更多分栏"命令，打开"分栏"对话框，如图 3-29 所示。

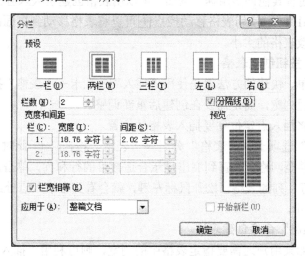

图 3-29 "分栏"对话框

（3）在"预设"选项组中选择分栏样式及分栏数目。如果分栏数目不满足要求，则可重新设置"栏数"值；如果当前纸张大小是 A4 纸，则可设置最大栏数为 11 栏。

（4）若希望各栏的宽度不相同，则取消选中"栏宽相等"复选框，然后分别设置"宽度"和"间距"。

（5）选中"分隔线"复选框，可以在各栏之间加入分隔线。

（6）在"应用于"下拉列表中选择插入点后，选中"开始新栏"复选框，则在当前光标位置插入分栏符，并使用设置的分栏格式建立新栏。

（7）单击"确定"按钮，完成分栏操作。

6. 设置等长栏

当文档不满一页时，Word 会把它分为一个不等长的栏，如果希望栏宽相等，则可采用如下方法将分栏的部分设置成等长栏。

（1）将光标置于已分栏文档的结尾位置。

（2）单击"页面布局"选项卡→"页面设置"分组→"分隔符"下拉按钮→"分节符"→"连续"命令即可。

提示： 在选中分栏内容时，不包括最后一段的段落标记，也可以直接设置成等长栏。另外，只有在页面视图中才能看到分栏的情形。若想快速地调整栏间距，则可通过水平标尺来完成。

3.6 表格处理

在文档中经常会使用表格的形式来表现数据，Word 2010 提供的表格功能可以方便地在文档中进行插入、编辑、美化表格等操作。

3.6.1 创建表格

表格是由不同行列的单元格组成，可以在单元格中填写文字和插入图片。表格经常用于组织和显示信息，并且还有其他许多用途。例如，可以用表格创建引人入胜的页面版式及排列文本、图形。在 Word 2010 中，使用表格移动控点⊞可以将表格移动到页面的其他位置，使用表格尺寸控点▭可以更改表格的大小。

1. 利用"表格"按钮创建表格

创建表格的最简单、快速的方法就是使用"插入"选项卡→"表格"按钮，该方法不能设置自动套用格式和设置列宽，而是需要在创建后重新调整。

（1）打开文档，将插入点定位到要插入表格的位置。

（2）单击"插入"选项卡→"表格"分组→"表格"按钮▦，此时会出现一个网格。

（3）将鼠标指针移至网格上，直到突出显示合适数目的行和列，单击，表格便会出现在文档中。例如，绘制 3 行 4 列的表格，松开鼠标左键，就会看到在插入点处绘制了一个 3 行 4 列的表格，如图 3-30 所示。

2. 利用"插入表格"命令创建表格

在创建表格时，如果用户还需要指定表格中的列宽，则可利用"插入表格"命令。

（1）打开文档，将插入点移动到要插入表格的位置。

（2）单击"插入"选项卡→"表格"分组→"表格"下拉按钮→"插入表格"命令，打开"插入表格"对话框，如图 3-31 所示。

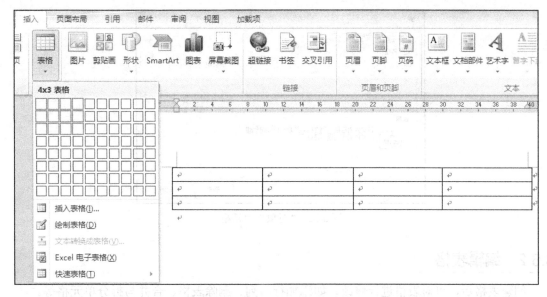

图3-30　创建3行4列的表格

（3）分别输入"列数"和"行数"。

固定列宽：可以选择宽度，也可以使用默认的"自动"选项把页面的宽度在指定的列数之间平均分布。

根据窗口调整表格：可以使表格的宽度与窗口的宽度相适应，当窗口的宽度改变时，表格的宽度也跟随变化。

根据内容调整表格：可以使列宽自动适应内容的宽度。

为新表格记忆此尺寸：可以把"插入表格"对话框中的设置变成以后创建新表格时的默认值。

单击"确定"按钮完成操作。

3．利用"绘制表格"命令创建表格

自动插入的表格只能是一些规则的表格，对于一些不规则行、列数的表格，可以利用 "绘制表格"命令来创建。

图3-31　"插入表格"对话框

（1）打开文档，将插入点定位到要插入表格的位置。

（2）单击"插入"选项卡→"表格"分组→"表格"下拉按钮→"绘制表格"命令，此时鼠标指针变为"铅笔"形状，在文档中拖动鼠标即可灵活绘制表格。

4．插入电子表格

在Word中可以插入一张具有数据处理能力的Excel电子表格，使得Word具有一定的数据处理能力。

（1）新建Excel电子表格。单击"插入"选项卡→"表格"分组→"表格"下拉按钮→"Excel电子表格"命令，可新建一个Excel电子表格。

（2）插入已有的Excel文档。单击"插入"选项卡→"文本"分组→"对象"按钮，打开"对象"对话框，如图3-32所示。选择"由文件创建"选项卡，单击"浏览"按钮，在打开的"浏览"对话框中选择已有的Excel文档即可。

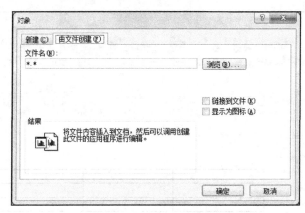

图 3-32　"对象"对话框

3.6.2　编辑表格

创建表格后，可对表格进行修改，如添加行与列、删除表格、合并与拆分单元格等。

1.　调整整个表格或部分表格的尺寸

（1）调整整个表格的尺寸：使鼠标指针停留在表格上，直到表格尺寸控点 □ 出现在表格的右下角。使鼠标指针停留在表格尺寸控点上，直到出现一个双向箭头 ↘ 。将表格的边框拖动到所需尺寸。

（2）改变表格的列宽：使鼠标指针停留在要更改其宽度的列的边框上，待指针形状变为 ◂‖▸ 时，拖动边框，直到得到所需的列宽为止。

（3）改变表格的行高：使鼠标指针停留在要更改其高度的行的边框上，待指针形状变为 ⬍ 时，拖动边框，直到得到所需的行高为止。

（4）平均分布各行或各列：选中要平均分布的多行或多列，单击"表格工具：布局"选项卡→"单元格大小"分组→"平均分布各行"按钮 ⊞ 或"平均分布各列"按钮 ⊞ 即可。

提示：

（1）可以使用 Word 2010 窗口中的水平标尺和垂直标尺来调整列宽和行高。还可以使用表格的自动调整功能来调整表格的大小。

（2）通过输入数值精确调整行高或列宽。方法是：在"表格工具：布局"选项卡的"单元格大小"分组中，输入"高度"或"宽度"值即可。

2.　单元格的对齐方式和文字方向

单元格中的文本有 9 种对齐方式。水平方向为两端对齐、居中对齐和靠右对齐；垂直方向为靠上对齐、中部对齐和靠下对齐。

（1）选择单元格。

（2）单击"表格工具：布局"选项卡→"对齐方式"分组→相应对齐方式的按钮即可设置单元格的对齐方式。

（3）单击"表格工具：布局"选项卡→"对齐方式"分组→"文字方向"按钮即可设置单元格中文字的方向。

3.　插入行、列、单元格

（1）插入行，具体操作步骤如下。

① 选择表格的若干行，要插入几行，就选择几行。

② 单击"表格工具：布局"选项卡→"行和列"分组→"在上方插入"或"在下方插入"按钮即可；或者右击在弹出的快捷菜单中选择"插入"→"在上方插入行"或"在下方插入行"命令。

③ 如果要在表格末尾快速添加一行，则可将插入点移到最后一行的最后一个单元格，然后按 Tab 键即可。

提示：

（1）可单击"表格工具：设计"选项卡→"绘图边框"分组→"绘制表格"按钮在所需的位置绘制行。

（2）将光标移到待插入行的最后一个单元格外，然后按 Enter 键即可插入一新行。

（2）插入列，具体操作步骤如下。

① 选择表格的若干列，要插入几列，就选择几列。

② 单击"表格工具：布局"选项卡→"行和列"分组→"在左侧插入"或"在右侧插入"按钮即可；或者右击在弹出的快捷菜单中选择"插入"→"在左侧插入列"或"在右侧插入列"命令。

提示：也可单击"表格工具：设计"选项卡→"绘图边框"分组→"绘制表格"按钮在所需的位置绘制列。

（3）插入单元格，具体操作步骤如下。

① 将光标置于要插入单元格的位置。

② 右击在弹出的快捷菜单中选择"插入"→"插入单元格"命令，打开"插入单元格"对话框，如图 3-33 所示。选择相应的选项后，单击"确定"按钮。

4. 删除行、列、单元格

（1）删除行、列、单元格，具体操作步骤如下。

① 将光标置于要删除的行，或列，或单元格。

② 单击"表格工具：布局"选项卡→"行和列"分组→"删除"下拉按钮→"删除行"或"删除列"或"删除单元格"命令；或者右击，在弹出的快捷菜单中选择"删除单元格"命令，打开"删除单元格"对话框，如图 3-34 所示。选择相应选项，单击"确定"按钮。

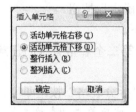

图 3-33 "插入单元格"对话框

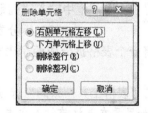

图 3-34 "删除单元格"对话框

提示：也可以在选中某一行或列后，利用"剪切"命令来删除行或列。当删除了行或列后，其中的内容一起被删除。

（2）删除单元格的内容，具体操作步骤如下。

① 选中要删除内容的单元格。

② 按 Delete 键。

提示：也可以单击"开始"选项卡→"剪贴板"分组→"剪切"按钮来删除选定的单元格的内容。

5．删除表格

（1）将光标定位在要删除的表格中。

（2）单击"表格工具：布局"选项卡→"行和列"分组→"删除"下拉按钮→"删除表格"命令即可；或者选中整张表格，右击，在弹出的快捷菜单中选择"剪切"命令，或者"删除表格"命令即可。

提示：在选中单元格、行、列或者表格后，按 Backspace 键，也可删除单元格、行、列或者表格。

6．合并与拆分单元格

根据需要，同一行或同一列中的两个或多个单元格可以合并为一个单元格。例如，可以横向合并单元格以创建横跨多列的表格标题。

（1）合并单元格，具体操作步骤如下。

方法一：单击"表格工具：设计"选项卡→"绘图边框"分组→"擦除"按钮，在要删除的分隔线上拖动即可。

方法二：选定单元格，单击"表格工具：布局"选项卡→"合并"分组→"合并单元格"按钮。

方法三：选定单元格，然后右击，在弹出的快捷菜单中选择"合并单元格"命令，可以快速合并多个单元格。

提示：如果要将同一列中的若干单元格合并成纵跨若干行的纵向表格标题，则需单击"表格工具：布局"选项卡→"对齐方式"分组→"文字方向"按钮改变标题文字的方向。

（2）拆分单元格，具体操作步骤如下。

图 3-35　"拆分单元格"对话框

方法一：单击"表格工具：布局"选项卡→"绘图边框"分组→"绘制表格"按钮，待鼠标指针变成笔形，拖动笔形指针可以创建新的单元格。

方法二：选定单元格，单击"表格工具：布局"选项卡→"合并"分组→"拆分单元格"按钮，或者右击，在弹出的快捷菜单中选择"拆分单元格"命令，打开"拆分单元格"对话框，如图 3-35 所示。在对话框中输入"列数"和"行数"，单击"确定"按钮。

（3）拆分表格，具体操作步骤如下。

① 要将一个表格拆分成两个表格，需将插入点定位于第二个表格首行的任意一个单元格内。

② 单击"表格工具：布局"选项卡→"合并"分组→"拆分表格"按钮即可。

提示：如果要在表格前插入文本，则单击表格的第一行，然后单击"表格工具：布局"选项卡→"合并"分组→"拆分表格"按钮即可。

3.6.3　设置表格格式

1．自动设置表格格式

在编排表格时，无论是新建的空表还是已经输入数据的表格，都可以利用表格的自动套用格式进行快速编排，Word 2010 预置了丰富的表格格式。

（1）把插入点移动到要进行快速编排的表格中。

（2）单击"表格工具：设计"选项卡→"表格样式"分组中需要的表格样式，也可以单击"表格样式"分组→"样式库"右侧的"其他"按钮，如图 3-36 所示。在表格样式库中选择合适的样式。

图 3-36 "表格样式"分组

（3）在"表格样式"分组中，可根据需要选择合适的选项。

（4）需要清除表格样式时，单击"表格样式"分组→"网格型"或"普通表格"按钮即可。

2. 设置边框和底纹

对于一个新创建的表格，可以通过给该表格或部分单元格添加边框和底纹，突出所强调的内容或增加表格的美观性。

（1）选定要添加边框和底纹的表格或单元格。

（2）单击"表格工具：设计"选项卡→"表格样式"分组→"边框"下拉按钮，在打开的下拉列表中选择相应的边框线；或者右击，在弹出的快捷菜单中选择"边框和底纹"命令，则打开"边框和底纹"对话框。

（3）选择"边框"选项卡，设置相应的选项。

（4）选择"底纹"选项卡。在"填充"选项组中选择需要填充的颜色，在"应用于"下拉列表中选择"单元格"选项。

（5）单击"确定"按钮即可完成添加边框和底纹的设置。

提示：使用"表格样式"分组→"底纹"按钮 可快捷地改变单元格的底纹颜色。使用"绘图边框"分组→"笔样式"按钮、"笔画粗细"按钮和"笔颜色"按钮可在原有边框的基础上绘制新样式的边框。

3.6.4 表格的其他处理

在 Word 2010 中，表格的排版更加方便、灵活。用户可以在页面上缩放表格，还可以通过"表格属性"对话框设置表格及文档文字的环绕方式。

1. 缩放表格

Word 2010 在缩放表格方面有很多方便之处，可以像处理图形对象一样，直接用鼠标来缩放表格。只要在表格中单击，表格的右下角就会出现一个调整句柄。鼠标指针移向该句柄时，就会变成倾斜的双箭头，再按住鼠标左键拖动。在拖动过程中，出现的虚线框表示表格的大小，调整好表格的大小以后，松开鼠标左键即可。

2. 设置表格与文字的环绕方式

（1）选中表格或将当前插入点置于表格中。

（2）单击"表格工具：布局"选项卡→"表"分组→"属性"按钮，打开"表格属性"对话框，如图 3-37 所示。

图 3-37 "表格属性"对话框

（3）在"表格属性"对话框中设置表格的对齐方式和文字环绕的方式。

（4）单击"确定"按钮完成设置。

3. 设置表格的标题行重复

有时一个比较大的表格可能在一页上无法完全显示出来。当一个表格被分到多页上显示时，总希望在每一页开头的第一行都会有一个标题行（称为"标题行重复"）。

（1）选定要作为表格标题的一行或多行（选定内容必须包括表格的第一行，否则 Word 将无法执行用户的操作）。

（2）单击"表格工具：布局"选项卡→"数据"分组→"标题行重复"按钮即可。

提示： Word 能够依据自动分页符（软分页符）自动在新的一页上重复表格的标题。如果在表格中插入了手动分页符，则 Word 无法自动重复表格标题，而且只能在页面视图或打印出的文档中看到重复的表格标题。

3.6.5　文本与表格的转换

1. 文本转换成表格

Word 可以将文档中已有的文本转换成表格的形式，但是有一定的条件限制。

（1）在要转换的文本中，为每个新列的起始位置插入空格、制表符，或者逗号，便于区分列的起点。

（2）在要开始新行的起始位置，插入段落标记。

（3）选择要转换为表格的所有文本。

（4）单击"插入"选项卡→"表格"分组→"表格"下拉按钮→"文本转换成表格"命令，打开"将文字转换成表格"对话框，如图 3-38 所示。

（5）根据情况设置"文字分隔位置"选项等，单击"确定"按钮完成操作。

2. 表格转换为文本

（1）在表格中选定要转换成文字的部分单元格，也可以选定整个表格。

（2）单击"表格工具：布局"选项卡→"数据"分组→"表格转换为文本"按钮，打开"表格转换成文本"对话框，如图3-39所示。

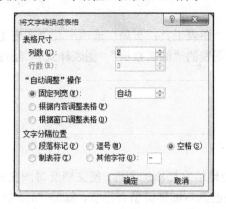

图3-38 "将文字转换成表格"对话框　　　　图3-39 "表格转换成文本"对话框

（3）在"文字分隔符"选项组中，选择合适的分隔符选项。

● 段落标记：把每个单元格的内容转换成一个段落。

● 制表符：把每个单元格的内容转换后用制表符分隔，每行单元格的内容为一个段落。

● 逗号：把每个单元格的内容转换后用逗号分隔，每行单元格的内容为一个文本段落。

● 其他字符：选中时，可以在后面的文本框中输入一个用作分隔符的字符。

（4）单击"确定"按钮，即可将表格转换为文本。

3.6.6　使用图表

图表是一种用图像表现数据的图形，可以更直观地反映出数据之间的关系。

1. 插入图表

（1）将插入点置于要插入图表的位置。

（2）单击"插入"选项卡→"插图"分组→"图表"按钮，打开"插入图表"对话框，如图3-40所示。

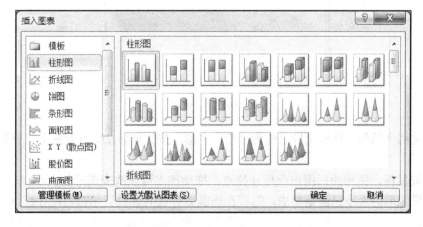

图3-40 "插入图表"对话框

（3）选择需要的图表类型，单击"确定"按钮，在文档中自动插入图表，并出现相对应的数据表，在数据表中的每个单元格中输入图表的数据，即可得到需要的图表。

2. 编辑图表

（1）选中要编辑的图表。

（2）Word 中出现"图表工具：设计"选项卡、"图表工具：布局"选项卡及"图表工具：格式"选项卡，根据需要可以在这 3 个选项卡中对图表的"编辑数据""图表样式""绘图区""形状样式"等项目，进行更多设置、更改等操作。

3.7　图文混排

Word 2010 具有强大的图文混排功能，可以方便地给文档添加图形，使文档变得图文并茂、形象直观，更加美观。Word 中可用于增强文档效果的基本图形类型有形状、SmartArt、屏幕截图、图表、图片和剪贴画等。

3.7.1　绘制图形

在文档中可以直接绘制图形。使用 Word 中的"直线"、"箭头"、"矩形"和"椭圆"等基本形状可以绘制简单图形。下面以椭圆为例介绍操作的一般步骤。

1. 绘制简单图形

（1）单击"插入"选项卡→"插图"分组→"形状"下拉按钮→"基本形状"→"椭圆"命令○；或者选中一个已有的自选图形，单击"绘图工具：格式"选项卡→"插入形状"分组中相应的形状按钮，如图 3-41 所示。

图 3-41　插入形状

（2）在文档区域内，鼠标指针已变为"十"字形。按住鼠标左键进行拖动，直到椭圆符合要求为止。

（3）释放鼠标，图形的周围出现尺寸控点，拖动控点可以改变图形的大小。

（4）如果图形的大小已满足要求，则可在椭圆以外的其他位置单击，尺寸控点消失，完成椭圆的绘制。

提示： 如果要绘制正方形或圆，则可在拖动鼠标左键的同时按住 Shift 键，也可以在单击"矩形"按钮或"椭圆"按钮后，直接在文档中单击，就能获得一个预定义大小的正方形或圆。

如果按住 Shift 键绘制直线，则绘制的是 45°整数倍角度的直线。

2. 选择、移动、复制与删除图形对象

单击图形，则该图形被选中。要选中多个图形，则需要按住 Shift 键或者 Ctrl 键，再单击其他图形，然后就可以使用对文本进行移动、复制和删除的方法来操作图形。

3. 形状填充、形状轮廓与形状效果

（1）选定插入的图形。

（2）单击"绘图工具：格式"选项卡→"形状样式"分组→预定义的"主题填充"右侧的"其他"按钮，打开预定义的主题填充样式库，如图 3-42 所示。选择合适的主题填充即可。

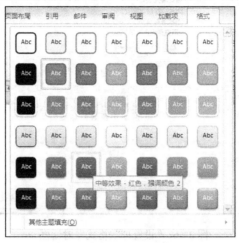

图 3-42　主题填充

（3）单击"形状样式"分组→"形状填充"下拉按钮，在打开的下拉列表中可选择纯色、图片、渐变或者纹理填充图形，如图 3-43 所示。

（4）单击"形状样式"分组→"形状轮廓"下拉按钮，在打开的下拉列表中可为图形设置无轮廓、轮廓的线型、粗细、颜色等选项，如图 3-44 所示。

（5）单击"形状样式"分组→"形状效果"下拉按钮，在打开的下拉列表中可为图形设置阴影、映像、发光、柔化边缘、棱台、三维旋转的特殊效果，如图 3-45 所示。

（6）改变图形的大小。改变"大小"分组中的"形状高度"和"形状宽度"的值，即可改变形状的大小。

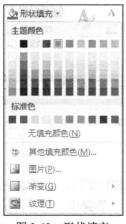 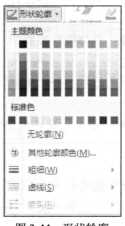 

图 3-43　形状填充　　　图 3-44　形状轮廓　　　图 3-45　形状效果

4. 设置形状格式

（1）选定要设置格式的图形。

（2）右击，在弹出快捷菜单中选择"设置形状格式"命令，打开"设置形状格式"对话框，如图3-46所示。

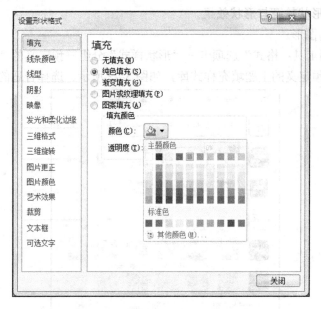

图3-46 "设置形状格式"对话框

（3）在"设置形状格式"对话框中，对形状的填充、线条颜色、线型、阴影、映像、发光和柔化边缘、三维旋转等属性进行全面的设置。设置完成，单击"关闭"按钮即可。

5. 排列图形对象

1）组合图形对象

有时，需要将多个独立的图形对象组合成一个对象，便于操作。具体操作步骤如下。

（1）选择要组合的对象。方法是在按下Shift或者Ctrl键的同时单击每个需要组合的对象。

（2）单击"绘图工具：格式"选项卡→"排列"分组→"组合"下拉按钮→"组合"命令即可。

提示：也可以在选中对象后，右击，在弹出的快捷菜单中选择"组合"命令。

2）取消组合图形对象

要取消已经组合的图形对象，具体操作步骤如下。

（1）选定要解除组合的对象。

（2）单击"绘图工具：格式"选项卡→"排列"分组→"组合"下拉按钮→"取消组合"命令即可。

提示：也可以在选中对象后，右击，在弹出的快捷菜单中选择"取消组合"命令。

3）其他排列操作

（1）选择要操作的对象。

（2）单击"绘图工具：格式"选项卡→"排列"分组中相应的按钮即可，如可以对选中的图形对象进行"对齐""自动换行""上移一层""下移一层""旋转"等操作。

6. 在图形中添加文字

在文档中绘制了自选图形后，有时为了增加特殊效果，需要在图形中添加文字。

（1）选中要添加文字的图形。

（2）右击，在弹出的快捷菜单中选择"添加文字"命令，即可在图形中输入文字。

（3）输入文字后，可在"绘图工具：格式"选项卡→"艺术字样式"分组和"文本"分组中，单击相应的按钮对图形中的文字设置多种效果。

3.7.2　SmartArt 图形

Word 2010 新增加了一种预定义的图形，种类多，样式美，操作方便，这就是 SmartArt 图形。

1. 插入 SmartArt 图形

（1）单击"插入"选项卡→"插图"分组→SmartArt 按钮，打开"选择 SmartArt 图形"对话框，如图 3-47 所示。在其中可进行如选择"循环"→"分离射线"布局的操作，最后单击"确定"按钮。

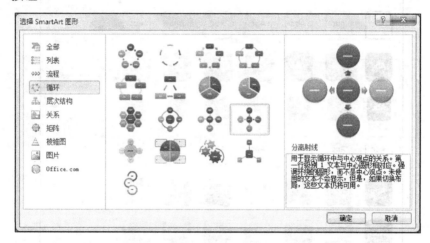

图 3-47　"选择 SmartArt 图形"对话框

（2）单击各图形，分别输入文本，在 SmartArt 图形外单击，完成 SmartArt 图形的插入。

2. 编辑 SmartArt 图形

在选中 SmartArt 图形后，Word 界面中会出现"SmartArt 工具"，包括两个选项卡，即"设计"选项卡和"格式"选项卡。"SmartArt 工具：设计"选项卡如图 3-48 所示。

图 3-48　"SmartAr 工具：设计"选项卡

（1）添加形状。单击"SmartArt 工具：设计"选项卡→"创建图形"分组→"添加形状"按钮即可。

（2）改变布局。单击"SmartArt 工具：设计"选项卡→"布局"分组→"射线循环"按钮，即可将 SmartArt 图形由"分离射线"布局改为"射线循环"布局。

（3）设置 SmartArt 样式。单击"SmartArt 样式"分组→"更改颜色"按钮，可将 SmartArt 图形更改为彩色的图形。单击"SmartArt 样式"分组→"其他"按钮，即可为选定的 SmartArt 图形应用已定义的外观样式。

（4）单击"重置"分组→"重设图形"按钮，可还原 SmartArt 图形的外观样式。

3. 设置 SmartArt 图形效果

选中 SmartArt 图形中的某一形状。

（1）更改形状。单击"SmartArt 工具：格式"选项卡→"形状"分组→"更改形状"按钮，选择合适的形状即可。

（2）设置形状样式。单击"SmartArt 工具：格式"选项卡→"形状样式"分组→"预定义外观样式"右侧"其他"按钮，出现预定义的形状或线条的外观样式库，如图 3-49 所示。选择需要的外观样式即可。

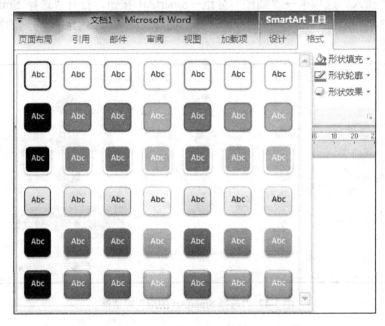

图 3-49　SmartArt 图形的形状或线条的外观样式库

（3）单击"形状填充""形状轮廓""形状效果"按钮，可分别出现图 3-43～图 3-45 所示的选项，为 SmartArt 图形中的形状设置特殊效果。

（4）单击"艺术字样式"分组中的按钮，可分别对形状中的文本进行"文本填充""文本轮廓""文本效果"等相应选项的设置操作。

（5）单击"排列"分组中的相应按钮，可对 SmartArt 图形进行"自动换行""对齐""组合""旋转"等操作。

3.7.3　插入图片

图形由用户用绘图工具绘制而成，是原来不存在的图形，但是图片可以来自扫描仪或数码照相机，也可以是一幅剪贴画，或是从网络上获得的图像文件。

1. 插入剪贴画

（1）将插入点移动到需要插入剪贴画的位置。

（2）单击"插入"选项卡→"插图"分组→"剪贴画"按钮，打开"剪贴画"窗格，如图 3-50 所示。

（3）在"结果类型"下拉列表中选中要查找的剪辑类型旁的复选框。

（4）单击"搜索"按钮，将显示符合条件的所有剪贴画。

（5）单击需要的剪贴画即可将其插入文档中。

2. 插入图片

可以从一个文件获取图片并将其插入文档中。

（1）单击"插入"选项卡→"插图"分组→"图片"按钮，打开"插入图片"对话框，如图 3-51 所示。

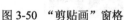

图 3-50 "剪贴画"窗格　　　　　　　　图 3-51 "插入图片"对话框

（2）找到需要的图片，单击"插入"按钮即可。可以同时插入多张图片。

3.7.4 图片处理

1. 改变图片的大小

方法一：选中图片，使图片的四周出现 8 个控制点。将鼠标指针置于控制点上，待其变成双向箭头，拖动鼠标即可改变选中图片的大小。

方法二：在"图片工具：格式"选项卡→"大小"分组，改变"形状高度""形状宽度"的值即可。

方法三：选中图片后，右击，在弹出的快捷菜单中选择"大小和位置"命令，打开"布局"对话框，如图 3-52 所示。设置相应的选项，单击"确定"按钮即可。

2. 调整图片

首先选中要做调整的图片，然后在"图片工具：格式"选项卡→"调整"分组中进行如下设置。

（1）单击"更正"按钮，可调整图片的锐化和柔化、亮度和对比度的效果，如图 3-53 所示。

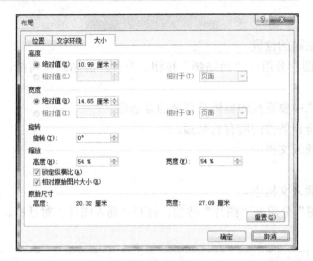

图 3-52 "布局"对话框

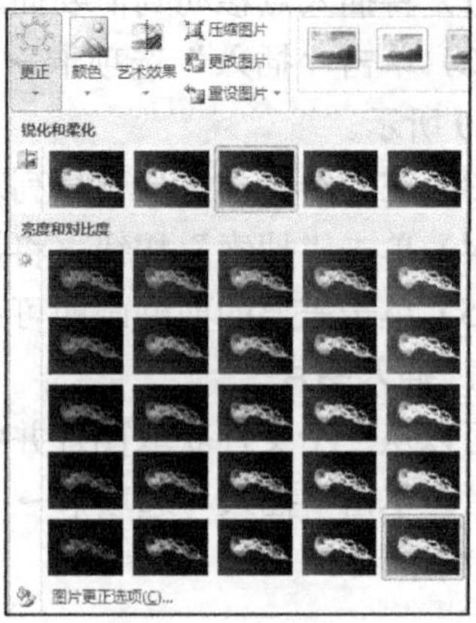

图 3-53 图片更正

（2）单击"颜色"按钮，可调整图片的颜色饱和度、色调，为图片重新着色，或设置透明色效果，如图 3-54 所示。

（3）单击"艺术效果"按钮，可为图片加上特效，如图 3-55 所示。

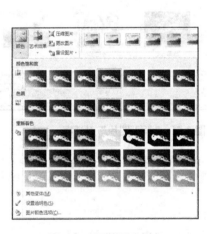

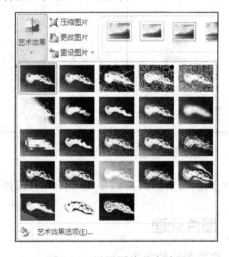

图 3-54 调整图片颜色

图 3-55 设置图片艺术效果

（4）单击"压缩图片"按钮，可设置图片的压缩选项。

（5）单击"更改图片"按钮，可将选中的图片进行替换。

（6）单击"重设图片"按钮，可将图片设置为原始的图片和大小。

（7）单击"删除背景"按钮，可对图片进行智能分析，能够自动删除图片中不必要的背景部分，从而突出显示图片主题或删除分散注意力的细节。

提示：也可以在选中对象后，右击，在弹出的快捷菜单中选择"设置图片格式"命令，打开"设置图片格式"对话框，设置相应的选项。

3. 裁剪图片

裁剪图片可以获得需要的图片外观。

（1）选中图片。

（2）单击"图片工具：格式"选项卡→"大小"分组→"裁剪"下拉
按钮，出现相应的裁剪选项，如图 3-56 所示。

（3）根据需要选择不同的选项，可以获得不同的裁剪效果。

4. 设置图片样式

在 Word 中，可对图片进行图片边框、图片效果、图片版式等图片样
式的设置。

（1）选中图片。

（2）单击"图片工具：格式"选项卡→"图片样式"分组→预设图片
样式右侧的"其他"按钮，打开预设样式库，选择需要的样式即可，如
图 3-57 所示。

图 3-56　裁剪选项

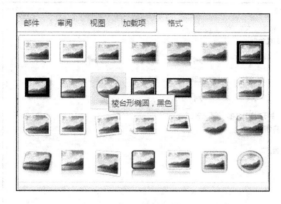

图 3-57　预设样式库

（3）单击"图片边框"按钮，可对图片的边框、边框的颜色、样式及粗细进行设置。

（4）单击"图片效果"按钮，出现设置图片特殊效果选项，选择相应的选项即可，如图 3-58
所示。

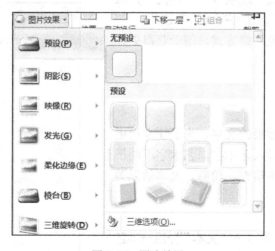

图 3-58　图片效果

（5）单击"图片版式"按钮，选择一种版式，并可为图片添加文本备注。

3.7.5　图文混排

在 Word 文档中，文字、图形对象、图片、表格、文本框等都可以方便地进行图文混排，Word 提供了文本对图片的 7 种环绕方式，即嵌入型、四周型、紧密型、穿越型、上下型、浮于文字上方和衬于文字下方。插入图片时，系统默认的环绕方式为嵌入型。

（1）选定要进行图文混排的图片或图形等。

（2）设置环绕方式。

方法一：右击图片，在弹出的快捷菜单中选择"自动换行"→"其他布局选项"命令，打开"布局"对话框，选择"文字环绕"选项卡，如图 3-59 所示。选择需要的"环绕方式"，单击"确定"按钮即可。

图 3-59　"文字环绕"选项卡

方法二：单击"格式"选项卡→"排列"分组→"自动换行"按钮→"紧密型环绕"等选项。

（3）根据需要可调整环绕方式，便于获得更好的图文混排效果。

3.7.6　艺术字

艺术字就是有特殊效果的文字。为了使文档更加美观，可以在文档中插入艺术字。艺术字不同于普通文字，可以设置文本填充、轮廓、文本效果等特殊样式。

1. 插入艺术字

（1）单击"插入"选项卡→"文本"分组→"艺术字"下拉按钮，在出现的选项中选择一种样式，如"填充-无，轮廓-强调文字颜色 2"，如图 3-60 所示。

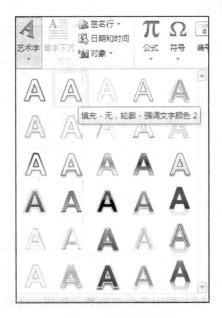

图 3-60　艺术字样式

图 3-61 输入艺术字文本

（2）在文档中出现"请在此放置您的文字"文本框，输入需要的文本即可，如图 3-61 所示。

2．修饰艺术字

插入艺术字后，可在"绘图工具：格式"选项卡中对艺术字进行进一步的设置或更改。

（1）单击"形状样式"分组→"样式"按钮右侧"其他"按钮，可为艺术字应用预定义的"形状及线条的外观样式"；分别单击"形状填充""形状轮廓""形状效果"按钮，可分别为艺术字设置或更改相应的形状外观。

（2）单击"艺术字样式"分组→"样式"按钮右侧"其他"按钮，可为艺术字应用预定义的"文本外观样式"；分别单击"文本填充""文本轮廓""文本效果"按钮，可分别为艺术字设置或更改相应的文本效果。

（3）设置文字方向。单击"文本"分组→"文字方向"下拉按钮，出现 5 种"文字方向"可供选择，如图 3-62 所示；也可选择"文字方向选项"命令，打开"文字方向-文本框"对话框，选择需要的文字方向，单击"确定"按钮，如图 3-63 所示。

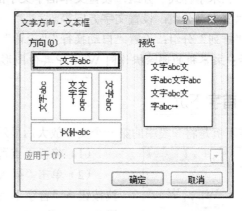

图 3-62 文字方向　　　　　　　　图 3-63 "文字方向-文本框"对话框

3．艺术字其他操作

（1）单击"排列"分组中相应的按钮，可对艺术字设置"自动换行""对齐""组合""旋转"等操作。

（2）在"大小"分组中可更改艺术字的大小。

3.7.7 文本框

文本框是存放文本或图片等内容的容器。用户可在页面上定位并调整其大小，并可对文本框中文本的格式进行设置。在 Word 中，文本框有横排和竖排两种。利用竖排文本框可以在横排文字的文档中插入竖排方式的语句。用户可将文本框置于页面的任何位置，而且可以使用"绘图工具：格式"选项卡中的按钮来增强文本框的效果，如更改其填充颜色等，操作方法与处理其他任何图形对象没有区别。

1．插入文本框

（1）单击"插入"选项卡→"文本"分组→"文本框"下拉按钮→"绘制文本框"命令。此时鼠标指针变为"十"字形状，在需要绘制文本框的位置拖动鼠标左键绘制文本框，如图3-64所示。

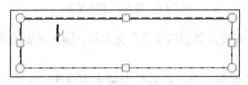

图3-64　绘制文本框

（2）插入文本框之后，光标会自动位于文本框内。用户可以像输入其他文本一样向文本框中输入文本，也可以通过移动、复制、粘贴等操作向文本框中添加文本。

（3）输入结束后，在文本框以外的位置单击即可。

2．设置文本框的格式

（1）选定要进行格式设置的文本框。

（2）选择"绘图工具：格式"选项卡，在相应分组中设置不同的文本框格式。

- "形状样式"分组：设置文本框的形状效果。
- "艺术字样式"分组：设置文本框中文字的特殊效果。
- "文本"分组：设置文字方向等。
- "排列"分组：设置"自动换行""旋转"等。

提示：文本框的删除操作同 Word 中其他图形对象的删除操作。

3.7.8　首字下沉

首字下沉是将一段中的第一个文字放大后显示，并下沉到下面的几行中。

图3-65　"首字下沉"对话框

（1）将插入点置于要设置首字下沉的段落中。

（2）单击"插入"选项卡→"文本"分组→"首字下沉"下拉按钮→"首字下沉选项"命令，打开"首字下沉"对话框，如图3-65所示。

（3）在"首字下沉"对话框的"位置"选项组中，选择相应的选项。

（4）在"选项"选项组中，设置字体、下沉行数及距正文的距离。

（5）单击"确定"按钮，即可按所需的要求设置段落首字下沉效果。

3.7.9　编辑公式

Microsoft 公式编辑器是一个单独的、能够独立工作的程序，主要用来处理一些数学符号、公式等。

1. 插入公式

（1）将插入点置于要插入公式的位置。

（2）单击"插入"选项卡→"符号"分组→"公式"下拉按钮→"插入新公式"命令，则文档中出现 在此处键入公式。 ，同时窗口出现"公式工具：设计"选项卡，如图3-66所示。该选项卡包含了编辑公式时需要使用的各种工具。

图3-66 "公式工具：设计"选项卡

（3）从"公式工具：设计"选项卡中选择符号，输入变量和数字，使用结构模板，可以构造需要的公式。

（4）输入结束，单击公式以外的 Word 文档即可。

提示： 如果 Word 已经内置用户需要的公式，则直接使用即可。

2. 修改公式

（1）单击要修改的公式，窗口出现"公式工具：设计"选项卡。

（2）使用"公式工具：设计"选项卡中的选项编辑公式。

（3）单击 Word 文档即可完成公式的修改。

3.7.10 水印

在处理一些重要文件时可给文档加上水印，例如，对"严禁复制""保密""内部资料""紧急"等字样进行水印处理，可以让使用文件的人知道该文档的重要性。Word 2010 具有添加文字和图片两种类型水印的功能，水印显示在文字的后面，它是可视的，不影响文字的显示效果。

1. 插入水印

（1）单击"页面布局"选项卡→"页面背景"分组→"水印"下拉按钮→"自定义水印"命令，打开"水印"对话框，如图3-67所示。

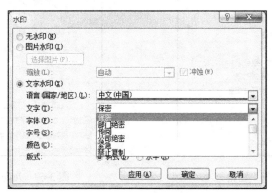

图3-67 "水印"对话框

（2）根据需要设置"图片水印"或者"文字水印"（可由用户输入），设置"版式"为"斜式"或"水平"，单击"应用"按钮或"确定"按钮即可。

2. 删除水印

要删除已插入的水印，只需要单击"页面布局"选项卡→"页面背景"分组→"水印"下拉按钮→"删除水印"命令即可。

3.8 长文档处理

当文档比较长，希望审查一下文档的整个结构时，可以使用 Word 2010 的"导航"窗格来实现；另外，在 Word 2010 中使用样式和格式可以统一管理整个文档的格式，可以迅速改变文档的外观；使用样式后，在"导航"窗格中可以更加方便地显示文档的整个结构，便于用户轻松掌控自己的文档。样式可分为自动套用样式和自定义样式。

3.8.1 使用"导航"窗格

在 Word 2010 中，通过"导航"窗格可以迅速方便地处理长文档。通过拖放标题而不是通过复制和粘贴，可以轻松地重新组织文档。除此以外，还可以使用渐进式搜索功能查找内容，因此用户无须确切地知道要搜索的内容即可找到它。

1. 使用"导航"窗格

（1）单击"视图"选项卡→"显示"分组→"导航窗格"按钮，弹出"导航"窗格。

（2）浏览文档结构。选择"浏览您的文档中的标题"选项卡，出现图 3-68 所示的"导航"窗格，在窗格中会显示已经使用了"样式"的标题结构，整个文档的结构清晰可见。

（3）浏览文档中的页面。选择"浏览您的文档中的页面"选项卡即可。

（4）浏览当前搜索的结果。选择"浏览您当前搜索的结果"选项卡，在搜索框中输入要找的内容，如输入"窗格"，搜索结果会出现在图 3-69 所示的窗格中。在文档中，搜索内容会以黄色底纹突出显示。

图 3-68 "导航"窗格

图 3-69 浏览搜索"窗格"

2. 关闭"导航"窗格

单击"导航"窗格右上角的"关闭"按钮，或再一次单击"视图"选项卡→"显示"分组→"导航窗格"按钮（取消已经选中的"导航窗格"按钮），即可关闭"导航"窗格。

3.8.2　样式

样式是应用于文本的一系列文本格式的集合，利用它可以快速改变文本的外观。当使用样式时，只需执行一步操作就可使用一系列的格式。

Word内置了很多已经设置好的样式，如标题样式、正文样式等。使用样式，可以对具有相同格式的段落和标题进行统一控制，还可以通过修改样式对使用该样式的文本的格式进行统一修改。

样式可分为字符、段落、表格、列表等。

如果Word样式库提供的样式不能满足需要，则用户可以建立自己的样式。

1. 自动套用样式

（1）选中需要设置样式的文本或段落。

（2）在"开始"选项卡→"样式"分组中单击需要的"内置样式"按钮即可。

2. 自定义样式

当内置样式库中的样式不能满足要求时，用户可自定义样式。

（1）单击"开始"选项卡→"样式"分组→功能扩展按钮，打开"样式"窗格，如图3-70所示。

（2）单击"样式"窗格左下角的"新建样式"按钮，打开"根据格式设置创建新样式"对话框，如图3-71所示。

图3-70　"样式"窗格　　　　　图3-71　"根据格式设置创建新样式"对话框

（3）在"根据格式设置创建新样式"对话框中，输入样式名称，选择样式类型，设置需要的格式。

（4）如果需要设置特殊格式，则可单击"格式"下拉按钮，在打开的下拉列表中选择相应选项以设置字体、段落、边框、文字效果等相关格式。

（5）单击"确定"按钮，完成新建样式。

3. 使用已定义的样式

要使用样式，首先选定要更改样式的文本、段落等，然后单击"样式"窗格中所需的样式即可。

4. 修改样式

为了满足新的需求，可在原有样式的基础上进行修改，以获得新的样式。

（1）在"样式"库或者"样式"窗格中，右击需要修改的样式，在弹出的快捷菜单中选择"修改"命令，打开"修改样式"对话框，如图 3-72 所示。

图 3-72 "修改样式"对话框

（2）在"修改样式"对话框中更改所需的格式选项，并选中"自动更新"复选框。

（3）单击"确定"按钮，此时该样式修改成功，并自动应用于文档中。

5. 删除样式

要删除某样式时，右击该样式，在弹出的快捷菜单中选择"删除"命令即可。

6. 清除样式

对于已经应用了某种样式的文档，可以随时将其样式清除。选中需要清除样式的文本、段落等，单击"开始"选项卡→"样式"分组→"样式"库右侧"其他"下拉按钮→"清除格式"命令，或者单击"样式"窗格中的"全部清除"按钮即可。

3.8.3 题注、脚注和尾注

1. 题注

题注就是给图片、表格、图表等项目添加的名称和编号。使用题注功能可以使长文档中的图片、表格、图表等按顺序自动编号。

（1）选中需要插入题注的图片、表格等项目。

（2）单击"引用"选项卡→"题注"分组→"插入题注"按钮，打开"题注"对话框，如图 3-73 所示。

（3）单击"编号"按钮，打开"题注编号"对话框，如图 3-74 所示。设置相应选项，单击"确定"按钮。

提示：默认情况下，表格的"题注"位于表格的上方，图片的"题注"位于图片的下方。

2. 脚注和尾注

脚注和尾注是对文本的补充说明。脚注一般位于页面的底部，可以作为文档中某处内容的注释；尾注一般位于文档的末尾，用于列出引文的来源等。脚注和尾注由两个关联的部分组成，包括注释引用标记和其对应的注释文本。

图 3-73 "题注"对话框

图 3-74 "题注编号"对话框

（1）将插入点定位于要插入脚注或尾注的位置。

（2）设置脚注和尾注。

方法一：单击"引用"选项卡→"脚注"分组→"插入脚注"按钮或者"插入尾注"按钮，在定位处生成自动编号，在插入点处输入文本即可。

方法二：单击"引用"选项卡→"脚注"分组→功能扩展按钮 ，打开"脚注和尾注"对话框，设置相应选项即可。

3.8.4 批注与修订

1. 添加批注

批注是作者或审阅者给文档添加的注释信息。默认情况下，Word 显示批注。可单击"审阅"选项卡→"修订"分组→"显示标记"按钮设置是否显示批注、墨迹等。

（1）选择要添加批注的文本。

（2）单击"审阅"选项卡→"批注"分组→"新建批注"按钮，在批注编辑框中输入批注的文本内容即可。

2. 删除批注

（1）选择需要删除的批注。

（2）单击"审阅"选项卡→"批注"分组→"删除"下拉按钮→"删除"或者"删除文档中的所有批注"命令即可。

3. 修订

修订主要跟踪对文档的所有更改，包括插入、删除、格式更改等操作。

（1）单击"审阅"选项卡→"修订"分组→"修订"按钮，使其呈"选中"状态，即使文档处于修订状态。在该状态下，如果进行了文档的插入等操作，则文档会呈现与普通文本不同的显示状态，如使新插入的文本字体颜色呈现为红色，并为其添加下画线等。

再一次单击"修订"按钮，则关闭"修订"功能。

（2）单击"修订"下拉按钮，选择"修订选项"命令，打开"修订选项"对话框，如图 3-75 所示。

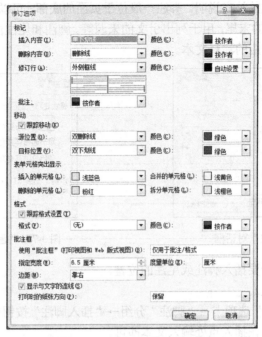

图 3-75 "修订选项"对话框

（3）如果接受修订，则可单击"审阅"选项卡→"更改"分组→"接受"按钮，选择相应的接受修订内容。

（4）如果不接受修订，则可单击"审阅"选项卡→"更改"分组→"拒绝"按钮，选择相应的拒绝修订内容。

（5）修订完成后，根据需要可单击"修订"分组→"显示状态"按钮，选择标记的显示状态。

3.8.5 封面与文档属性

1. 封面

Word 2010 提供了一个封面库，其中包含预先设计的各种封面，使用起来非常方便。选择一种封面，并用自己的文本替换示例文本。

不管光标显示在文档中的什么位置，总是在文档的开始处插入封面。

（1）单击"插入"选项卡→"页"分组→"封面"按钮，选择合适的封面样式。

（2）根据所选模板编辑封面内容。

（3）要删除封面，只需要单击"封面"按钮，选择"删除当前封面"命令即可。

2. 文档属性

文档属性也称为元数据，是有关描述或标识文件的详细信息。文档属性包括标识文档主题或内容的详细信息，如标题、作者、主题和关键词。

为文档设置文档属性，就可以轻松地组织和标识文档。此外，还可以基于文档属性搜索文档。

（1）单击"文件"选项卡→"信息"命令，单击屏幕右侧的"属性"下拉按钮，选择"高级属性"选项，打开文档属性对话框，如图 3-76 所示。添加相应选项，单击"确定"按钮即可。

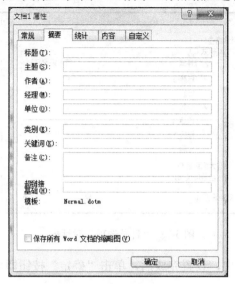

图 3-76　文档属性对话框

（2）如果需要将文档属性插入文档中，可单击"插入"选项卡→"文本"分组→"文档部件"下拉按钮→"文档属性"命令→相应选项即可。

3.8.6　生成目录

1．创建目录

创建目录最简单的方法是使用内置标题样式，除此之外，还可以创建基于所应用的自定义样式的目录。

（1）为文档中需要创建目录的各级标题应用 Word 样式。

（2）单击要插入目录的位置（通常在文档的开始处）。

（3）单击"引用"选项卡→"目录"分组→"目录"下拉按钮→"插入目录"命令，打开"目录"对话框，如图 3-77 所示。

图 3-77　"目录"对话框

（4）单击"选项"按钮，打开"目录选项"对话框，如图 3-78 所示。根据实际情况选择文档中要使用的"有效样式"，单击"确定"按钮，返回"目录"对话框。

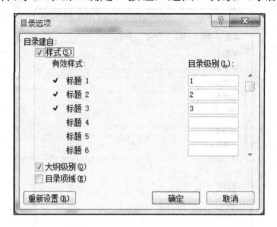

图 3-78 "目录选项"对话框

（5）在"目录"对话框中，设置完成后，单击"确定"按钮即可。

2. 更新目录

有时，在生成目录后，可能会对文档进行适当的修改，这时需要对目录进行更新操作。

方法一：

（1）在已有的目录上右击，打开右键快捷菜单，如图 3-79 所示。

（2）选择"更新域"命令，打开"更新目录"对话框，选中"只更新页码"或者"更新整个目录"单选按钮，单击"确定"按钮即可。

方法二：要更新目录，也可以单击"目录"分组→"更新目录"按钮，打开图 3-80 所示的对话框，选择相应选项，单击"确定"按钮即可。

图 3-79 "目录"右键快捷菜单

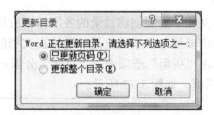

图 3-80 "更新目录"对话框

3. 删除目录

如果需要删除生成的目录，则只需要单击"引用"选项卡→"目录"分组→"目录"下拉按钮→"删除目录"命令即可。

3.8.7 邮件合并

在日常工作中，有时需要编辑邀请函、会议通知、录取通知书之类的文档，这种类型的文档有一些共同点，如多份内容大部分相同、小部分不同等。Word 2010 的邮件合并功能就是应用在填写大量格式相同，只修改少数相关内容，其他文档内容不变的情况。因此，使用 Word

的邮件合并功能，可以非常轻松地完成这类工作。

要进行邮件合并，首先准备"主文档"和相关的"数据源"。在打开"主文档"的 Word 环境中，单击"邮件"选项卡→"开始邮件合并"分组→"开始邮件合并"下拉按钮→"邮件合并分步向导"命令，打开"邮件合并"窗格。在该窗格中，分成 6 步完成邮件合并的操作。图 3-81 所示是进行"邮件合并"的"第 1 步"窗格。

1．选择文档类型

根据需要选择不同的类型，在此选中"信函"单选按钮。单击"下一步：正在启动文档"链接，打开"邮件合并"的"第 2 步"窗格，如图 3-82 所示。

2．选择开始文档

可以选择"使用当前文档""从模板开始"或者"从现有文档开始"进行邮件合并。如果已经打开主文档，则可选中"使用当前文档"单选按钮，单击"下一步：选取收件人"链接，打开"邮件合并"的"第 3 步"窗格，如图 3-83 所示。

3．选择收件人

在"选择收件人"选项组中，选中"使用现有列表"单选按钮，如图 3-83 所示。

图 3-81　邮件合并——第 1 步　　图 3-82　邮件合并——第 2 步　　图 3-83　邮件合并——第 3 步

（1）单击"浏览"链接，打开"选取数据源"对话框，选择已经准备好的数据源，单击"打开"按钮，打开"选择表格"对话框，单击"确定"按钮，打开"邮件合并收件人"对话框，如图 3-84 所示。

（2）可根据需要进行设置，单击"确定"按钮，返回"邮件合并"的"第 3 步"窗格。单击"下一步：撰写信函"链接，打开"邮件合并"的"第 4 步"窗格，如图 3-85 所示。

4．撰写信函

（1）将插入点定位到主文档中要填写数据的位置，单击"其他项目"链接，打开"插入合并域"对话框，如图 3-86 所示。

（2）选择相应的域，单击"插入"按钮。

（3）重复上述两个步骤，直到所有的项目都插入为止。

（4）返回"邮件合并"的"第 4 步"窗格，单击"下一步：预览信函"链接，打开"邮件合并"的"第 5 步"窗格，如图 3-87 所示。

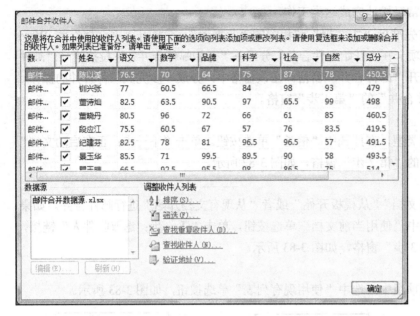

图 3-84 "邮件合并收件人"对话框　　　　　　　　图 3-85　邮件合并——第 4 步

图 3-86 "插入合并域"对话框　　　　　　　　图 3-87　邮件合并——第 5 步

5. 预览信函

单击上一条、下一条记录，可以在主文档中显示数据的实际效果。单击"下一步：完成合并"链接，打开"邮件合并"的"第 6 步"窗格，如图 3-88 所示。

6. 完成合并

（1）如果希望将完成合并的信函保存为一个文档，则可以单击"编辑单个信函"链接，打开"合并到新文档"对话框，如图 3-89 所示。

（2）选择要合并的记录，单击"确定"按钮，即可创建一个名为"信函 1"的新文档。根据需要可进行后续操作。

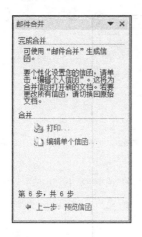

图 3-88 邮件合并——第 6 步

图 3-89 "合并到新文档"对话框

3.9 页面设置与打印

在 Word 2010 中要打印文档，首先可进行页面设置，然后预览文档，如果满意文档的效果，就可以打印了。

3.9.1 页面设置

在建立新文档时，Word 2010 已经设置了默认的纸型、纸的方向、页边距等页面属性，用户可以根据具体工作任务的需要来修改这些设置。页面设置是用户在打印文档之前一定要做的、很重要的工作。

1. 设置纸型和方向

在打印文档之前，用户首先需要考虑应该用多大的打印纸来打印文档。Word 2010 默认的纸型是 A4（宽度为 210mm，高度为 297mm），页面方向是纵向。

如果用户设置的纸型和实际打印纸的大小不同，则有可能会造成打印时分页的错误。因此，打印之前需要选择合适的纸型和纸张大小。

（1）设置页面方向。单击"页面布局"选项卡→"页面设置"分组→"纸张方向"下拉按钮→"横向"或"纵向"命令即可。

（2）设置纸型和纸张大小。单击"纸张大小"下拉按钮，选择合适的纸张即可；或者单击"纸张大小"下拉按钮，选择"其他页面大小"命令，打开"页面设置"对话框中的"纸张"选项卡，如图 3-90 所示。

（3）在"纸张大小"下拉列表中选择要打印的纸型。也可以选择"自定义大小"纸型，输入"宽度"和"高度"的值，单击"确定"按钮完成设置。

2. 设置页边距

页边距指打印出的文本与纸张边缘之间的空白距离。Word 2010 在 A4 纸型下默认的页边距为左右页边距 3.17cm、上下页边距 2.54cm，并且无装订线。在默认设置的基础上，用户也可以根据自己的具体需要来改变设置，例如，为了装订方便可以增加一个装订区。

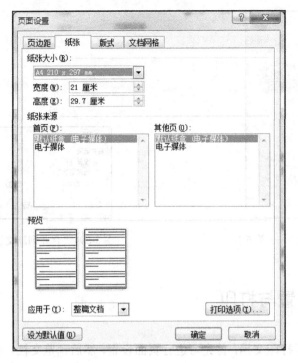

图3-90 "纸张"选项卡

方法一：单击"页面设置"分组→"页边距"下拉按钮，选择预定义的页边距设置方案。

方法二：

（1）或者单击"页面设置"分组→"页边距"下拉按钮→"自定义边距"命令，打开"页面设置"对话框。

（2）选择"页边距"选项卡，设置"上""下""左""右"页边距，选定页边距的应用范围，单击"确定"按钮完成设置。

3. 设置版式

设置版式是指设置页眉与页脚、垂直对齐方式和行号等特殊的版式。

（1）单击"页面设置"分组→扩展功能按钮▣，打开"页面设置"对话框。

（2）选择"版式"选项卡，在"版式"选项卡中，可以设置下列选项。

● 节的起始位置：选定开始新的一节的同时结束前一节的内容。

● 页眉和页脚："奇偶页不同"选项指定是否在奇数页和偶数页上设置不同的页眉或者页脚；"首页不同"选项指定是否使节或文档首页的页眉或者页脚与其他页的页眉或页脚不同。

● 垂直对齐方式：在页面上垂直对齐文本的方式。

（3）选定应用范围，然后单击"确定"按钮完成设置。

提示：对于页面设置，也可单击"文件"选项卡→"打印"命令，选择相应的页面设置选项，或者单击"页面设置"超链接，打开"页面设置"对话框，进行相应的设置。

3.9.2 页眉和页脚

页眉和页脚通常用于打印文档。页眉和页脚中可以包括页码、日期、公司徽标、文档标题、文件名或作者名等文字或图形，这些信息通常打印在文档中每页的顶部或底部。页眉打印在上页边距中，而页脚打印在下页边距中。

在文档中可自始至终地用同一个页眉或页脚，也可在文档的不同部分使用不同的页眉和页脚。例如，可以在首页上使用与众不同的页眉或页脚，也可以不使用页眉和页脚，还可以在奇数页和偶数页上使用不同的页眉和页脚；文档不同部分的页眉和页脚也可以不相同。

1. 创建页眉和页脚

（1）单击"插入"选项卡→"页眉和页脚"分组→"页眉"按钮，窗口出现"页眉和页脚：设计"选项卡，如图3-91所示。在"选项"分组中可以选择"首页不同""奇偶页不同"等选项。

图3-91　"页眉和页脚：设计"选项卡

（2）如果要创建页眉，则可在页眉区插入文字或图形，也可单击功能区中相应的按钮。

（3）如果要创建页脚，则可单击"导航"分组→"转至页脚"按钮，将插入点移动到页脚区，即可编辑页脚内容。

（4）创建完毕后，单击"关闭"分组→"关闭页眉和页脚"按钮即可。

提示：如果要为文档插入不同的页眉或者页脚，则需要首先对文档进行分节的操作，然后才能设置不同的页眉或者页脚。

2. 删除页眉或页脚

（1）删除页眉。单击"页眉和页脚"分组→"页眉"下拉按钮→"删除页眉"命令即可。

（2）删除页脚。单击"页眉和页脚"分组→"页脚"下拉按钮→"删除页脚"命令即可。

提示：删除一个页眉或页脚时，Word会自动删除整个文档中同样的页眉或页脚。要删除文档中某个部分的页眉或页脚，则需将该文档分成节，然后断开各节间的连接。

3. 插入页码

方法一：单击"页眉和页脚"分组→"页码"下拉按钮→"页面顶端"或者"页面底端"命令可插入页码。

方法二：

（1）选择"设置页码格式"命令，打开"页码格式"对话框，如图3-92所示。

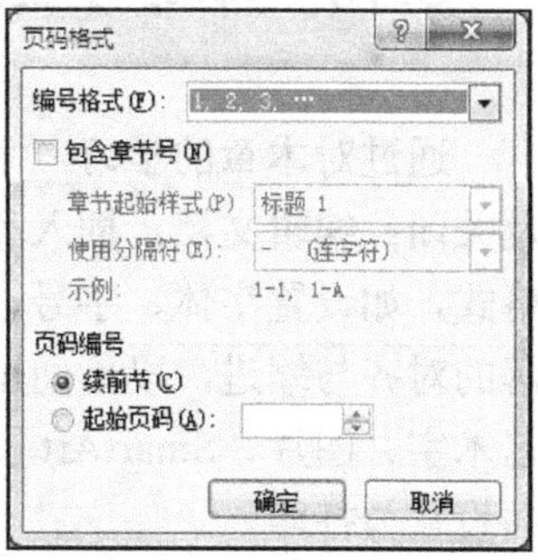

（2）选择合适的页码编号，单击"确定"按钮。

图3-92　"页码格式"对话框

4. 删除页码

单击"页眉和页脚"分组→"页码"下拉按钮→"删除页码"命令即可。

3.9.3　打印文档

如果文档经过编辑、排版及页面设置等操作后已经是一份满足要求的文档，就可以进行文档打印了。在打印文档之前，要确定打印机的电源已经接通，并处于联机状态。

（1）单击"文件"选项卡→"打印"命令，出现打印设置界面，如图 3-93 所示。

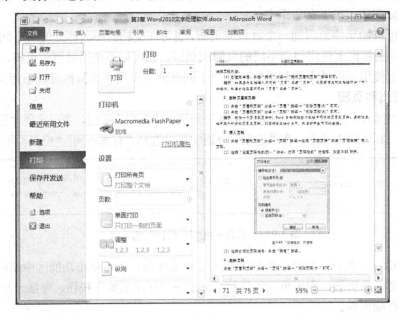

图 3-93　打印设置界面

（2）界面中间部分为打印设置，可设置打印份数、范围、方向、纸张大小等；右侧部分为文档预览区，可选择单页或者多页预览文档，设置好相关选项后，单击"打印"按钮即可打印文档。

3.10　本章小结

通过对本章的学习，掌握 Word 的基本概念、基本操作，包括文档的创建、保存、打开及关闭；编辑文档，插入和删除文字，复制和移动文字，查找和替换文字及格式；设置字体格式，如设置字体、字号、字形和字体颜色、间距和位置、文本效果；设置段落格式，如段落的对齐与缩进，段落间距、边框和底纹，项目符号与编号；表格处理和图文混排，如插入艺术字、图片、SmartArt 图形、文本框等；长文档处理，如设置样式、目录、邮件合并；页面设置与打印。

3.11　练习题

一、判断题

1．在 Word 2010 中可以打开".doc"类型的文档。　　　　　　　　　　　　　　　　（　　）

2．在 Word 2010 中选定一个表格，按 Delete 键不能删除表格。　　　　　　　　　　（　　）

3．对于多页文档，Word 2010 可以打印指定页的文档内容。　　　　　　　　　　　　（　　）

4．在 Word 2010 文档中，打开符号对话框后，只能插入一个符号。　　　　　　　　　（　　）

5．Word 2010 中的"撤销"命令只能撤销最近一次进行的操作。　　　　　　　　　　（　　）

6．在 Word 2010 中，在设置段落的行距时，最小的行距是单倍行距。 （ ）

7．在 Word 2010 中，设置段落的项目符号时，只能选择对话框提供的符号。 （ ）

8．在 Word 2010 中，既可按段添加项目符号，也可按行添加项目符号。 （ ）

9．在 Word 2010 的表格拆分操作中，既能进行上下拆分，也可进行左右拆分。 （ ）

10．在 Word 2010 中，页眉放在每页的底部，页脚放在每页的顶端。 （ ）

11．在 Word 2010 打印预览中不能对文档进行编辑。 （ ）

12．在 Word 2010 中，假设目前的编辑方式是插入模式，按两次 Insert 键后，将变为改写模式。 （ ）

13．Word 2010 具有分栏功能，各栏的宽度可以不同。 （ ）

14．在 Word 2010 中，利用"页面设置"命令可指定每页中的行数和每行的字符数。 （ ）

15．页边距可以通过标尺设置。 （ ）

16．如果要使用"格式刷"，则需要先选择被复制格式文本，然后单击"格式刷"按钮。 （ ）

17．当前文档最多可分为两栏。 （ ）

18．在 Word 2010 中，可以使用在最后一行的最后一个单元格按 Tab 键的方式在表格末添加一行。 （ ）

19．新建 Word 文档的组合键是 Ctrl+N。 （ ）

20．在 Word 2010 中，要对某一单元格进行拆分，可单击"表格工具：布局"选项卡→"合并"分组→"拆分单元格"按钮。 （ ）

二、单项选择题

1．Word 2010 具有的功能是（ ）。

　A．表格处理　　　　　　　　　　B．绘制图形

　C．格式设置　　　　　　　　　　D．以上都是

2．下面关于 Word 2010 标题栏的叙述中，说法错误的是（ ）。

　A．双击标题栏，可最大化或还原 Word 窗口

　B．拖动标题栏，可将最大化窗口拖到新位置。

　C．拖动标题栏，可将非最大化窗口拖到新位置

　D．标题栏上有 Word 文档名

3．Word 2010 的"文件"选项卡中的"最近所用文件"选项所对应的文件是（ ）。

　A．当前被操作的文件　　　　　　B．当前已经打开的 Word 文件

　C．最近被操作过的 Word 文件　　D．扩展名是 docx 的所有文件

4．在 Word 2010 编辑状态下，能设定文档行间距的功能按钮属于（ ）。

　A．"文件"选项卡　　　　　　　　B．"开始"选项卡

　C．"插入"选项卡　　　　　　　　D．"页面布局"选项卡

5．Word 2010 中的文本替换功能属于（ ）。

　A．"文件"选项卡　　　　　　　　B．"开始"选项卡

　C．"插入"选项卡　　　　　　　　D．"页面布局"选项卡

6．在 Word 2010 编辑状态下，文档窗口显示水平标尺，拖动水平标尺上沿的"首行缩进"滑块，则（ ）。

　A．文档中各段落的首行起始位置都重新确定

  B．文档中各行的起始位置都重新确定

  C．文档中被选择的各段落首行起始位置都重新确定

  D．插入点所在行的起始位置被重新确定

7．在 Word 2010 的编辑状态，可以显示页面四角的视图方式是（ ）。

  A．草稿视图   B．大纲视图

  C．页面视图   D．阅读版式视图

8．在 Word 2010 的"文件"选项卡中，"最近所用文件"选项下显示文档名的个数最多可设置为（ ）。

  A．10 个   B．20 个   C．25 个   D．50 个

9．在 Word 2010 编辑状态下，当前正编辑一个新建文档"文档 1"，当执行"文件"选项卡中的"保存"命令后，（ ）。

  A．"文档 1"被存盘

  B．弹出"另存为"对话框，可进一步操作

  C．自动以"文档 1"为名存盘

  D．不能以"文档 1"存盘

10．在 Word 2010 中，欲立马删除刚输入的汉字，错误的操作是（ ）。

  A．单击快速访问工具栏中的"撤销"按钮

  B．按 Ctrl+Z 组合键

  C．按 Backspace 键

  D．按 Delete 键

11．不选择文本，设置 Word 2010 字体，则（ ）。

  A．不对任何文本起作用   B．对整个文档中的文本起作用

  C．对当前文本起作用   D．对插入点后输入的文本起作用

12．Word 2010 的查找功能在"开始"选项卡的（ ）分组中。

  A．剪贴板   B．字体   C．段落   D．编辑

13．在 Word 2010 编辑状态下，要进行字体效果设置，则需打开（ ）。

  A．"剪贴板"窗格   B．"字体"对话框

  C．"段落"对话框   D．"样式"窗格

14．在 Word 2010 的"段落"对话框中，可以设置（ ）。

  A．删除线   B．行距   C．字号   D．字符间距

15．在 Word 2010 中，设置"首字下沉"先打开"插入"选项卡，然后在（ ）分组中进行。

  A．符号   B．样式   C．文本   D．字体

16．在 Word 2010 中，下面关于分栏操作的说法中，正确的是（ ）。

  A．栏与栏之间不可以设置分隔线   B．任何视图下均可看到分栏效果

  C．设置的各栏宽度和间距与页面宽度无关 D．可以将指定的段落设置为等长栏

17．在 Word 2010 编辑状态下，要将另一文档的内容全部添加在当前文档的当前插入点处，可执行的操作是（ ）。

  A．单击"文件"选项卡→"打开"命令

  B．单击"插入"选项卡→"文档部件"按钮

C. 单击"插入"选项卡→"对象"按钮

D. 单击"插入"选项卡→"交叉引用"按钮

18. 在 Word 2010 编辑状态下，若光标位于表格外右侧的行尾处，则按 Enter 键，结果为（　　）。

A. 光标移到下一行，表格行数不变　　　B. 光标移到下一行

C. 在本单元格内换行，表格行数不变　　D. 插入一行，表格行数改变

19. 与选择普通文本不同，单击艺术字时，选中（　　）。

A. 艺术字整体　　　　　　　　　　B. 前部分艺术字

C. 文档中所有插入的艺术字　　　　D. 后部分艺术字

20. 下面有关打印的说法中，正确的是（　　）。

A. 在打印窗格中，可以编辑文档，不可以打印文档

B. 在打印窗格中，不可以编辑文档，但可以打印文档

C. 在打印窗格中，既可以编辑文档，也可以打印文档

D. 在打印窗格中，既不可以编辑文档，也不可以打印文档

三、多项选择题

1. 单击"文件"选项卡→"保存并发送"命令，可将正在编辑的文档（　　）。

A. 保存到 SharePoint　　　　　　B. 使用电子邮件发送

C. 保存到 Web　　　　　　　　　D. 发布为博客文章

2. "邮件"选项卡主要包括（　　）分组。

A. 开始邮件合并　　　　　　　　B. 创建

C. 排列　　　　　　　　　　　　D. 编写和插入域

3. 以下说法正确的有（　　）。

A. 在 Word 中保存文件时，可设置密码

B. 只能设置打开密码

C. Word 文件名的字符间可以有空格

D. 在高版本的 Word 中可以打开低版本的 Word 文档

4. 在编辑 Word 文档时，能进行文档全选的操作有（　　）。

A. 按 Ctrl+A 组合键　　　　　　B. 按 Shift+左、右、上、下方向键

C. 在文本选定区三击鼠标左键　　D. 双击

5. 用 Word 编辑文档时，要将选定区域的内容放到剪贴板上，可单击"剪贴板"分组中的（　　）按钮。

A. 剪切　　　　B. 格式刷　　　　C. 复制　　　　D. 粘贴

6. 在 Word 编辑环境中，打开"页面设置"对话框的方法是（　　）。

A. 单击"开始"选项卡→"页面设置"

B. 单击"页面布局"选项卡→"页面设置"

C. 单击"文件"选项卡→"打印"命令→"页面设置"

D. 单击"引用"选项卡→"页面设置"

7. 下面关于"首字下沉"的说法中，正确的有（　　）。

A. 可根据需要调整下沉行数

B. 最多可下沉三行字的位置

C．可悬挂下沉

D．悬挂下沉的格式只有一种，没有任何变化

8．以下选项中，能调整一页纸所容纳内容的多少的工具有（　　）。

    A．标尺   B．"页边距"命令

    C．"打印"命令   D．"纸张大小"命令

9．能够打开"查找与替换"对话框的命令有（　　）。

    A．选择性粘贴   B．查找   C．定位   D．替换

10．在 Word 2010 中，有关对表格的处理，下列叙述正确的有（　　）。

    A．表格的单元格中可以填入文字、数字、图形，也可以插入另一个表格

    B．单击"插入"选项卡→"表格"分组→"绘制表格"命令，可以绘制不规则表格

    C．Word 2010 可以将表格转换成文本

    D．表格一旦建立好，就只能删除表中内容，而无法删除表格本身

11．要将一个标题的全部格式应用于另一个标题，可以使用的方法有（　　）。

    A．使用"样式"   B．使用"背景"

    C．使用"格式刷"   D．使用"修订"功能

12．下面关于 Word 批注的说法中，错误的有（　　）。

    A．在文档中需要解释说明的部分可以添加批注以起到提示作用

    B．批注可以打印出来

    C．批注只是作为解释说明，并不能打印出来

    D．批注的内容在正常的状态下是隐藏起来的

13．关于 Word 中权限的设定，主要有（　　）。

    A．设置"打开权限密码"权限   B．设置"修改权限密码"权限

    C．设置 Word 软件的使用权限   D．设置 Word 软件的用户权限

14．页码的对齐方式有（　　）。

    A．左侧   B．居中   C．右侧   D．靠上

15．在 Word 2010 中，改变插入点的位置，可以使用（　　）。

    A．←、→、↑、↓键   B．单击

    C．F4 键   D．Enter 键

16．在 Word 中，插入"分页符"的方法有（　　）。

    A．单击"插入"选项卡→"页"分组→"分页"按钮

    B．单击"页面布局"选项卡→"页面设置"分组→"分隔符"下拉按钮→"分页符"命令

    C．按 Shift+Enter 组合键

    D．按 Ctrl+Enter 组合键

17．在 Word 2010 中，用户可以使用一些中文特殊版式，主要有（　　）。

    A．字体颜色   B．带圈字符   C．拼音指南   D．字号

18．在 Word 2010 中，可以使插入点定位到行首处的操作是（　　）。

    A．按 Home 键   B．在行首处单击

    C．按 PageUp 键   D．按←键

19．在 Word 2010 中，段落缩进方式有（　　）。

    A．首行缩进   B．悬挂缩进   C．左缩进   D．右缩进

20．在 Word 表格中，单元格文本的水平对齐方式有（　　）。

    A．两端对齐　　　　　　B．居中对齐　　　　　　C．左对齐　　　　　　D．右对齐

四、填空题

1．在 Word 文档中创建表格，应使用_____选项卡。

2．在 Word 中，利用自定义快速访问工具栏上的_____按钮可取消对文档所做的修改。

3．在 Word 中，段落的缩进有_____、_____、_____和_____4 种缩进。

4．在 Word 中，使用_____对话框可对纸张的页边距、大小进行设置。

5．通过双击 Word 2010 的_____可以最大化窗口。

6．如果想在文档中加入页眉、页脚，则应当使用_____中的"页眉""页脚"命令。

7．第一次启动 Word 后，系统自动建立的空白文档名为_____。

8．选定内容后，单击"剪切"按钮，则该内容被删除并送到_____上。

9．将文档分左、右两个版面的设置称为_____。

10．Word 表格由若干行、若干列组成，行和列交叉的区域称为_____。

五、简述题

1．简述 Word 2010 的启动及退出的方法。

2．简述 Word 2010 的窗口组成。

3．简述"保存"文档与"另存为"文档的异同。

4．如何设置文本的特殊效果？怎样设置段落格式？

5．文本缩进的方法有哪几种？段落对齐有几种方式？

6．单击"格式刷"按钮和双击"格式刷"按钮的作用分别是什么？怎样使用格式刷复制字符格式和段落格式？

7．如何为文档页面增加"艺术"边框？如何设置字符和段落的边框及底纹？

8．怎样添加彩色的"项目符号"？如何添加"多级列表"？

9．插入"分节符"的作用是什么？怎样强制分页？

10．当文档的最后部分不满一页时，怎样设置成等长的两栏？

11．如何设置表格的"标题行重复"？

12．怎样处理图文混排中的环绕问题？

13．怎样插入和修改艺术字？

14．简述插入、编辑 SmartArt 图形的过程。

15．文本框中的文字方向如何改变？如何插入公式？

16．样式及其特点是什么？怎样建立、应用、修改及删除样式？

17．简述"邮件合并"的过程。

18．为什么要进行页面设置？

19．如何插入页眉和页脚？

20．简述"Word 选项"对话框中各选项的主要功能。

第4章

电子表格处理软件 Excel 2010

Excel 是 Microsoft Office 的主要组件之一，是 Windows 环境下的电子表格处理软件，主要用于对电子表格及其数据的处理。它提供了强大的表格制作、数据处理、数据分析、图表创建、图形图表处理等功能，广泛应用于金融、财务、统计、审计等领域，是一款功能强大、易于操作、深受广大用户喜爱的电子表格制作与数据处理软件。

本章主要内容

- Excel 2010 基础知识
- 数据输入
- 单元格的基本操作
- 格式设置
- 工作表的基本操作
- 数据管理
- 制作图表
- 创建数据透视表和数据透视图
- 工作表的设置与打印

4.1 Excel 2010 基础知识

Excel 2010 是 Office 2010 系列办公软件中的一个组件。确切地讲，它是一个电子表格处理软件，可以用来制作电子表格，完成许多复杂的数据运算，进行数据分析和预测，并且具有强大的图表制作功能。财务部门可以利用它来分析形形色色的数据，以获得各种形式的图形报表；管理部门可以利用它来处理繁重的数据，并完成各种项目的投资决策。

4.1.1 Excel 2010 的主要功能

Excel 2010 是一个电子表格处理软件,它集数据表格、图表和数据库三大基本功能于一身,具有直观方便的制表功能、强大而又精巧的数据图表功能、丰富多样的图形功能和简单易用的数据库功能。所有数据的输入、处理、存储、提取、报表建立和图形分析,均可以围绕电子表格进行。它还是一个面向管理者、面向应用进行数据分析和模型计算的工具,使一般用户避开复杂的数学推导和求解计算过程,以直观、易用的方式处理表格,是进行数据分析和统计计算的良好工作平台。

Excel 2010 作为 Excel 系列软件之一,沿袭了前期版本的优良特性,并且增加了一些新功能,可以满足人们日常工作的需要,如教育、科研、财务、经济等。只要用户具备一定的理论基础,就完全可以应用 Excel 2010 强大的图表功能和数据分析功能,完成烦琐复杂的工作。此外,Excel 2010 改进了功能区、墨迹支持、数据可视化、条件格式设置等功能,增强了筛选功能,新增了先进的规划求解和线性报表、照片编辑功能与艺术效果、Excel Web 应用程序、Microsoft Excel Mobile 2010 等功能,使很多本来复杂的操作变得异常简单。在 Microsoft Excel 2010 中,用户可以通过更多的方式来分析数据、以可视化方式呈现数据及共享数据,以做出更明智的业务决策。

4.1.2 Excel 2010 的启动与退出

1. 启动

启动 Excel 2010 有多种方法。例如:

● 选择"开始"→"所有程序"→Microsoft Office→Microsoft Excel 2010 选项,即可启动 Excel 2010。

● 双击桌面上的 Excel 2010 快捷方式图标也可以启动 Excel 2010。

● 从"计算机"窗口或资源管理器启动 Excel 2010。

2. 退出

退出 Excel 2010 也有多种方法。例如:

● 单击"文件"选项卡→"退出"命令。

● 单击 Excel 2010 标题栏右边的"关闭"按钮 ▉▉▉。

● 按 Alt+F4 组合键。

● 双击 Excel 2010 标题栏左侧的程序图标。

● 单击任务栏上的 Excel 图标,关闭想要关闭的文档。

在退出 Excel 2010 时,若文件未保存过或在原来保存的基础上做了修改,Excel 2010 将提示用户是否保存编辑或修改的内容,用户可以根据需要单击"保存"、"不保存"或"取消"按钮。

4.1.3 Excel 2010 的界面组成

和以往的版本相比,Excel 2010 采用了全新的工作界面。Excel 2010 的工作界面主要由工作区、"文件"选项卡、标题栏、快速访问工具栏、功能选项卡和功能区、编辑栏和状态栏等部分组成，如图 4-1 所示。

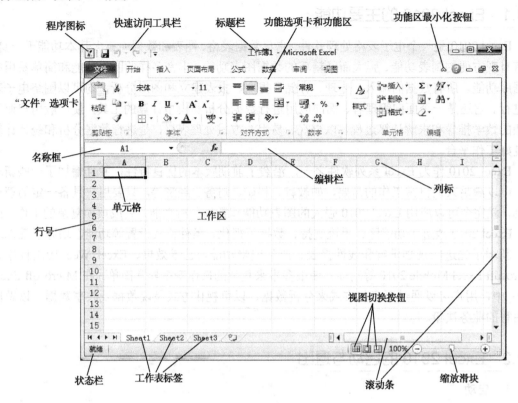

图 4-1　Excel 的工作界面

1. 工作区

工作区占据着 Excel 2010 工作界面的大部分区域，在工作区中，用户可以输入不同类型的数据。

在 Excel 工作区中，一行和一列的交叉部分称为单元格。Excel 的单元格是通过位置来标识的，即由该单元格所在的列号和行号组成，称为单元格名。值得注意的是，单元格名的列号在前、行号在后。例如，单元格 F4 表示 F 列第 4 行的单元格。表格中还有一个由粗边框线包围（见图 4-1 中的 A1）的单元格，称为当前单元格。其对应的列标和行号会在编辑栏的名称框中突出显示。如果想使某单元格成为当前单元格，则只需单击它即可。默认情况下，Excel单元格的默认宽度为 8 个字符，最多可以容纳 32767 个字符，单元格可以用于输入和编辑不同类型的数据。

2. "文件"选项卡

Excel 2010 中的一项新设计是用"文件"选项卡取代了 Excel 2007 中的"Office 按钮"或Excel 2003 中的"文件"菜单。单击"文件"选项卡后，会显示一些基本的菜单命令，包括"保存"、"另存为"、"打开"、"关闭"、"打印"、"帮助"和"选项"等，如图 4-2 所示。

3. 标题栏

默认状态下，标题栏左侧显示的是快速访问工具栏，标题栏中间显示的是当前编辑表格的文件名称。启动 Excel 时，默认的文件名为"Sheet 1"，如图 4-1 所示。

图 4-2　"文件"选项卡

4. 快速访问工具栏

快速访问工具栏位于标题栏的左侧。为了使用方便，Excel 把一些命令按钮单独列在快速访问工具栏中。默认的快速访问工具栏包含"保存"、"撤销"和"恢复"等命令按钮。

单击快速访问工具栏右边的三角形按钮，在弹出的菜单中可自定义快速访问工具栏中的命令按钮，如图 4-3 所示。

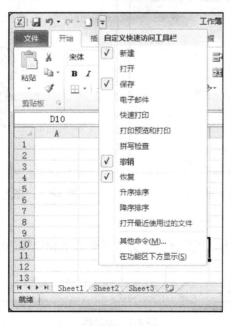

图 4-3　自定义快速访问工具栏中的命令按钮

5. 功能选项卡和功能区

Excel 2010 的功能区和 Excel 2007 中的一样，由各种选项卡和包含在选项卡中的各种命令按钮组成。功能选项卡和功能区基本包含了 Excel 2010 中各种操作用到的命令。利用它可以轻松地查找以前隐藏在复杂菜单或工具栏中的命令和选项，给用户提供了很大的方便。

默认选择的选项卡为"开始"选项卡。使用时，可以通过单击来选择需要的选项卡。每个选项卡包括多个选项组，例如，"插入"选项卡包括"表格"、"插图"、"图表"和"迷你图"等选项组，每个选项组中又包含若干个相关的命令按钮，如图 4-4 所示。

图 4-4　"插入"选项卡

有些选项组的右下角有一个功能扩展按钮，单击此按钮，可以打开相关的对话框。例如，单击"图表"选项组中的功能扩展按钮，会打开"插入图表"对话框，如图 4-5 所示。

有些选项卡只在需要使用时才显示出来。例如，在表格中插入图片并选择图片后，就会出现"图片工具：格式"选项卡，"图片工具：格式"选项卡包括"调整"、"图片样式"、"排列"和"大小" 4 个选项组，这些选项组为插入图片后的操作提供了更多命令，如图 4-6 所示。

图 4-5　"插入图表"对话框

图 4-6　"图片工具：格式"选项卡

6. 编辑栏

编辑栏位于功能区的下方、工作区的上方，用于显示和编辑当前活动单元格的名称、数据或公式，如图 4-7 所示。

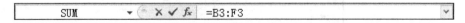

图 4-7　编辑栏

编辑栏左侧的名称框用于显示当前单元格的地址和名称。当选择某个单元格时，名称框中将显示对应单元格的地址名称；当选择某个单元格区域时，名称框中将显示这个单元格区域左上角对应的地址名称；在名称框中输入地址名称时，也可以快速定位到目标单元格。例如，在名称框中输入"E6"，按 Enter 键即可将活动单元格定位到 E 列第 6 行，如图 4-8 所示。

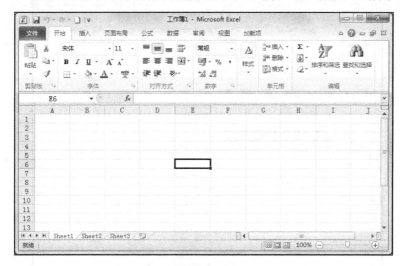

图 4-8 快速定位到 E6 单元格

编辑栏右侧的文本框主要用于向活动单元格输入、修改数据或公式。向单元格输入数据或公式时，名称框后面会出现 3 个按钮：![X]、![✓]和![fx]。单击![X]按钮，可取消对该单元格的编辑；单击![✓]按钮，可以确定输入或修改该单元格的内容，同时退出编辑状态；单击![fx]按钮，可以快速打开"插入函数"对话框。

7. 状态栏

状态栏用于显示当前数据的编辑状态、选择数据统计区、设置页面显示方式及调整页面显示比例等。进行不同操作时，状态栏上显示的信息也会不同。

Excel 2010 状态栏中显示的 3 种状态说明如下。

（1）对单元格进行选定操作时，状态栏中会显示"就绪"字样。

（2）向空白单元格输入数据时，状态栏中会显示"输入"字样。

（3）对单元格中已有数据进行修改、编辑时，状态栏中会显示"编辑"字样。

通过数据统计区，用户可以快速地了解选择数据的基本信息，默认显示选择数据的"平均值"、"计数"和"求和"，如图 4-9 所示。

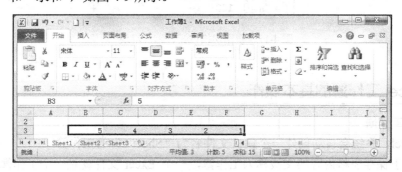

图 4-9 数据统计区

除了以上基本信息外，用户还可以在状态栏添加其他数据信息。在状态栏上右击，在弹出的"自定义状态栏"快捷菜单中单击需要的信息名称即可将其显示在数据统计区。例如，如

图 4-10 所示，选中"平均值"、"最小值"和"最大值"这 3 个菜单命令。

图 4-10　自定义状态栏

数据统计区的右侧有 3 个视图切换按钮，以黄色为底色的按钮表示当前正在使用的视图方式。如图 4-11 所示，表示当前使用的视图方式为普通视图。Excel 2010 默认的视图方式为普通视图。

如图 4-11 所示，状态栏最右侧显示了工作表的缩放滑块。可以通过单击"100%"按钮，在弹出的"显示比例"对话框中设置文档显示比例；也可以直接拖动右侧的缩放滑块来改变文档显示比例（向左拖动缩放滑块，可缩小文档显示比例；向右拖动缩放滑块，可放大文档显示比例）。

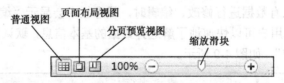

图 4-11　视图切换按钮、缩放滑块

4.1.4　Excel 工作簿的基本操作

1. 新建工作簿

启动 Excel，系统会自动创建一个默认文件名为"Sheet 1"的工作簿。

Excel 用于保存表格内容的文被称为工作簿，一个 Excel 文件就是一个工作簿，其默认的名称为"工作簿 X"（X 为 1，2，3，…，n），工作簿的扩展名为 xlsx。每一个工作簿可包含若干个工作表，默认情况下包含 3 个工作表，最多可以包含 255 个工作表。工作簿窗口位于 Excel 工作界面的中央区域，如图 4-1 所示，主要由工作表、工作表标签、滚动条和滚动按钮等组成。

位于工作簿中央的工作表区域由行号、列标和网格线构成，工作表的默认名称是 Sheet X（X 为 1，2，3，…，n）。工作区左侧的灰色编号区为各行行号，上方的灰色字母区为各列列标，每个工作表最多有 2^{14} 即 16384（A～XFD 编号）列和 2^{20} 即 1048576（1～1048576）行。最大行数的查看方法为按 Ctrl+↓ 组合键，最大列数的查看方法为按 Ctrl+→ 组合键。

在任何时候，如果用户需要创建的新工作簿不是普通工作簿而是一些特殊工作簿，如日历、业务表、发票、图形、图表、预算、表单、资产、销售等，则可使用 Excel 提供的模板来创建。用 Excel 建立新的空白工作簿，有以下几种方法。

● 单击"文件"选项卡→"新建"命令，选择"空白工作簿"选项，单击"创建"按钮。

● 按 Ctrl+N 组合键。

● 单击快速访问工具栏中的"新建"按钮 。

2. 打开工作簿

要打开已经存在的工作簿，有以下几种方法。

● 单击"文件"选项卡→"打开"命令。

● 按 Ctrl+O 组合键。

● 单击快速访问工具栏中的"打开"按钮 。

使用上述任何一种方法都将弹出"打开"对话框，如图 4-12 所示。在此对话框中，用户可以从文件列表中选择需要的文件，或者在"文件名"文本框中输入所需文件名，然后单击"打开"按钮打开文件。

3. 保存工作簿

当完成对一个工作簿文件的建立和编辑，或者由于数据量较大需要以后再继续处理时，就需要将文件保存起来，保存工作簿有以下几种方法。

● 在工作时可以随时单击快速访问工具栏中的"保存"按钮 。

● 单击"文件"选项卡→"保存"命令。

● 单击"文件"选项卡→"另存为"命令。

● 按 F12 功能键或按 Ctrl+S 组合键。

如果要保存的工作簿是新建的，则 Excel 会弹出"另存为"对话框，如图 4-13 所示。在此对话框中，用户可以为该文件命名，并选择要存入的文件夹；如果要保存的工作簿已经在磁盘上，则 Excel 不会弹出任何对话框，此工作簿将直接保存到原来的工作簿所在的文件夹，并覆盖掉原来的工作簿。

图 4-12 "打开"对话框

图 4-13 "另存为"对话框

保存完毕后，就可以退出整个 Excel 应用程序了。

4. 保护工作簿

保护工作簿可以保护 Excel 工作簿的结构和窗口，如图 4-14 所示。具体步骤如下：选定要保护的工作簿，单击"审阅"选项卡→"更改"分组→"保护工作簿"按钮直接进行设置。

图 4-14　"保护结构和窗口"对话框

5. 共享工作簿

共享工作簿，顾名思义，就是多人可以同时操作该工作簿，具体地说，就是将共享工作簿放在一个设置了网络共享的文件夹中，用户可以在网内其他多台计算机上访问该文件夹中的共享工作簿，并可以同时进行编辑。共享工作簿的步骤如下。

（1）选定要共享的工作簿，单击"审阅"选项卡→"更改"分组→"共享工作簿"按钮。

（2）单击"共享工作簿"按钮后，打开图 4-15 所示的"共享工作簿"对话框，选中"允许多用户同时编辑，同时允许工作簿合并"复选框。

（3）选择"高级"选项卡，可以设置允许保存修订记录的天数及如何更新等。

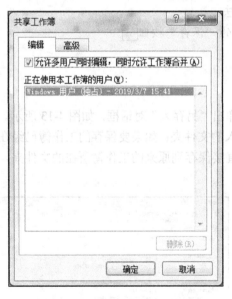

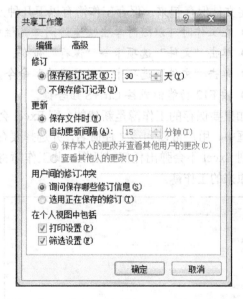

图 4-15　"共享工作簿"对话框　　　　图 4-16　"共享"对话框——"高级"选项卡

（4）设置完成后，单击"确定"按钮，打开"另存为"对话框，将 Excel 2010 文档保存起来。此时我们就能看到工作簿顶部的名称处显示共享，如图 4-17 所示。

（5）单击"审阅"选项卡→"更改"分组→"修订"下拉按钮→"突出显示修订"命令，打开图 4-18 所示的"突出显示修订"对话框。

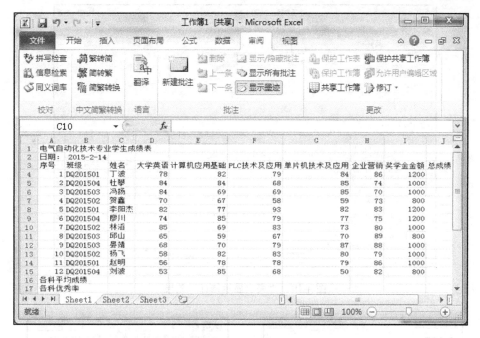

图 4-17　共享工作簿

图 4-18　"突出显示修订"对话框

（6）选中"在屏幕上突出显示修订"复选框，单击"确定"按钮。以后只要有修改到的地方就会出现标记，如图 4-19 所示。

6．保护并共享工作簿

在使用 Excel 2010 的过程中，对于某些工作簿，管理人员允许别人查阅但是不希望其他人对其进行改动或添加数据，这就需要将该工作簿保护并共享起来。步骤如下。

（1）选定要保护并共享的工作簿，单击"审阅"选项卡→"更改"分组→"保护共享工作簿"按钮。

（2）在打开的"保护共享工作簿"对话框中选中"以跟踪修订方式共享"复选框，并在"密码（可选）"文本框中输入密码，单击"确定"按钮，如图 4-20 所示。

（3）Excel 会弹出图 4-21 所示的"确认密码"对话框，在"重新输入密码"文本框中输入之前的密码，单击"确定"按钮，随后弹出提示框，提示用户"此操作将导致保存文档。是否继续？"的信息，单击"确定"按钮。

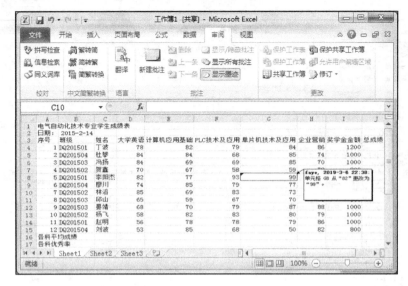

图 4-19　"突出显示修订"效果

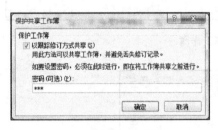

图 4-20　"保护共享工作簿"对话框

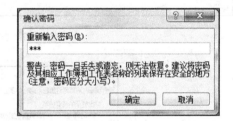

图 4-21　"确认密码"对话框

（4）返回工作表，如图 4-22 所示，可以看到在标题后面显示了"共享"字样，且"保护共享工作簿"按钮变为"撤销对共享工作簿的保护"按钮。需要注意的是，保护共享工作簿中设置的密码必须在工作簿共享之前进行设置，如果先将工作簿共享，则无法采用加密方式保护共享工作簿。

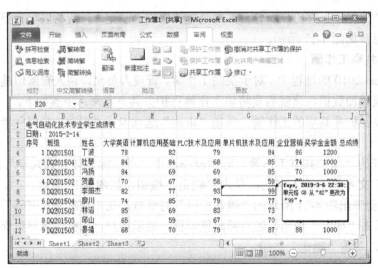

图 4-22　保护共享工作簿

经过以上操作，Excel 工作簿共享时的保护功能即设置完成。

当我们再次打开该文件，或者其他审阅者需要修改该文件内容时，就必须输入密码才能对其进行编辑。

7. 隐藏工作簿

在 Excel 工作簿的操作中，我们还可以隐藏工作簿的工作簿窗口，使之从工作区中消失。隐藏的工作簿窗口中的数据是不可见的，但是仍然可以在其他工作表和工作簿中引用这些数据，可以根据需要显示隐藏的工作簿窗口。

隐藏工作簿的操作如下：选定要隐藏的工作簿，单击"视图"选项卡→"窗口"分组→"隐藏"按钮直接进行设置，设置后当前工作簿立即被隐藏消失了。要取消隐藏的操作，单击"视图"选项卡→"窗口"分组→"取消隐藏"按钮，此时会出现"取消隐藏工作簿"选项卡，在选项卡中双击要显示的工作簿窗口即可。

需要注意的是，隐藏工作簿后，当退出 Excel 时，系统会询问用户是否要保存对隐藏的工作簿窗口所做的更改。如果用户希望下次打开该工作簿时隐藏工作簿窗口，则单击"是"按钮。

4.2　数据输入

在单元格中输入数据时，有时输入的数据和单元格显示的数据不一样，或者显示的数据格式与所需要的不一样，这是因为 Excel 单元格数据有不同的类型。要正确地输入数据必须先对单元格数据类型有一定的了解。如图 4-23 所示，A 列为常规格式，B 列为数值格式，C 列为文本格式。

选择需要设置格式的单元格，单击"开始"选项卡→"数字"分组→功能扩展按钮，打开"设置单元格格式"对话框，选择"数字"选项卡，在"分类"列表框中选择所需格式类型，单击"确定"按钮，如图 4-24 所示。

图 4-23　不同数据类型的显示　　　　图 4-24　"设置单元格格式"对话框

Excel 单元格中的文本包括任何中西文文字或字母，以及数字、空格和非数字字符的组合，默认情况下，Excel 单元格的默认宽度为 8 个字符，最多可以容纳 32767 个字符。在单元格中输入的数据按常见的类型可分为常规、数值、货币、会计专用、日期、时间、百分比、分数、科学计数、文本、特殊及自定义等格式。

4.2.1 常见的数据格式

1. 常规格式

常规格式是不包含特定格式的数据格式，是 Excel 默认的数据格式。按 Ctrl+Shift+~组合键，可以快速应用常规格式。在默认情况下，数值型数据在单元格中靠右对齐，文本型数据在单元格中靠左对齐，如图 4-25 所示。此外，在单元格中输入负数的方法有两种：一是直接输入负号和数，如输入"-7"；二是输入括号和数，如输入"(7)"，也表示输入了"-7"这个数。

2. 数值格式

数值格式主要用于设置小数点的位数。用数值表示金额时，可以使用千位分隔符。在默认情况下，数值格式的数据在单元格中靠右对齐，如图 4-26 所示。

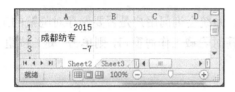

图 4-25 常规格式 　　　　　　　　　　　　图 4-26 数值格式

3. 货币格式

货币格式主要用于设置货币的形式，包括货币类型和小数位数。按 Ctrl+Shift+$组合键，可以快速应用带两位小数位的货币格式。货币格式的设置有两种方式，一种是先设置后输入，另一种是先输入后设置。在默认情况下，货币格式的数据在单元格中靠右对齐，如图 4-27 所示。

4. 会计专用格式

会计专用格式是为会计设计的一种数据格式，用货币符号标示数字，货币符号包括人民币符号和美元符号等。与货币格式不同的是，会计专用格式可以使一列数值中的货币符号和小数点对齐。在默认情况下，会计专用格式的数据在单元格中靠右对齐，如图 4-28 所示。

图 4-27 货币格式 　　　　　　　　　　　　图 4-28 会计专用格式

5. 时间和日期格式

在 Excel 中，日期和时间均按数字处理，在计算中还可以当作值来使用。在默认情况下，日期和时间格式的数据在单元格中靠右对齐。用连字符"-"或"/"分隔日期的年、月、日部分。例如，可以输入"2019-2-14"或"14-Feb-19"，也可以输入"2019/2/14"或"14/Feb/19"。如果要输入当前的系统日期，则按 Ctrl+；组合键。

如果按 12 小时制输入时间，则需要在时间数字后空一格，再输入字母 AM（上午）或 PM（下午），如 5:20PM。如果只输入时间数字，Excel 将按 AM（上午）处理。如果要输入当前的时间，则按 Ctrl+Shift+; 组合键，如图 4-29 所示。

6. 百分比格式

使单元格中的数据显示为百分比格式的方法有两种，即先设置后输入和先输入后设置。两种方法最终显示的格式是不一样的，效果如图 4-30 所示。按 Ctrl+Shift+%组合键，可以快速应用不带小数位的百分比格式。在默认情况下，百分比格式的数据在单元格中靠右对齐。

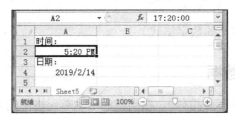

图 4-29　时间及日期格式

图 4-30　百分比格式

7. 分数格式

在 Excel 中，分数符号是"/"。如果输入的数据是分数，如 1/3，则应先输入"0"和一个空格，然后输入"1/3"，否则 Excel 会把该数据当作日期格式处理，存储为"1 月 3 日"。注意，如果输入的数据是假分数，如 9/2，则按 Enter 键后其会自动转成 4 1/2 显示，如图 4-31 所示。在默认情况下，分数格式的数据在单元格中靠右对齐。

如果不需要对分数进行运算，则可以在单元格中输入分数之前，通过选择"设置单元格格式"对话框的"分类"列表框中的"文本"选项，将单元格设置为文本格式。这样，输入的分数就不会转换为小数。

8. 科学计数格式

科学计数格式是以科学计数法的形式显示数据的，适用于输入较大的数值。在 Excel 默认情况下，如果输入的数值较大，则其将自动被转化成科学计数格式，如图 4-32 所示。在默认情况下，科学计数格式的数据在单元格中靠右对齐。

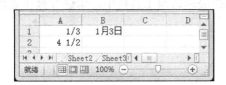

图 4-31　分数格式

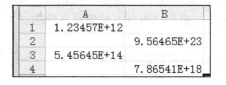

图 4-32　科学计数格式

按 Ctrl+Shift+^组合键，可以快速应用带两位小数的科学计数格式。

当单元格的宽度不足以显示输入的数值型数据时，单元格的内容会显示为"######"，调整单元格的宽度可以解决此问题。

9. 文本格式

绝大部分工作表包含文本项，它们通常用于命名行或列。文本包含汉字、英文字母、数字、空格及其他合法的键盘能输入的符号，文本通常不参与计算。在默认情况下，文本格式的数据在单元格中靠左对齐。

输入文本格式的数据时，用户应先选中活动单元格，再选定输入法输入文本即可。如果文本数据全部由数字组成，如电话号码、邮编、学号等，则输入时应在数据前先输入西文输入状态下的单引号"'"（如"'611731"），Excel 会将其作为文本形式的数字，并使其沿单元格左边对齐。若输入由"0"开头的学号，则直接输入时，Excel 会将其视为数值型数据而省略掉"0"，并使其沿单元格右对齐。只有加上西文单引号才能将数据作为文本型数据左对齐并保留"0"。

10. 特殊格式

特殊格式用于跟踪数据列表及数据库的值，主要用于在列表中显示邮政编码、中文小写数字和中文大写数字。

11. 自定义格式

自定义格式用于以现有格式为基础，生成自定义的数字格式。

4.2.2 同时在多个单元格中输入相同的数据

选定需要输入相同数据的所有单元格（单元格不必相邻），在当前的活动单元格中输入数据，然后按 Ctrl+Enter 组合键。

4.2.3 撤销与恢复输入内容

利用 Excel 2010 提供的撤销与恢复功能可以快速地撤销误操作，使工作效率有所提高。

1. 撤销

在进行输入、删除和更改等单元格操作时，Excel 2010 会自动记录下最新的操作和刚执行过的命令。当不小心错误地编辑了表格中的数据时，可以利用"撤销"按钮 撤销上一步的操作。

Excel 中的多级撤销功能可用于撤销最近的多次编辑操作，但有些操作，如存盘设置选项或删除文件是不可撤销的。因此，在执行文件的删除操作时要小心，以免误删。

2. 恢复

"撤销"和"恢复"可以看成一对可逆的操作，在经过撤销操作后，"撤销"按钮右边的"恢复"按钮 将被置亮，表明"恢复"按钮可操作。

在默认情况下，"撤销"按钮和"恢复"按钮均在快速访问工具栏中。未进行操作之前，"撤销"按钮和"恢复"按钮是灰色的、不可用的。

4.2.4 公式的输入

Excel 通过引进公式，增强了对数据的分析、运算能力。在单元格中输入公式后，单元格将把公式计算后的结果显示出来，输入的公式在编辑栏中显示。输入公式时一定要先在单元格中输入一个等号"="或加号"+"，再输入公式内容。

在一个公式中，参与运算的数据可以是各种运算符、常量、函数，以及单元格引用、区域引用等。

1. 公式中的运算符

运算符用于对公式中的元素进行特定类型的运算，分为算术运算符、关系运算符、文本运算符和引用运算符4类。

（1）算术运算符。算术运算符用于基本的数学运算，如表 4-1 所示。

（2）关系运算符。关系运算符可以比较两个数值并产生逻辑值，故只有两种结果，即 TRUE 和 FALSE，如表 4-2 所示（各示例在输入时均需以一个等号"="开头）。

表 4-1 算术运算符

算术运算符	含　义	示　例
+	加	3+8
−	减	5−1
*	乘	3*6
/	除	7/3
%	百分号	99%
^	乘幂	2^8

表 4-2 关系运算符

关系运算符	含　义	示　例
=	等于	C3=C4
<	小于	C3<C4
>	大于	C3>C4
<>	不等于	C3<>C4
<=	小于等于	C3<=C4
>=	大于等于	C3>=C4

（3）文本运算符。文本运算符只有一个，即"&"，其作用是将文本连接起来。

（4）引用运算符。引用运算符用于对若干个单元格区域进行合并、联合或交叉选择。它包括冒号、逗号和空格，如表 4-3 所示。

表 4-3 引用运算符

引用运算符	含　义	示　例
：（冒号）	区域运算符，对两个引用之间，包括两个引用在内的所有单元格进行引用	A1:E5
，（逗号）	联合运算符，将多个引用合并为一个引用	SUM(A2:B4,D2:D5)
空格	交叉运算符，对两个引用共有的单元格或单元格区域进行引用	SUM(A1:B4 B3:C5) 实际引用的是 B3:B4

2．公式中的运算顺序

与数学运算一样，算术运算符的优先级是先乘幂，再乘、除，最后加、减，且从左到右依次运算。有括号时，先进行括号内的运算。

如果公式中有其他运算符，则其顺序是引用运算→算术运算→文本运算→关系运算。

3．公式的输入

用户可以在单元格的编辑栏中输入公式，也可直接在单元格内输入公式，效果等同。其步骤如下：单击要输入公式的单元格，再单击编辑栏或单元格；在编辑栏或单元格内输入等号及公式；按 Enter 键或单击编辑栏中的"输入"按钮☑。

4.2.5 单元格引用

1．引用单元格

引用单元格就是引用单元格地址，引用的作用在于标识工作表中的单元格或单元格区域，并指明公式中所使用的数据的位置。通过引用，可以在公式中使用工作表不同部分的数据，或者在多个公式中使用同一个单元格的数值；还可以引用同一个工作簿中不同工作表中的单元格和其他工作簿中的数据。引用不同工作簿中的单元格称为链接。

（1）在工作表中输入图 4-33 所示的较为特殊的数据，其中 C3 单元格为文本数据 5。

（2）单击要输入求和公式的单元格 E5。

（3）从键盘输入公式"=A1+B2+C3+D4"（该公式同时显示在编辑栏中），如图 4-33 所示，公式的组成引用了单元格地址。

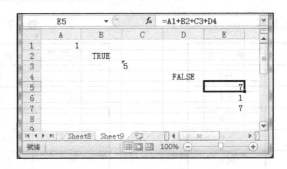

图 4-33　公式中引用单元格

（4）按 Enter 键确认输入完成，E5 单元格显示计算结果。

另外，还可以使用鼠标选择需要引用的单元格，完成公式的输入。

2. 单元格引用形式

单元格引用实际上就是将单元格地址当作变量来使用。单元格引用有 3 种形式：相对引用、绝对引用和混合引用。

1）相对引用

相对引用是指单元格的引用会随公式所在单元格位置的变更而改变。复制公式时，Excel 系统不会改变公式原有的格式，但是会根据新的单元格地址的改变来推算出公式中的数据变化。在默认情况下，公式使用的都是相对引用。相对引用的表示形式如 A1。例如，单元格 B2 中的公式为"=A1"，如果将单元格 B2 中的相对引用复制到单元格 B3，则单元格 B3 中的数据将自动从"=A1"调整到"=A2"。

2）绝对引用

绝对引用比相对引用更好理解，它是指在复制公式时，无论如何改变公式的位置，其引用单元格的地址都不会改变。绝对引用的表示形式是在普通地址的前面加"$"，如 F4 单元格的绝对引用形式是"$F$4"。例如，单元格 B2 中的公式为"=$A$1"，如果将单元格 B2 中的绝对引用复制到单元格 B3，则两个单元格中的数据一样，都是"=$A$1"。

3）混合引用

混合引用是具有绝对列和相对行，或者绝对行和相对列的格式。绝对引用采用 $A1、B$1 等形式。如果公式所在单元格的位置改变，则相对引用改变，而绝对引用不变。如果多行或多列地复制公式，则相对引用会自动调整，而绝对引用不做调整。例如，单元格 B2 中的公式为"=$A1"，如果将单元格 B2 中的混合引用复制到单元格 D4，则单元格 D4 中的数据将自动从"=$A1"调整到"=$A3"。

4.2.6　常用函数

Excel 2010 提供了大量的内置函数。函数是一些预定义的公式，通过使用一些称为参数的特定数值来按特定的顺序或结构执行计算。每个函数描述都包括一个语法行，它是一种特殊的公式，所有的函数必须以等号"="开始，它是预定义的内置公式，必须按语法的特定顺序进行计算。

1. 函数的组成

在 Excel 2010 中，一个完整的函数式通常由 3 部分构成，其格式为

$$标识符　函数名（函数参数）$$

1）标识符

在单元格中输入计算函数时，必须先输入一个"="，这个"="称为函数的标识符。如果不输入"="，则 Excel 通常将输入的函数式作为文本处理，不返回运算结果。

2）函数名

函数标识符后面的英文是函数名。大多数函数名是对应英文单词的缩写。有些函数名称则是由多个英文单词（或缩写）组合而成的。例如，条件计数函数 COUNTIF 是由计数函数 COUNT 和条件函数 IF 组成的。

3）函数参数

函数参数主要有以下几种类型。

（1）常量。常量参数主要包括数值（如 520）、文本（如"爱"）和日期（如 2019-2-14）等。

（2）逻辑值。逻辑数据的值只有两个，即真或者假，所以逻辑值参数包括逻辑真（TRUE）、逻辑假（FALSE）及必要的逻辑判断表达式。

（3）单元格引用。单元格引用参数主要包括单个单元格的引用或单元格区域的引用等。其中，单元格区域既包括连续的区域，也包括不连续的区域。

（4）名称。如果函数引用的数据均在同一个工作表中，则函数参数中可以省略工作表名称，但如果函数引用的单元格数据来自于一个工作簿中不同的工作表，则在函数参数中必须加上工作表名称。

（5）其他函数式。用户可以用一个函数式的返回结果作为另一个函数式的参数。这种形式的函数式通常称为"函数嵌套"。

（6）数组参数。数组参数可以是一组常量（如 2、4、6），也可以是单元格区域的引用。

以上这几种参数大多是可以混合使用的，因此许多函数都有不止一个参数，这时需要用英文状态下的逗号将各个参数隔开。

2．函数的分类

在 Excel 中，函数按其功能可分为财务函数、日期与时间函数、数学与三角函数、统计函数、查找与引用函数、数据库函数、文本函数、逻辑函数、信息函数、工程函数、多维数据集及兼容性函数。Excel 内置了 12 大类近 400 种函数，用户可以直接调用。

3．主要的常用函数

在 Excel 中，主要的常用函数如表 4-4 所示。

表 4-4　主要的常用函数

函　　数	格　　式	说　　明
SUM	=SUM(n1,n2,…)	计算单元格区域中所有数字的和
AVERAGE	=AVERAGE(n1,n2,…)	返回其参数的算术平均值
COUNT	=COUNT(value1,value2,…)	计算包含数字的单元格及参数列表中的数字的个数
MAX	=MAX(n1,n2,…)	返回一组数值中的最大值，忽略逻辑值及文本字符
MIN	=MIN(n1,n2,…)	返回一组数值中的最小值，忽略逻辑值及文本字符
ROUND	=ROUND(Number,Num_digits)	按指定的位数对数值进行四舍五入
RANK.EQ	=RANK.EQ(Number,Ref,Order)	返回某数字在一列数字中相对于其他数值的大小排位；如果多个数值排名相同，则返回该组数值的最佳排名

续表

函　　数	格　　式	说　　明
NOW	=NOW(　　)	返回日期时间格式的当前日期和时间
IF	=IF(Logical_test,Logical_if_true,Logical_if_false)	判断是否满足某个条件，如果满足则返回一个值，如果不满足则返回另一个值
SUMIF	=SUM(Range,Criteria,Sum_range)	对满足条件的单元格求和

4. 在公式中使用函数

在 Excel 中，函数可以直接输入，也可以使用"插入函数"按钮输入。

1）直接输入

当用户对函数非常熟悉时，可采用直接输入函数的方法，首先单击要输入的单元格，然后依次输入标识符、函数名、具体参数（要带左右括号），并按 Enter 键或单击按钮✓确认即可。

例如，在图 4-33 所示的 E6 单元格中输入公式"=SUM(A1,B2,C3,D4)"，则 E6 单元格中的结果为 1，因为单元格中的文本数字、逻辑值将被忽略。但是如果在 E7 单元格中输入公式"=SUM(A1,TRUE, "5" ,FALSE)"，则 E7 单元格中的结果为 7，因为文本数字、逻辑值作为函数的参数时，将转换为相应的值参加运算，其中逻辑值 TRUE 转换成 1，FALSE 转换为 0。

2）使用"插入函数"按钮输入

当用户对要使用的函数不是特别熟悉时，可通过"插入函数"按钮来完成函数的输入。具体操作步骤如下。

（1）在图 4-33 所示的环境下，单击想要输入公式的单元格 E6。

（2）单击"公式"选项卡→"函数库"分组→"插入函数"按钮，打开图 4-34 所示的"插入函数"对话框。

（3）选定所需函数后单击"确定"按钮，会打开"函数参数"对话框，如图 4-35 所示。

图 4-34　"插入函数"对话框

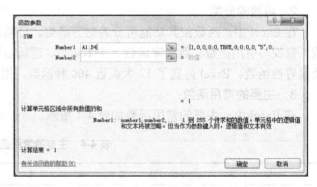

图 4-35　"函数参数"对话框

（4）若要将单元格引用作为参数输入，可以单击 按钮以暂时隐藏该对话框。在工作表中选择单元格，然后单击展开按钮 。

（5）完成参数输入后，单击"确定"按钮完成公式的输入，此时 E6 单元格出现相应的运算结果。

4.2.7 自动填充数据

Excel 2010 提供了快速输入数据的功能，利用它可以提高向 Excel 中输入数据的效率，并且可以降低输入错误率。当输入的数据具有一定规律时，可使用自动填充的方式。有规律的数据是指等差、等比、系统预定义序列及用户自定义的序列。自动填充功能可以根据初始值决定以后的填充项。

在选中某个单元格或某个单元格区域后，在其右下角有一个黑色小方块，称之为"填充柄"，如图 4-36 所示。拖动或双击填充柄可进行填充操作。向下或向右拖动填充柄，则增大；向上或向左拖动填充柄，则减小，该功能适用于填充相同数据或序列数据。填充完成后会出现 图标，单击 图标，在弹出的下拉列表中会显示填充方式，可以在其中选择合适的填充方式。

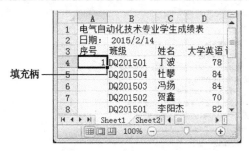

图 4-36 填充柄示意图

数据填充有以下几种，效果如图 4-37 所示。

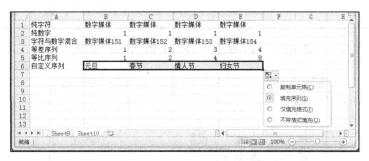

图 4-37 数据填充效果

（1）如果初始值为纯字符或纯数字，则选中初始值单元格，直接拖动填充柄覆盖所要填充的区域，即可填充相同的数据。

（2）当初始值为字符与数字的混合串时，如果向下或向右填充，则按字符不变、数字递增方式进行；如果向上或向左填充，则按字符不变、数字递减的方式进行。需要注意的是，在使用填充柄填充日期、时间、星期等时，必须在拖动填充柄的同时按住 Ctrl 键，才可得到相同的数据。

（3）等差、等比序列的填充。首先输入初始值，选中需要填充数据的所有单元格，然后单击"开始"选项卡→"编辑"分组→"填充"下拉按钮→"序列"命令，打开图 4-38 所示的"序列"对话框，根据需要选择填充的类型，输入步长值及终止值，

图 4-38 "序列"对话框

终止值可以默认。单击"确定"按钮即可完成填充。

（4）自定义序列填充。在 Excel 中还可以自定义填充序列，这样可以给用户带来很大的方便。自定义填充序列可以是一组数据，按重复的方式填充行和列。用户可以自定义一些序列，也可以直接使用 Excel 中已定义的序列。自定义序列填充的具体操作步骤如下。

① 在图 4-39 所示的"Excel 选项"对话框的"高级"选项卡中，单击"编辑自定义列表"按钮，会打开图 4-40 所示的"自定义序列"对话框。在"自定义序列"列表框中选择"新序列"选项，在"输入序列"列表框中增加自定义序列"元旦、春节、情人节、妇女节"（输入时每输入一项后按 Enter 键再输入下一项，如输入"元旦"后，按 Enter 键再输入"春节"）。所有项输入完后单击"添加"按钮，则可以在"自定义序列"列表框中看到新添加的序列，如图 4-40 所示。最后单击"确定"按钮退出对话框。

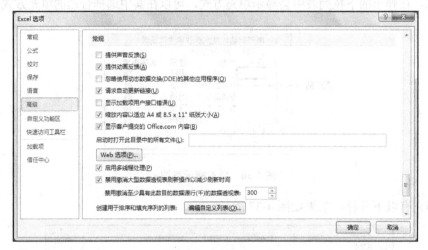

图 4-39　"Excel 选项"对话框的"高级"选项卡

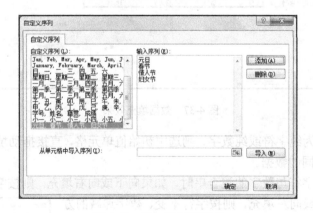

图 4-40　添加自定义序列

② 在工作表中填充自己定义的自定义序列或系统中已有的自定义序列。效果如图 4-37 所示。

4.2.8　数据有效性验证

Excel 提供了数据有效性验证的功能，它允许用户对单元格输入数据的类型、范围加以限制，并可以设置提示信息和错误信息。例如，将单元格区域（A1:C3）的有效性限制设置为22～66之间的整数，其步骤如下。

（1）选择要设置数据有效性的单元格区域（A1:C3）。

（2）单击"数据"选项卡→"数据工具"分组→"数据有效性"按钮，打开图 4-41 所示的"数据有效性"对话框，选择"设置"选项卡。

图 4-41 "数据有效性"对话框

（3）在"允许"下拉列表中选择"整数"选项；在"数据"下拉列表中选择"介于"选项；在"最小值"文本框中输入数据的下界值"22"；在"最大值"文本框中输入数据的上界值"66"；若单元格中不允许有空项，则选中"忽略空值"复选框。

（4）单击"确定"按钮完成设置。此时在单元格区域（A1:C3）中输入任何不符合有效性验证的数据，都会出现图 4-42 所示的提示信息。

图 4-42 有效性验证提示信息

4.3 单元格的基本操作

在输入数据后，往往需要对单元格的内容进行编辑。这些编辑操作主要包括修改、删除、复制、移动、插入等。

4.3.1 选定单元格

1. 选定单个单元格

通常使用鼠标单击选定的一个单元格称为当前活动单元格，用上、下、左、右方向键也可以选择当前单元格。可以用以下几种方法选定单个单元格。

● 单击要选中的单元格。

● 使用上、下、左、右方向键，Enter 键（向下），Shift+Enter 组合键（向上），Tab 键（向右）或者 Shift+Tab 组合键（向左）来选定单元格。

- 在编辑栏的名称框中直接输入某个单元格的列号和行号。
- 单击"开始"选项卡→"编辑"分组→"查找和选择"下拉按钮→"转到"命令，打开"定位"对话框，在"引用位置"文本框中输入要选取的单元格位置名，然后单击"确定"按钮即可。

要快速移动到当前单元格所在行的第一列（A 列），按 Home 键；要移动到当前工作表的 A1 单元格，按 Ctrl+Home 组合键。

2. 选定单元格区域

单元格区域分为连续的单元格区域和不连续的单元格区域。选定了单元格区域后，若在工作表中单击任意一个单元格，则选择将被撤销。

1）选定连续的单元格区域

可以用以下几种方法选定连续的单元格区域。

- 单击区域的第一个单元格，再拖动鼠标到最后一个单元格，则整个区域都被选中，且呈阴影状态。在选择区域中，第一个选中的单元格是活动单元格。
- 单击区域中的第一个单元格，在按住 Shift 键的同时单击区域中的最后一个单元格。
- 单击工作表的行号或列号，可选定整行或整列。
- 单击"开始"选项卡→"编辑"分组→"查找和选择"下拉按钮→"转到"命令，打开"定位"对话框，在"引用位置"文本框中输入需选定区域对角的两个单元格列号和行号。
- 单击工作表的行号与列号相交叉的左上角位置的"全选"按钮，可选定当前工作表中的所有单元格。

2）选定不连续的单元格区域

先选定第一个单元格或单元格区域，然后在按住 Ctrl 键的同时选取其他单元格或单元格区域。

4.3.2 命名单元格区域

Excel 可以对单元格区域命名以便于使用。单元格区域命名的方法是先选定需要命名的单元格区域，然后单击"公式"选项卡→"定义的名称"分组→"定义名称"按钮，打开"新建名称"对话框（见图 4-43），在"名称"文本框中输入对该区域自行定义的名称，该名称可以是字母或汉字，允许有数字，但是不能同普通的单元格地址相同。例如，单元格区域可以命名为 ABCD123，但不能命名为 ABC123，因为在工作表中有 ABC123 这个单元格存在。另外，一个区域可以有多个名称。

图 4-43 "新建名称"对话框

单元格区域命名后，可以通过在编辑栏的名称框中单击名称来快速选取单元格区域。通过使用区域的名称可以快速地使用该区域。例如，需要计算公式"=SUM(B3:E18)"，如果已将区域"B3:E18"命名为"范例"，则直接输入公式"=SUM(范例)"即可。

4.3.3　插入与删除单元格

1. 插入单元格

在编辑过程中可以进行插入单元格的操作。选定要插入单元格的单元格区域（工作表上的两个或多个单元格，区域中的单元格可以相邻或不相邻），选定的单元格数目应与要插入的单元格数目相等。单击"开始"选项卡→"单元格"分组→"插入"下拉按钮→"插入单元格"命令或在选定的区域上右击，在弹出的快捷菜单中选择"插入"命令，打开图4-44所示的"插入"对话框，在对话框中选择单元格插入方式，单击"确定"按钮即可。

2. 删除单元格

选定要删除的单元格，单击"开始"选项卡→"单元格"分组→"删除"下拉按钮→"删除单元格"命令或在选定的区域上右击，在弹出的快捷菜单中选择"删除"命令，打开图4-45所示的"删除"对话框，在对话框中选择单元格删除方式，单击"确定"按钮即可。

图4-44　"插入"对话框　　　　　图4-45　"删除"对话框

4.3.4　复制与移动单元格数据

执行"复制"或"剪切"操作的单元格或区域的周围会显示动态移动的边框。若要取消移动的边框，按Esc键即可。

1. 复制单元格数据

在复制单元格数据时需要注意，如果复制到的目标单元格有内容，则新的复制内容会直接替换原单元格的内容。复制单元格数据的方法有如下几种。

● 选择要复制数据的单元格或单元格区域，右击，在弹出的快捷菜单中选择"复制"命令，或者单击"开始"选项卡→"剪贴板"分组→"复制"按钮，或者单击快速访问工具栏中的"复制"按钮。然后选择目标位置的首单元格，右击，在弹出的快捷菜单中选择"粘贴"命令，或者单击"开始"选项卡→"剪贴板"分组→"粘贴"按钮，或者单击快速访问工具栏中的"粘贴"按钮即可。

● 将鼠标指针移动到选定单元格的边框上，按住Ctrl键，直接拖动鼠标到目标单元格。先释放鼠标，后释放Ctrl键。

● 按Ctrl+C组合键和Ctrl+V组合键完成数据的复制和粘贴操作。

2．移动单元格数据

在移动单元格数据时需要注意，如果移动到的目标单元格有内容，则会出现提示"是否替换目标单元格内容"信息的对话框，可视情况选择。移动单元格数据的方法有如下几种。

● 选择要移动数据的单元格或单元格区域，右击，在弹出的快捷菜单中选择"剪切"命令，或者单击"开始"选项卡→"剪贴板"分组→"剪切"按钮，或者单击快速访问工具栏中的"剪切"按钮。然后选择目标位置的首单元格，右击，在弹出的快捷菜单中选择"粘贴"命令，或者单击"开始"选项卡→"剪贴板"分组→"粘贴"按钮，或者单击快速访问工具栏中的"粘贴"按钮即可。

● 将鼠标指针移动到选定单元格的边框上，直接拖动鼠标到目标单元格。

● 按 Ctrl+X 组合键和 Ctrl+V 组合键完成数据的移动操作。

4.3.5 选择性粘贴

只有执行了复制操作后才有选择性粘贴功能。首先选定单元格区域进行复制，然后选择粘贴区域，单击"开始"选项卡→"剪贴板"分组→"粘贴"下拉按钮→"选择性粘贴"命令，打开图 4-46 所示的"选择性粘贴"对话框。

图 4-46 "选择性粘贴"对话框

单元格有许多特性，如公式、格式、批注、边框等，有时复制数据只需要复制其部分特性，"选择性粘贴"对话框就是为了满足这些需要而设置的。

在"选择性粘贴"对话框中，"加""减""乘""除"是将源单元格区域的数据分别与目标单元格区域的数据进行加、减、乘、除运算后填入目标单元格区域中；"无"是指不进行单元格之间的运算；"跳过空单元"的作用是源单元格中的空白单元格不被粘贴，以避免目标区域中相应的单元格数据被替换；"转置"是将源单元格中的行、列互换后粘贴到目标区域。

4.3.6 清除单元格的内容

删除和清除是两个不同的概念：删除单元格是指从工作表中移去这些单元格；清除单元格是指清除单元格中的具体内容（公式和数据、格式或批注），而单元格本身依然存在。清除单元格的内容具体有以下几种方法。

● 选取单元格或单元格区域，单击"开始"选项卡→"编辑"分组→"清除"下拉按钮，可根据需要选择清除方式，清除单元格有 5 种方式：全部、格式、内容、批注、超链接。

● 选取单元格或单元格区域，按 Delete 键。

● 右击选取的单元格或单元格区域，在弹出的快捷菜单中选择"清除内容"命令。

4.3.7 行、列编辑

在使用 Excel 电子表格时，出于某些需要，用户可能会在工作表中增加一行或一列单元格以输入新的数据。

1. 选定行或列

单击行号或列号即可选中整行或整列。操作与常规的 Windows 选择操作相同。

2. 插入行或列

插入行的操作很简单，具体如下。

（1）如果选定的是行，单击"开始"选项卡→"单元格"分组→"插入"下拉按钮→"插入工作表行"命令，或者在选定的行上右击，在弹出的快捷菜单中选择"插入"命令，则可以在选定区域的上方插入与选定单元格区域行数相等的空行。

（2）如果选定的是单元格或单元格区域，在图 4-44 所示的"插入"对话框中选中"整行"单选按钮，则可以在选定区域的上方插入与选定单元格区域行数相等的空行。

在工作表中插入列的操作与在工作表中插入行的操作类似，只需要将针对行的操作改为针对列的操作即可。

3. 删除行或列

删除行或列的操作很简单，具体如下。

（1）如果选定的是行或列，单击"开始"选项卡→"单元格"分组→"删除"下拉按钮→"删除工作表行"/"删除工作表列"命令，或者在选定的行或列上右击，在弹出的快捷菜单中选择"删除"命令，就可以删除选定的行或列。

（2）如果选定的是单元格或单元格区域，在图 4-45 所示的"删除"对话框中选中"整行"或"整列"单选按钮，就可以删除选定单元格区域所包含的行或列。

4.4 格式设置

在 Excel 中，格式设置主要包括单元格格式设置、自动套用格式设置及条件格式设置等。通过格式设置，可以对工作表进行美化。使用 Excel "开始"选项卡→"字体"分组/"对齐方式"分组/"数字"分组/"样式"分组中的各项按钮和命令可以快速地为单元格设置格式，复杂的格式可以通过"设置单元格格式"对话框进行设置。

4.4.1 设置单元格格式

Excel 中的单元格可以设置多种格式，主要包括设置单元格中数字的类型、文本在单元格中的对齐方式、字体、单元格的边框、底纹及单元格保护等。不仅单个单元格和单元格区域可以设置格式，一个或多个工作表也可以同时设置格式。设置单元格格式的步骤如下。

（1）选定要进行格式设置的单元格或单元格区域。

（2）单击"开始"选项卡→"字体"分组/"对齐方式"分组/"数字"分组→功能扩展按钮，或在选定的区域上右击，在弹出的快捷菜单中选择"设置单元格格式"命令，打开图 4-47 所示的"设置单元格格式"对话框。

（3）在"设置单元格格式"对话框中设置相应的格式后，单击"确定"按钮。

图 4-47　"设置单元格格式"对话框

4.4.2　多行文本控制

在一个单元格中可能会出现比较长的文本，如果用户希望文本呈多行显示而不被隐藏，则可以在图 4-47 所示的"设置单元格格式"对话框中选择"对齐"选项卡，在"文本控制"选项组中选中"自动换行"复选框，单元格中的数据将自动换行以适应列宽。更改列宽时，数据换行也会相应地自动调整。若要在单元格特定位置开始新的文本行，则将光标定位在单元格中需要换行的数据前，然后按 Alt+Enter 组合键，即可设置光标开始的数据强制换行显示。

4.4.3　边框和底纹

在 Excel 中，单元格的边框默认是虚框线。添加合适的边框线和底纹不但可以美化工作表，而且可以区分工作表的范围，使工作表的数据条目清晰、重点突出。

选择要添加边框的单元格区域，在"设置单元格格式"对话框中，选择图 4-48 所示的"边框"选项卡，在该选项卡中可以根据需要设置合适的边框选项、边框线的颜色等。要清除边框，需要先选定想清除边框的单元格或区域，然后在"边框"选项卡的"预置"选项组中选择"无"选项，或者单击"开始"选项卡→"字体"分组→"边框"下拉按钮→"无框线"命令。

Excel 单元格默认无底纹。选择要设置底纹的单元格区域，打开图 4-47 所示的"设置单元格格式"对话框，选择图 4-49 所示的"填充"选项卡，在选项卡中可以根据需要设置单元格的底纹颜色和图案，增加单元格的突出显示效果。要清除底纹，需要先选定想清除底纹的单元格或单元格区域，然后在"填充"选项卡中选择"无颜色"选项，或者单击"开始"选项卡→"字体"分组→"填充颜色"下拉按钮→"无填充颜色"命令。

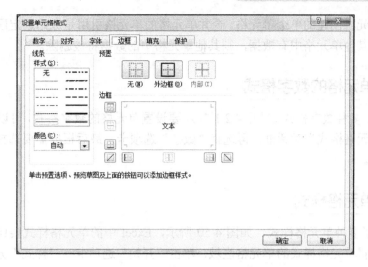

图 4-48　"边框"选项卡

图 4-49　"填充"选项卡

4.4.4　单元格的合并与居中

在制作 Excel 表格时，经常会用一个标题来描述表格的内容，若标题的文字较多，则可以通过单元格的合并及居中等操作来完成标题的制作。

选择要合并及居中的单元格区域，打开图 4-47 所示的"设置单元格格式"对话框，然后在"对齐"选项卡的"文本控制"选项组中选中"合并单元格"复选框，同时根据需要设置文本的水平、垂直对齐方式，单击"确定"按钮即可。

另外，也可以单击"开始"选项卡→"对齐方式"分组→"合并后居中"按钮 🔳，此时该按钮呈选中状态，完成单元格的合并及居中。如果希望取消合并及居中，则可再一次单击"合并及居中"按钮，使得其呈释放状态，完成取消合并及居中的操作。或者在打开的"对齐"选项卡中取消选中"合并单元格"复选框，单击"确定"按钮，完成取消操作。需要注意的是，Excel 只将选定区域（工作表上的两个或多个单元格）左上方的数据放置到合并单元格（由两个或多个选定单元格创建的单个单元格。合并单元格的单元格引用是原始选定区域的左上角单元格）中。如果其他单元格中有数据，则其他单元格中的数据将被删除。

4.4.5 设置单元格的数字格式

Excel 提供了多种数字格式（详见 4.2.1 节），要设置单元格的数字格式，可以先打开图 4-47 所示的"设置单元格格式"对话框，再选择"数字"选项卡，最后根据需要选择数据格式，进行具体设置即可。

4.4.6 设置单元格样式

Excel 提供了多种单元格样式，如图 4-50 所示，Excel 中的单元格样式要比表格样式复杂得多。选取要设置单元格样式的单元格区域，单击"开始"选项卡→"样式"分组→"单元格样式"下拉按钮，打开图 4-50 所示的列表，可选择任意的样式来美化单元格。单元格的样式类型按"好、差和适中"、"数据和模型"、"标题"、"主题单元格样式"及"数字格式"大致分类，每种样式中都会有一定的数据和文字可以供用户预览。例如，数字格式中有"百分比""货币""千位分隔"等样式供用户选择。

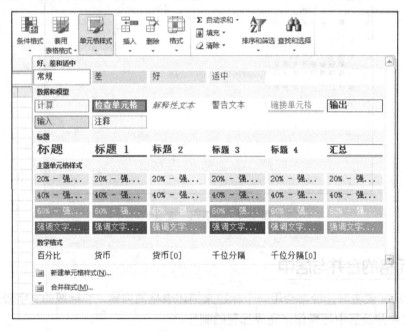

图 4-50 "单元格样式"列表

4.4.7 设置条件格式

为了突出显示某些数据的内容，需要在工作表中把这些满足一定条件的数据明显地标记出来，即条件格式化。

例如，找出学生的某门不及格课程（成绩小于 60 分）的成绩并以黄填充色深黄色文本的形式显示。先选定已经输入的成绩区域，再单击"开始"选项卡→"样式"分组→"条件格式"下

拉按钮→"突出显示单元格规则"选项→"小于"命令，打开"小于"对话框，设置为图 4-51
所示的选项，单击"确定"按钮关闭对话框即可。

图 4-51　"小于"对话框

"条件格式"下拉列表中还有图 4-52 所示的"数据条""色阶""图标集"等选项，可以设置特殊的显示样式。其中，"新建规则"选项还可以用于自定义规则及其显示格式。图 4-53 为"新建格式规则"对话框。

图 4-52　"条件格式"选项

图 4-53　"新建格式规则"对话框

4.4.8　调整行高和列宽

在向单元格输入文字和数据时，文字或数据的显示常会因为单元格的行高或列宽不够而出现问题，这时就需要调整行高和列宽。最快的调整方法是直接将鼠标指针移到需要调整的单元格的行号框的底边线或列号框的右边线，待鼠标指针变为双箭头，拖动鼠标调整出满意的行高或列宽，再释放鼠标即可；也可双击该行或列的框线，Excel 会自动调整行高或列宽以适应文字宽度及高度。

通过"格式"下拉列表中的"行高"或"列宽"命令，可以更精确地调整行高和列宽。以调整行高为例，其操作步骤如下：单击"开始"选项卡→"单元格"分组→"格式"下拉按钮→"行高"命令或"自动调整行高"命令，其中"行高"是用户直接输入所需要的行高，单位为磅，用户可输入 0～409 之间的任意数，输入后单击"确定"按钮即可；通常情况下选择"最适合行高"选项，这时 Excel 表格会自动根据内容的字体大小调整行高。单元格中列宽的参数范围是 0～255 之间的任意数，单位为磅。

4.4.9　设置自动套用格式

为了使用户能快速地完成单元格格式化，Excel 2010 通过"自动套用格式"功能向用户提供了"浅色""中等深浅""深色"3大类、60余种不同的内置格式集合，每种格式集合都包括不同的字体、字号、数字、图案、边框、对齐方式、行高、列宽等设置项目。

选取要自动套用格式的单元格区域，单击"开始"选项卡→"样式"分组→"套用表格格式"下拉按钮，打开图4-54所示的列表，用户可选择任意的样式来美化表格。

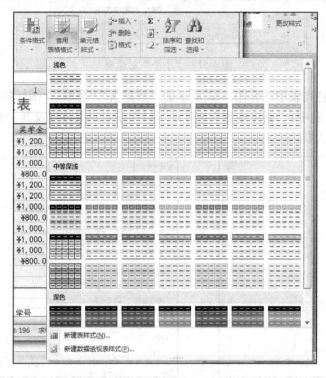

图 4-54 "套用表格格式"选项

"自动套用格式"功能可自动识别 Excel 工作表中的汇总层次及明细数据的具体情况，然后统一对它们的格式进行修改。

在完成自动套用格式操作后，屏幕上会出现套用的实际效果。如果对套用效果不满意，则用户可以单击快速访问工具栏中的"撤销"按钮，然后重新选择其他格式。

4.5 工作表的基本操作

在 Excel 中，同一工作簿的不同工作表可以相互操作，通常把相关的多个工作表放在一个工作簿中，便于管理。一个工作簿允许拥有的工作表数量为1~255，工作表的默认名称是 Sheet X（X 为 1，2，3，…，n）。

4.5.1 选择当前工作表

在一个 Excel 工作簿中，默认的工作表有 3 张。在操作时经常会涉及对当前工作表的选择。主要操作方法如表4-5所示。

表4-5　选择工作表的方法

选 择 类 型	操 作 方 法
单张工作表	单击工作表标签。如果看不到所需的标签，那么单击标签滚动按钮可显示此标签，然后单击它
两张或多张相邻的工作表	先选中第一张工作表的标签，再按住 Shift 键单击最后一张工作表的标签
两张或多张不相邻的工作表	单击第一张工作表的标签，再按住 Ctrl 键单击其他工作表的标签
工作簿中所有工作表	右击工作表标签，在弹出的快捷菜单中选择"选定全部工作表"命令

4.5.2　重命名、插入、删除、移动和复制工作表

1．重命名工作表

双击该工作表标签，或单击该标签，再右击，在弹出的快捷菜单中选择"重命名"命令，这时标签名字变成"黑底白字"，即处于被选中状态，再输入新的标签名即可。

2．插入工作表

先考虑好在哪张工作表之前插入新的工作表，然后选定该工作表，单击"开始"选项卡→"单元格"分组→"插入"下拉按钮→"插入工作表"命令，则有一张新的空白工作表出现在该表前，并以 Sheet X（X 为所有工作表总数递增 1 后的数字）为其默认名字；或者在该工作表标签处右击，在弹出的快捷菜单中选择"插入"命令，在弹出的对话框中选择"工作表"选项；或者直接单击最后一张工作表后面的"插入工作表"按钮 ，即可在最后添加一个新的工作表。

3．删除工作表

先激活该工作表内任一单元格，再单击"开始"选项卡→"单元格"分组→"删除"下拉按钮→"删除工作表"命令，这时会出现信息提示对话框，提示该操作将永久删除该工作表，单击"删除"按钮即删除该工作表。更简单的方法是右击该工作表标签，在弹出的快捷菜单中选"删除"命令，并在弹出的信息提示对话框中单击"删除"按钮，删除该工作表。

4．移动工作表

单击该工作表，并将其拖动到所需要的位置，释放鼠标，则工作表被拖到该位置。也可在标签处右击，在弹出的快捷菜单中选择"移动或复制"命令，打开图 4-55 所示的"移动或复制工作表"对话框，选择所需位置，并且确认"建立副本"复选框处于未选中状态，单击"确定"按钮即可。

图 4-55　"移动或复制工作表"对话框

5．复制工作表

当多个工作表结构相同而只是数据不同时，用复制的方法可大大减少工作量。方法如下：先创建一张标准工作表作为复制的样本，然后在该工作表标签处右击，在弹出的快捷菜单中选择"移动或复制"命令，打开"移动或复制工作表"对话框，如图 4-55 所示。选中"建立副本"复选框，并选定副本的放置位置，单击"确定"按钮即可看到一张复制的工作表出现在指定位置。复制工作表还有一个简单的方法，即用 Ctrl 键和鼠标进行控制，在按下 Ctrl 键的同时单击原工作表标签不放，将其移动到需要位置再释放鼠标，也可达到同样效果。

4.5.3　保护工作表

图 4-56　"保护工作表"对话框

要对工作表的所有用户进行权限设置，可以执行保护工作表命令。步骤如下：先选定要保护的工作表，再单击"开始"选项卡→"单元格"分组→"格式"下拉按钮→"保护工作表"命令，这时会打开图 4-56 所示的"保护工作表"对话框，在该对话框中可以对工作表的所有用户进行权限设置，单击"确定"按钮后，则用户对选定工作表中不被允许的操作命令都会有呈现灰色的状态，不可使用。

单击"开始"选项卡→"单元格"分组→"格式"下拉按钮→"撤销工作表保护"命令，即可撤销对工作表的保护设置。

要保护及取消保护工作表，还可以在选定的工作表标签处右击，在弹出的快捷菜单中选择相应的选项；也可以通过单击"审阅"选项卡→"更改"分组→"保护工作表"按钮/"撤销工作表保护"按钮直接进行设置。

4.5.4　隐藏工作表

有时用户不想让别人看到自己正在编辑的工作表，可以执行隐藏工作表命令。步骤如下：先选定要隐藏的工作表，再单击"开始"选项卡→"单元格"分组→"格式"下拉按钮→"隐藏和取消隐藏"→"隐藏工作表"命令，这时可以看到选定的工作表从屏幕上消失了。

要再次使该工作表出现，仍然单击"开始"选项卡→"单元格"分组→"格式"下拉按钮→"隐藏和取消隐藏"→"取消隐藏工作表"命令，这时会打开"取消隐藏"对话框，显示所有被隐藏的工作表的名称，选择需要取消隐藏的工作表并单击"确定"按钮即可。

4.5.5　拆分和冻结工作表

如果工作表中的表格比较多，则通常需要使用滚动条来查看全部内容。在查看工作表内容时，表格的标题、项目名等也会随着查看数据范围的变化而一起移出屏幕，造成只能看到表格的数据内容，而看不到标题、项目名的情况。使用 Excel 2010 的"拆分"和"冻结"窗格功能可以解决该类问题。

拆分工作表和冻结工作表是两个相似的功能，拆分工作表就是把工作表的当前活动窗口拆分成窗格样式，每个窗格都可以通过滚动条来查看工作表的内容，利用拆分窗口可以查看不同内容。冻结工作表，就是将当前工作表中选定单元格所在的行或列进行冻结，用户可以任意查看工作表的其他部分而不移动表头所在的行或列。虽然都显示了 4 个窗格，但与拆分工作表不同的是，冻结工作表操作只是将活动工作表拆分的上窗格、左窗格进行冻结，冻结线以上或冻结线以左的数据的位置在进行滚动时不会发生变化。

1. 拆分工作表

拆分工作表的步骤如下：选定要拆分的拆分点单元格，单击"视图"选项卡→"窗口"分组→"拆分"按钮，屏幕就会自动将工作表分为 4 个独立的窗格，拖动滚动条可以发现，每一个窗格都可以呈现整个工作表的内容，如图 4-57 所示。

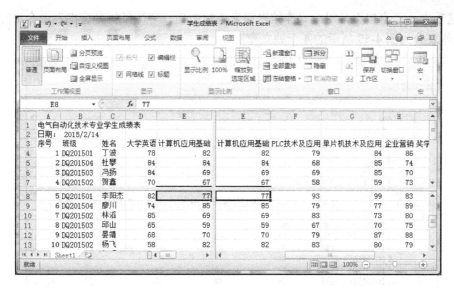

图 4-57 工作表拆分效果图

如果要撤销工作表的拆分操作，可以再次单击"视图"选项卡→"窗口"分组→"拆分"按钮；也可以直接双击拆分点撤销工作表的整体拆分；还可以直接双击拆分条，分次取消工作表水平方向及垂直方向上的两个拆分条。

2. 冻结工作表

在 Excel 2010 中，冻结工作表有 3 种情况，如图 4-58 所示。

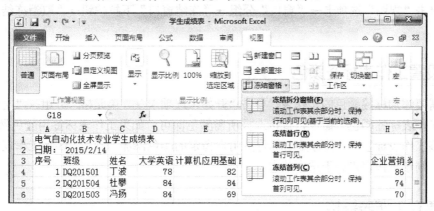

图 4-58 工作表冻结选项

（1）冻结首行：冻结当前工作表的首行，垂直滚动查看当前工作表中的数据时，保持当前工作表的首行位置不变。

（2）冻结首列：冻结当前工作表的首列，水平滚动查看当前工作表中的数据时，保持当前工作表的首列位置不变。

（3）冻结拆分窗格：以当前窗格（单元格）左侧和上方的框线为边界将窗口分为 4 部分，冻结后拖动滚动条查看工作表中的数据时，当前窗格（单元格）左侧和上方的行和列的位置不变。

具体操作如下：在将工作表冻结前，要选择单元格作为冻结点，选定冻结点单元格，单击

"视图"选项卡→"窗口"分组→"冻结窗口"下拉按钮→"冻结拆分窗格"命令进行拆分，即可将工作表分为图 4-59 所示的 4 个独立窗格。

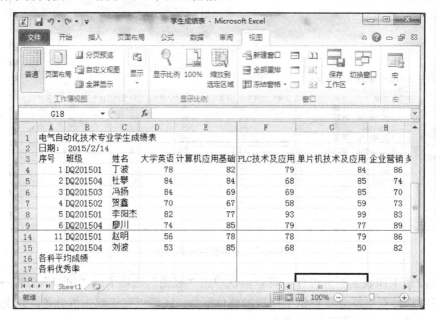

图 4-59　工作表冻结效果图

此时无论是拖动滚动条还是翻页，标题行、序列都会一直保留在屏幕上。如果要撤销冻结，则只需要单击"视图"选项卡→"窗口"分组→"冻结窗口"下拉按钮→"取消冻结窗格"命令即可。

4.5.6　设置工作表标签颜色

选定需要添加标签颜色的工作表，单击"开始"选项卡→"单元格"分组→"格式"下拉按钮→"工作表标签颜色"命令，直接选择所需颜色即可。如果工作表标签用颜色做了标记，则当选中该工作表标签时，其标签名称将按用户指定的颜色添加下画线。如果工作表标签显示有背景色，则该工作表未处于选中状态。

4.5.7　建立工作表链接

使用大量数据或跨多个工作簿的复杂公式时，我们可以使用外部链接源工作簿中的单元格或单元格区域来参与计算。这样做的好处是，不会产生内容繁杂的工作簿，相同类型的数据可以在独立的工作簿中建立多个工作簿链接，然后将相关数据集成到一个汇总工作簿，源工作簿中的数据可以在汇总工作簿中直接调用，并且在更改源工作簿时，用户不必手动更改，链接后的单元格内容会随着源工作簿中的数据更改而更改。

工作表链接的建立方法如下：选择源工作簿中需要链接的单元格或单元格区域进行复制，然后在新的工作簿中选择需要建立数据的单元格，右击，在弹出的快捷菜单中选择"粘贴选项"→"粘贴链接"命令即可。

4.6　数据管理

作为强大的电子表格软件，Excel 不仅便于建立数据清单制作表格，而且提供了对数据的各种管理功能，如排序、筛选、分类汇总等操作。要使用 Excel 的数据管理功能，首先应该将表格创建为数据清单。

4.6.1　数据清单的建立

在 Excel 中，数据清单是包含相似数据组的带标题的一系列工作表数据行。数据清单可以像数据库表一样使用，其中行表示记录，列表示字段。数据清单的第一行标记着每一列中内容的名称，又称为字段名。数据清单也称为关系表，表中的数据是按照某种关系组织起来的。

数据清单包含两部分：表结构和纯数据。表结构为数据清单中的第一行列标题（即字段名），Excel 将利用这些标题名对数据进行查找、排序及筛选等操作。纯数据部分是 Excel 实施管理功能的对象，该部分不允许有非法数据内容出现。所以，要正确创建数据清单，应遵守以下规则。

（1）每次操作只能在一张数据清单上执行，因此每张工作表尽量只有一个数据清单，如果工作表中还有其他数据，则其要与数据清单之间留下空行、空列。

（2）尽量在数据清单的第一行创建列标题（即字段名）。

（3）列标题名应该唯一。在设计数据清单时，应将相似项置于同一列，使同一列中的各行为具有相同含义的数据项。

（4）单元格中的数据尽量不要有空格，以免影响数据管理的结果。

在 Excel 中建立数据清单的方法有两种：一种是直接在工作表中输入字段名和数据，输入时可以编辑修改；另一种方法是使用"记录单"对话框建立数据清单，记录单可以单个逐条地处理数据记录，操作起来简单灵活。

使用"记录单"对话框建立数据清单的操作步骤如下。

（1）选定要建立数据清单的工作表。

（2）单击"文件"选项卡→"选项"命令，在打开的"Excel 选项"对话框的左侧选择"快速访问工具栏"选项。

（3）如图 4-60 所示，在"从下列位置选择命令"下拉列表中选择"不在功能区中的命令"选项，在列表框中选择"记录单"选项，再单击"添加"按钮，将其添加到右侧列表框中，单击"确定"按钮退出，则记录单命令出现在快速访问工具栏中。

（4）在数据清单的第一行输入数据清单标题行内容，如班级、姓名、大学英语、计算机。

（5）将光标定位到标题行或下一行中的任意单元格中，然后单击快速访问工具栏中的"记录单"按钮，由于数据清单中没有数据，系统会给出一个提示框，单击"确定"按钮，打开记录单对话框，如图 4-61 所示。

（6）记录单中显示有各字段名称和相应的字段内容的文本框，在文本框中输入第一个记录的各字段内容，输入过程中可按 Tab 键、Shift+Tab 组合键在各字段之间移动光标或单击需要编辑的字段。单击"新建"按钮或者单击滚动条下方按钮，第一个记录数据将添加到工作表中，同时记录单各文本框内容重新显示为空。单击"上一条"或"下一条"按钮，可以逐条显示工作表中的每一行记录。需要注意的是，单击"删除"按钮，可删除当前显示的记录行。单击"条件"按钮，左侧记录被清空，同时"条件"按钮变为"表单"按钮，在空白框中输入条件，再单击"上一条"或"下一条"按钮，记录单就会逐条显示符合条件的记录。

图 4-60 "Excel 选项"对话框

图 4-61 记录单对话框

（7）用同样的方法输入其他记录，在输入数据的过程中，如果要取消正在输入的数据，则可单击记录单中的"还原"按钮。

（8）全部数据输入完成后，单击记录单中的"关闭"按钮。记录单输入完成后的效果如图 4-62 所示。

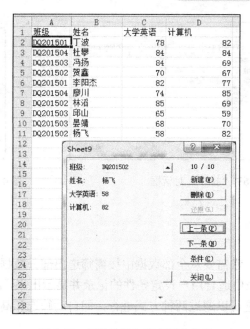

图4-62 记录单输入完成后的效果

4.6.2 数据排序

在进行数据管理时，经常需要对所管理的数据进行排序。Excel 数据表通常是由带标题的一组工作表数据行组成的一个二维数据表，又称为工作表数据库。数据表的列相当于数据库中的"字段"，数据表的列标题相当于数据库中的"字段名"，数据表中的每一行相当于数据库中的一条记录。

排序就是按某个字段值的大小来排列记录。Excel 的排序依据分为"数值""单元格颜色""字体颜色""单元格图标"4 种。排序是按照指定的顺序重新排列工作表的行的，但是排序并不改变行的内容。其操作步骤如下。

（1）选定需要排序的数据表中某一个单元格。

（2）单击"开始"选项卡→"编辑"分组→"排序和筛选"下拉按钮→"自定义排序"命令，打开图 4-63 所示的"排序"对话框。单击"数据"选项卡→"排序和筛选"分组→"排序"按钮，也会打开"排序"对话框。

（3）根据情况选中"数据包含标题"复选框。

（4）根据需要选取相应的字段名称、排序依据及排序方式（"升序"或"降序"），单击"添加条件"按钮，可增加"次要关键字"等选项。

（5）单击"确定"按钮，完成排序操作。

（6）如果要自定义排序次序，则单击"选项"按钮，打开图 4-64 所示的"排序选项"对话框，设置排序的方向和方法，若想区分大、小写，则选中"区分大小写"复选框。

最简单的排序可以用以下两种方式实现。

● 直接单击"数据"选项卡→"排序和筛选"分组→"升序"按钮 和"降序"按钮 。

● 单击"开始"选项卡→"编辑"分组→"排序和筛选"下拉按钮→"升序"命令和"降序"命令。

图 4-63　"排序"对话框 　　　　　　　　　　　图 4-64　"排序选项"对话框

4.6.3　数据筛选

在对数据进行分析时，常需要从全部数据中按需筛选出部分数据，这时可采用 Excel 提供的筛选功能，筛选出工作表中适合用户设定条件的记录并显示出来，而那些不满足条件的记录将暂时被隐藏。数据的筛选可以通过两种方式进行，即自动筛选和高级筛选。

1．自动筛选

自动筛选可以实现较简单的筛选功能。自动筛选操作简单，用户可以很方便地筛选掉那些不满足条件的数据。操作步骤如下。

（1）选择工作表数据区内的任意单元格或相应的数据区域。

（2）单击"开始"选项卡→"编辑"分组→"排序和筛选"下拉按钮→"筛选"命令，或者单击"数据"选项卡→"排序和筛选"分组→"筛选"按钮，所选区域的第一行数据表格的列标题旁将出现筛选下拉按钮 。

（3）单击相应字段旁的筛选下拉按钮，选择合适的筛选条件。在下拉列表中有一些条件选项："升序""降序""按颜色排列""文本筛选/数字筛选""全选"等。"全选"表示显示数据区域中的所有数据，选择"升序"或"降序"可使表中数据按照选定列的升序或降序排列。

（4）若用户希望自己定义筛选条件，则可单击要设定的字段旁的筛选下拉按钮，在打开的下拉列表中选择"文本筛选/数字筛选"→"自定义筛选"选项，打开图 4-65 所示的"自定义自动筛选方式"对话框。

图 4-65　"自定义自动筛选方式"对话框

"自定义自动筛选方式"对话框的上部分为第一个条件，下部分为第二个条件，中间的"与"和"或"是这两个条件的连接方式。若选中"与"单选按钮，则表示两个条件要同时满足；若选中"或"单选按钮，则表示两个条件只要满足一个即可。

如果要退出自动筛选状态，则再次单击"开始"选项卡→"编辑"分组→"排序和筛选"

下拉按钮→"筛选"命令，或者单击"数据"选项卡→"排序和筛选"分组→"筛选"按钮，此时字段名旁的筛选下拉按钮也会消失。

2. 高级筛选

高级筛选允许设定更为复杂的条件筛选记录。使用高级筛选功能时，必须先建立一个条件区域。在条件区域中指定筛选数据要满足的条件，条件区域的首行包含的字段必须与数据表中的字段保持一致。条件区域不一定要包含数据表中的所有字段，但条件区域的字段必须是数据表中的字段。条件区域的字段名下面必须有一行用来输入筛选条件。操作步骤如下。

（1）选择数据区域以外的单元格，用于建立条件区域。在刚刚输入字段名单元格的下一行单元格中输入条件，建立条件区域。如图 4-66 所示，需要筛选出"性别"为"男"，且"计算机应用基础"小于或等于 80 分的所有数据记录。

（2）选定数据表中数据区域内的任意单元格，单击"数据"选项卡→"排序和筛选"分组→"高级"按钮，打开图 4-67 所示的"高级筛选"对话框。

图 4-66　建立条件区域　　　　图 4-67　"高级筛选"对话框

（3）在"高级筛选"对话框中设置"方式"、"列表区域"和"条件区域"。

（4）选择"复制到"的单元格，单击"确定"按钮即可。

4.6.4　分类汇总

对数据进行分类汇总是一种进行 Excel 数据管理的常用方法。分类汇总，顾名思义就是把数据按类别进行统计。用户使用它对数据表中的某些数据进行统计，汇总出需要的数据。例如，汇总某一个月的产品销售额、计算某一个班级的某一门课程的平均成绩等。分类汇总至少需要两个步骤：对汇总字段进行排序和汇总。所以，在汇总之前需要将数据区域按照要汇总的字段进行排序，然后进行汇总操作。例如，对图 4-68 所示的数据表进行分类汇总，具体操作如下。

图 4-68　示例数据

1. 创建分类汇总

在数据区域对"班级"字段按"升序"排序，步骤如下。

（1）选择工作表数据区内的任意单元格或相应的数据区域，单击"数据"选项卡→"分级显示"分组→"分类汇总"按钮，打开图 4-69 所示的"分类汇总"对话框。

（2）在"分类字段"下拉列表中选择"班级"选项，设置"汇总方式"为"求和"，设置汇总项为"计算机""高数""英语"，如图 4-69 所示。

（3）根据需要设置"替换当前分类汇总"等选项，单击"确定"按钮，效果图如图 4-70 所示。

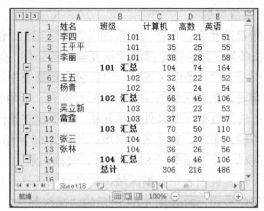

图 4-69　"分类汇总"对话框　　　　　图 4-70　"分类汇总"效果图

（4）通过单击"分级显示符号"按钮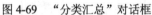，可以折叠、分级显示结果。单击分级显示区域的加号、减号可以显示或隐藏明细数据（加号用于显示明细数据，减号用于隐藏明细数据按钮）。

2．删除分类汇总

如果要删除分类汇总，则可进行以下操作。

（1）选择已分类汇总数据表中的任意单元格。

（2）单击"数据"选项卡→"分级显示"分组→"分类汇总"按钮，打开如图 4-69 所示的"分类汇总"对话框。在"分类汇总"对话框中单击"全部删除"按钮即可从现有的分类清单中删除所有的分类汇总信息。

4.7　制作图表

Excel 工作表中的数据使用各种统计图表表示，更加直观。

4.7.1　创建图表

Excel 2010 向用户提供了柱形图、折线图、饼图、条形图、面积图、XY（散点图）、股价图、曲面图、圆环图、气泡图、雷达图等 11 大类、73 余种不同的内置图表集合，每种图表包括不同的数据、图表布局、图表样式等设置项目，完全可以帮助用户将工作表中的各类数据生成不同样式的图表。

创建图表的具体步骤如下。

（1）数据的选定。选择图表要包含的数据单元格，需要选定的用于图表的单元格可以不在一个连续的区域，其方法是先选定第一组包含所需数据的单元格，然后按住 Ctrl 键选择其他单元格组。

（2）单击快速访问工具栏中的"创建图表"按钮，或者单击"插入"选项卡→"图表"分组→功能扩展按钮，打开图 4-71 所示的"插入图表"对话框。

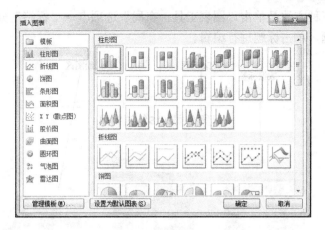

图 4-71 "插入图表"对话框

（3）选择需要的图表类型，单击"确定"按钮，即可在数据表所在的工作表中建立相应的图表。默认的图表是嵌入式图表，想要建立独立的图表，可以在选中图表后，单击"图表工具：设计"选项卡→"位置"分组→"移动图表"按钮，打开图 4-72 所示的"移动图表"对话框，设置放置图表的位置为"新工作表"。

图 4-72 "移动图表"对话框

4.7.2 图表的组成

图表包括绘图区、图例、分类名称、坐标值、图表标题、分类坐标轴标题、数值坐标轴标题等元素，如图 4-73 所示。

1. 绘图区

绘图区主要用于显示数据表中的数据，数据随着工作表中数据的更新而更新。

2. 标题

使用 Excel 2010 创建图表时，图表标题会根据表格数据自动生成。图表标题是文本类型的，默认为居中对齐，用户可以通过单击图表标题来对图表进行重新编辑。除了图表标题外，还有一种坐标轴标题，坐标轴标题通常表示能够在图表中显示的所有坐标轴。有些图表类型（如雷达图）虽然有坐标轴，但不能显示坐标轴标题。

如果所创建的图表没有标题，则用户可以自己添加标题。第一种方法是单击"图表工具：设计"选项卡→"图表布局"分组→"快速布局"下拉按钮，在打开的下拉列表中单击一种有标题的布局，即可添加标题，单击标题进行编辑。第二种方法是单击"图表工具：布局"选项卡→"插入"分组→"文本框"按钮，在绘图区相应位置添加需要的文本框，在文本框中即可编辑图表标题。第三种方法是单击"图表工具：布局"选项卡→"标签"分组→"图表标题"按钮，即可添加标题，单击标题进行编辑。

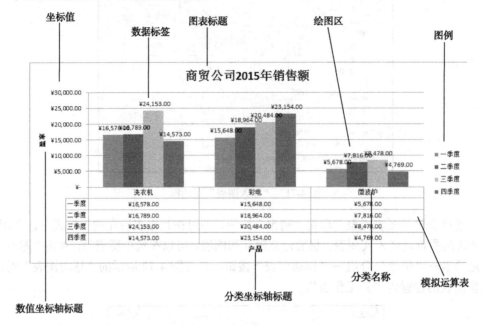

图 4-73　图表的组成

3．数据标签

在图表中绘制相关数据点，这些数据来自数据的行和列。如果要快速标识图表中的数据，则可以为图表数据添加数据标签，数据标签可以显示系列名称、类别名称和百分比等。在图表中添加数据标签的方法如下：选择图表后，单击"图表工具：布局"选项卡→"标签"分组→"数据标签"按钮，即可在图表中显示数据标签。

4．坐标轴

坐标轴是界定图表绘图区的线条，用作度量的参照框架。Y 轴通常为垂直坐标轴并包含数据，X 轴通常为水平坐标轴并包含分类。坐标轴都标有刻度值，默认情况下，Excel 会自动确定图表中坐标轴的刻度值，用户也可以自定义刻度，以满足使用需要。当在图表中绘制的数值涵盖范围非常大时，还可以将垂直坐标轴改为对数刻度。选择图表后，单击"图表工具：布局"选项卡→"坐标轴"分组→"坐标轴"下拉按钮→"主要横/纵坐标轴"→"其他主要横/纵坐标轴"命令，打开"设置坐标轴格式"对话框，选择横、纵坐标轴后打开的"设置坐标轴格式"对话框稍微有一些不同，如图 4-74 和图 4-75 所示，在相应对话框中可以对坐标轴进行修改。

5．图例

图例是用方框来表示的，用以标识图表中的数据系列所指定的颜色或图案。创建图表后，图例以默认的颜色显示图表中的数据系列。

6．模拟运算表

模拟运算表是反映图表中源数据的表格，默认的图表一般不显示模拟运算表。可以通过单击"图表工具：布局"选项卡→"标签"分组→"模拟运算表"按钮来显示模拟运算表。

图 4-74　横坐标轴的"设置坐标轴格式"对话框

图 4-75　纵坐标轴的"设置坐标轴格式"对话框

4.7.3　编辑图表

1. 选取图表

在对图表进行编辑时，用户首先要选取图表。对于嵌入式图表，则单击图表；对于图表工作表，则需单击此工作表标签。

2. 移动图表和改变图表大小

选中图表后，既可以拖动图表进行移动，又可以通过控点更改图表大小，其操作方法与Word 相同。

3. 图表元素的编辑

创建图表以后，可能会根据需要对图表对象进行修饰或修改。

在图表被选中的同时，Excel 工作界面随即增加了"图表工具：设计"、"图表工具：布局"和"图表工具：格式"3 个选项卡，3 个选项卡的效果图如图 4-76～图 4-78 所示。这 3 个新增选项卡中的各项命令都可以用于对已建立的图表进行修饰或修改。

图 4-76　"图表工具：设计"选项卡

图 4-77　"图表工具：布局"选项卡

图 4-78　"图表工具：格式"选项卡

"图表工具：设计"选项卡中的各类选项的功能如下。

（1）"类型"分组。在"类型"分组里，可以对已建图表的类型进行修改。

（2）"数据"分组。在"数据"分组里，可以切换已建图表的横坐标轴内容和图例内容，还可以对图表的源数据进行重新选择。

（3）"图表布局"分组。在"图表布局"分组里，可以为已建图表快速设置各种不同样式的布局样式。

（4）"图表样式"分组。在"图表样式"分组里，可以为已建图表快速设置各种不同样式的美化样式。

（5）"位置"分组。在"位置"分组里，"移动图表"按钮可以设置已建图表的显示位置。

"图表工具：布局"选项卡中的各类选项的功能如下。

（1）"当前所选内容"分组。在"当前所选内容"分组里，可以对已建图表的各类元素进行快速选择，然后打开相应对话框对所选内容格式进行修改。

（2）"插入"分组。在"插入"分组里，可以插入图片、形状、文本框等对象。

（3）"标签"分组。在"标签"分组里，可以为已建图表快速添加或删除"图表标题""坐标轴标题""图例""数据标签""模拟运算表"等元素。

（4）"坐标轴"分组。在"坐标轴"分组里，可以为已建图表的坐标轴进行相应设置，还可以对坐标轴的网格线进行相应设置。

（5）"背景"分组。在"背景"分组里，可以为已建图表设置各种背景样式。

（6）"分析"分组。在"分析"分组里，可以为已建图表设置趋势线、折线、涨/跌柱线、误差线等。

（7）"属性"分组。在"属性"分组里，可以为图表设置图表名称。

"图表工具：格式"选项卡中的各类选项的功能如下。

（1）"当前所选内容"分组。在"当前所选内容"分组里，可以对已建图表的各类元素进行快速选择，然后打开相应对话框对所选内容格式进行修改。

（2）"形状样式"分组。在"形状样式"分组里，可以编辑已建图表及其所含元素的形状填充、轮廓、效果等样式。

（3）"艺术样式"分组。在"艺术样式"分组里，可以编辑已建图表及其所含元素的文本填充、轮廓、效果等艺术字样式。

（4）"排列"分组。在"排列"分组里，可以编辑已建图表的排列参数。

（5）"大小"分组。在"大小"分组里，可以编辑已建图表的准确高度和宽度。

另外，右击图表区中的各个图表元素，如数据系列、图例等，都会弹出相应的快捷菜单，选择相应的格式命令，此时屏幕会出现相应图表元素的格式对话框，用户也可以在其中选择不同值来实现不同的效果。

4．删除图表

选择图表后，按 Delete 键即可删除图表。

4.8　创建数据透视表和数据透视图

4.8.1　创建数据透视表

数据透视表能够帮助用户分析、组织数据。利用它，用户可以很快地从不同角度对数据进行分类汇总，但不是所有工作表都有建立数据透视表的必要。面对数据众多、结构复杂的工作表，为了直观地看出其中的一些内在规律，可以考虑建立数据透视表。

（1）单击"插入"选项卡→"表格"分组→"数据透视表"下拉按钮→"数据透视表"命令（见图4-79），打开图4-80所示的"创建数据透视表"对话框。

图4-79　选择"数据透视表"命令

（2）选中"选择一个表或区域"单选按钮，在数据区域中输入"Sheet11!\$A\$1:\$E\$10"；并在"选择放置数据透视表的位置"选项组中选中"新工作表"单选按钮，如图4-81所示。单击"确定"按钮，工作簿中产生一个新透视表"Sheet12"，如图4-82所示。

图4-80　"创建数据透视表"对话框　　　图4-81　在"创建数据透视表"对话框中设置参数

（3）在"数据透视表字段列表"窗格中，将"奖学金等级"字段拖到"列标签"处，将"班级"字段拖到"行标签"处，将"奖学金等级"字段拖到"数值"处，如图4-83所示。

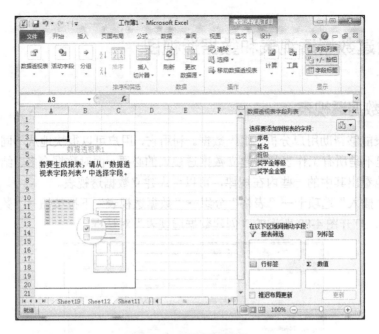

图 4-82 创建新透视表

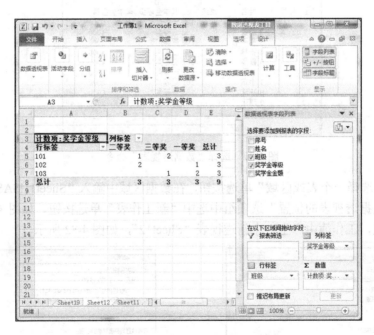

图 4-83 创建中的奖学金结构透视表

（4）双击"行标签"，将其直接更改为"班级"，双击"列标签"，将其直接更改为"奖学金等级"。其最终效果如图 4-84 所示。

单击"数据透视表工具：选项"选项卡及"数据透视表工具：设计"选项卡中的各项命令，可以对创建好的数据透视表进行格式化及编辑操作。

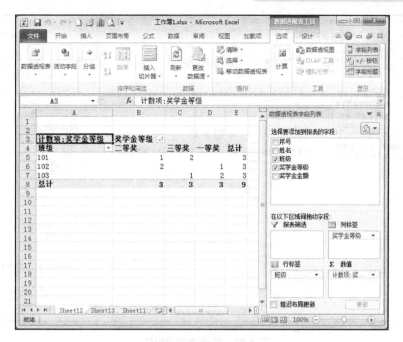

图 4-84 修改"行/列标签"的奖学金结构透视表最终效果

4.8.2 创建数据透视图

数据透视图可帮助用户分析、组织数据。利用它,用户可以很快地从不同角度对数据进行分类和汇总。

(1)选中数据,单击"插入"选项卡→"表格"分组→"数据透视表"下拉按钮→"数据透视图"命令(见图 4-85),打开"创建数据透视表及数据透视图"对话框,如图 4-86 所示。

图 4-85 选择"数据透视图"命令   图 4-86 "创建数据透视表及数据透视图"对话框

(2)选中"选择一个表或区域"单选按钮,在数据区域中输入"Sheet11!$A$1:$E$10";并在"选择放置数据透视表及数据透视图的位置"选项组中选中"新工作表"单选按钮,如图 4-86 所示。单击"确定"按钮,产生一个新数据透视图"Sheet13",如图 4-87 所示。

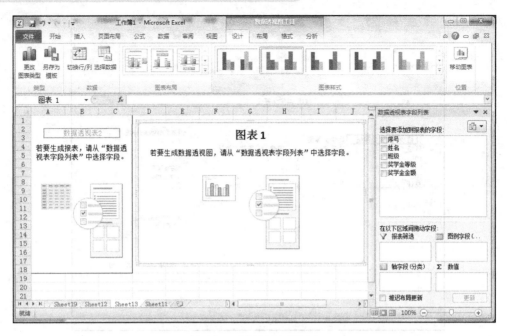

图 4-87　创建数据透视图

（3）在"数据透视表字段列表"窗格中，将"奖学金等级"字段拖到"图例字段"处，将"班级"字段拖到"轴字段"处，将"奖学金等级"字段拖到"数值"处。其最终效果如图 4-88 所示。

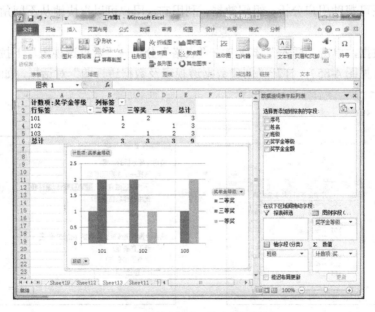

图 4-88　奖学金结构透视图最终效果

单击"数据透视图工具：设计"选项卡、"数据透视图工具：布局"选项卡、"数据透视图工具：格式"选项卡、"数据透视图工具：分析"选项卡中的各项命令，可以对创建好的数据透视图进行格式化及编辑操作。

4.9　工作表的设置与打印

4.9.1　工作表的设置

1．页面设置

单击"页面布局"选项卡→"页面设置"分组→功能扩展按钮，打开"页面设置"对话框，如图 4-89 所示。

在"页面"选项卡中设置"方向""缩放""纸张大小""打印质量""起始页码"等参数。

"方向"选项用来设置打印纸的方向。"纵向"选项是指打印纸垂直放置，即纸张高度大于宽度。"横向"选项是指打印纸水平放置，即纸张宽度大于高度。通常，当需要打印的工作表列数较多时，横向打印更合适。

"缩放"选项用来对工作簿进行放大或缩小设置，这样能够使工作表数据更好地适应纸张。用户可以根据实际需要按正常尺寸的百分数进行设置；或者调整 Excel 自动缩放输出内容，以使其容纳在指定规格的纸张中。

在"纸张大小"下拉列表中可以选择用户所需使用的纸张大小。

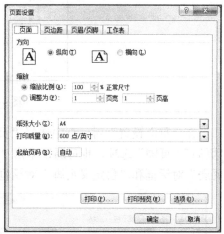

图 4-89　"页面设置"对话框

在"打印质量"下拉列表中可以选择所需的打印质量，这实际上是改变了打印机的打印分辨率。打印分辨率越高，打印效果越好，打印时间越长。打印分辨率与打印机的性能有关，当用户所配置的打印机不同时，"打印质量"下拉列表的选项也不同。

通常情况下，"起始页码"保持默认设置。当工作表中设置了包含页码的页眉或页脚时，可以使用这个选项。

2．页边距设置

在"页面设置"对话框中选择"页边距"选项卡（见图 4-90）。在该选项卡中，用户可以对整个纸张的上、下、左、右边距，以及页眉、页脚出现的位置进行设置。

使用"页边距"选项卡可以对整个纸张的边距进行调整。在实际工作中，当遇到最后一页只包含少数数据的情况时，可以通过调整上、下边距使其最后一页的数据包含在前面的页中，以节省纸张。

为了美观，可以使数据居中，居中方式有两种。

● 水平居中：可以使数据打印在纸张的左、右边缘之间的中间位置。

● 垂直居中：可以使数据打印在纸张顶部和底部之间的中间位置。

3．页眉/页脚设置

在 Excel 中不能使用水印功能。如果要在每个打印页上显示图形（例如，指示这是机密信息），则可以在页眉或页脚中插入图形。这样，图形将显示在文本的后面（在每页顶部或底部开始），还可以调整它的大小以充满页面。

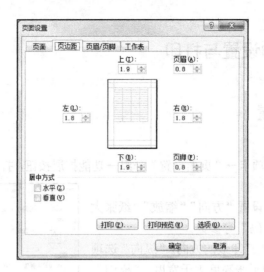

图 4-90　　"页边距"选项卡

在"页面设置"对话框中选择"页眉/页脚"选项卡（见图 4-91），可以选择 Excel 预设的"页眉""页脚"选项，也可通过单击"自定义页眉"按钮和"自定义页脚"按钮打开"自定义页眉"对话框和"自定义页脚"对话框。"页眉"对话框如图 4-92 所示。

图 4-91　　"页眉/页脚"选项卡　　　　　　　　　图 4-92　　"页眉"对话框

"页眉"对话框中各按钮和文本框的作用如下。

（1）"格式文本"按钮 Ａ：单击该按钮，打开"字体"对话框，可以设置字体、字号、下画线和特殊效果等。

（2）"插入页码"按钮：单击该按钮，可以在页眉插入页码，添加或者删除工作表时，Excel 会自动更新页码。

（3）"插入页数"按钮：单击该按钮，可以在页眉插入总页数，添加或者删除工作表时，Excel 会自动更新总页数。

（4）"插入日期"按钮：单击该按钮，可以在页眉插入当前日期。

（5）"插入时间"按钮：单击该按钮，可以在页眉插入当前时间。

（6）"插入文件路径"按钮：单击该按钮，可以在页眉插入当前工作簿的绝对路径。

（7）"插入文件名"按钮：单击该按钮，可以在页眉插入当前工作簿的名称。

（8）"插入数据表名称"按钮：单击该按钮，可以在页眉插入当前工作表的名称。

（9）"插入图片"按钮：单击该按钮，打开"插入图片"对话框，从中可以选择需要插入到页眉的图片。

（10）"设置图片格式"按钮：只有插入了图片，此按钮才可用。单击此按钮，打开"设置图片格式"对话框，可以设置图片的大小、转角、比例、剪切设置、颜色、亮度、对比度等。

（11）"左"文本框：输入或插入的页眉注释将出现在页眉的左上角。

（12）"中"文本框：输入或插入的页眉注释将出现在页眉的正上方。

（13）"右"文本框：输入或插入的页眉注释将出现在页眉的右上角。

如要在工作表中设置作为背景图片的水印效果，则可在"页眉"或"页脚"对话框中，单击"插入图片"按钮，找到要插入的图片。要调整图片大小，可单击"页眉"或"页脚"对话框中的"设置图片格式"按钮，然后在"设置图片格式"对话框的"大小"选项卡中设置所需的选项，最后将"图像控制"的"颜色"设置为"冲蚀"效果。

4．工作表打印设置

在通常情况下，打印区域默认为整个工作表，此时"打印区域"下拉列表为空。可以通过引用单元格来设置打印作业所要打印的范围。

在"页面设置"对话框中选择"工作表"选项卡（见图4-93），通过设置"打印区域"来预选打印区域。

图4-93　"工作表"选项卡

"工作表"选项卡中各个按钮和文本框的作用如下。

（1）"打印区域"文本框：用于选择工作表中要打印的区域。如果要清除打印区域，则在其右侧的文本框中清除选项即可。

（2）"打印标题"区域：当打印一个较长的工作表时，常常需要在每一页上都打印行或列标题，这样可以使打印后的每一页都显示行或列标题，以便查看。Excel 允许用户指定行标题、列标题。具体操作步骤如下：在"工作表"选项卡中指定打印在每页上的标题行，选择"顶端标题行"文本框，然后在工作表中进行单元格引用，以确定所需指定的标题行。指定打印在每页上的标题列，选择"左端标题列"文本框，然后在工作表中进行单元格引用，以确定所需指定的标题列，单击"确定"按钮，即可使打印的每页都包含行或列标题。

（3）"打印"选项组：包括"网格线""单色打印""草稿品质""行号列标"等复选框，以及"批注"和"错误单元格打印为"两个下拉列表，可以设置打印工作表的样式。

（4）"打印顺序"选项组：当用户需打印的工作表太大，无法在一页中放下时，可以选择页面的打印方式。

①"先列后行"表示先打印每一页的左边部分，再打印每一页的右边部分。

②"先行后列"表示在打印下一页的左边部分之前，先打印本页的右边部分。

5. "分页符"的使用

当某行数据不管在什么情况下都必须出现在某一页的页首时，这时就会使用到强制"分页符"。操作步骤如下：选中这一特殊行或该行中的一个单元格，单击"页面布局"选项卡→"页面设置"分组→"分隔符"下拉按钮→"插入分页符"命令，即在该行前插入一个强制水平分页符，同时插入一个垂直分页符。要删除分页符，只需要选择要删除的水平分页符的下方紧邻一行中任一单元格或垂直分页符的右侧紧邻一列中任一单元格，然后单击"页面布局"选项卡→"页面设置"分组→"分隔符"下拉按钮→"删除分页符"命令即可。如果分页符较多，要删除所有分页符，则在"普通"视图中单击工作表左上角行标和列标交叉位置的方框以选择整个工作表，然后单击"页面布局"选项卡→"页面设置"分组→"分隔符"下拉按钮→"重设所有分页符"命令即可。

4.9.2　工作表的打印

1. 打印预览

在打印一个文档之前，可能需要对其进行多次调整才能达到满意的打印效果，这时用户可以通过打印预览窗口观察打印效果，而不必在打印输出后再去修改。可以通过以下多种方式打开打印预览窗口。

● 单击快速访问工具栏中的"打印预览"按钮 。

● 单击"页面设置"对话框任意一选项卡中的"打印预览"按钮。

● 单击"文件"选项卡→"打印"选项。

在"打印预览"窗口中可以通过多种方法检验工作表的打印效果。

2. 设置"打印"选项

当设置好页面后，就可以开始准备打印。在打印之前，用户还必须设置"打印"选项。如图 4-94 所示，选择"文件"选项卡→"打印"选项，设置"打印"选项。

（1）打印机。"打印机"下拉列表用于显示当前打印机的信息，从下拉列表中选择自己配置的打印机型号，单击"打印机属性"按钮，即可在"打印机属性"对话框中改变打印机的属性。

（2）设置。该选项可以对打印范围的区域及页面进行设置。在不需要对全部内容进行打印时，可以通过此项来选择所需打印的内容。当设置完相应的打印选项后，单击"打印"按钮即可开始打印。

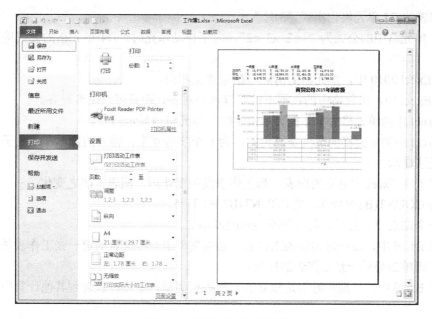

图 4-94 设置"打印"选项

4.10 本章小结

通过对本章的学习，掌握如何在 Excel 中进行数据输入，包括文本型数据的输入，数字、日期和时间输入，公式输入，函数输入，单元格地址引用，数据填充和数据有效性等；掌握工作簿的基本操作，包括新建、打开、保存、保护、隐藏等；掌握单元格的基本操作，包括插入、删除、移动和复制单元格，选择性粘贴和区域命名等；掌握格式设置方法，包括设置单元格格式、自动套用格式、条件格式等美化表格的方法；掌握工作表的基本操作，包括命名、插入、删除、移动、复制、保护、隐藏、拆分和冻结工作表，工作表中链接的建立，设置工作表标签颜色等；掌握数据清单的录入及数据管理，包括数据排序、筛选、分类汇总；创建及编辑 Excel 中的图表；创建数据透视表和数据透视图；掌握工作表的打印设置。

4.11 练习题

一、判断题

1. 在 Excel 中不能输入分数，只能输入整数和小数。 （　　）

2. 在 Excel 的数据复制过程中，如果目的地已经有数据，则 Excel 会提示是否将目的地的数据替换。 （　　）

3. 在 Excel 2010 中，对单元格 A$7 的引用是混合引用。 （　　）

4. "零件 1、零件 2、零件 3、零件 4……"不可以作为自动填充序列。 （　　）

5. 在复制单元格数据时，公式不可以被复制。 （　　）

6. 若当前工作表有 Sheet1 和 Sheet2，在 Sheet1 工作表中的 B2 单元格输入"3 月"，则在

Sheet2 工作表的 B2 单元格也出现"3 月"。 （ ）

7. D2 单元格中的公式为"=a2+a3-c2"，向下自动填充时，D4 单元格的公式应为"=a4+a5-c4"。 （ ）

8. 在 Excel 2010 中，单元格的清除与删除意义相同。 （ ）

9. 在 Excel 中，单元格中的数据不仅可以水平对齐，而且可以垂直对齐。 （ ）

10. Excel 中的单元格太窄不能显示数字时，单元格内显示问号。 （ ）

11. Excel 中的单元格的宽度是固定的，为 8 个字符宽度，输入的数据宽度大于 8 个字符宽度时则无法显示。 （ ）

12. 对于在 Excel 中建立的图表，当工作表发生变化后，图表也随之变化。 （ ）

13. 若 COUNT(B2:B4)=2，则 COUNT(B2:B4,3)=5。 （ ）

14. 一个图表建立好后，其标题不能修改或添加。 （ ）

15. 在 Excel 中，要选定相邻的工作表，必须先单击想要选定的第一张工作表的标签，按住 Ctrl 键，再单击最后一张工作表的标签。 （ ）

16. 在 Excel 中，日期和时间是独立的一种数据类型，不可以包含到其他计算中，也不可以相加减。 （ ）

17. 执行 SUM(A1:A10)和 SUN(A1,A10)这两个函数的结果是相同的。 （ ）

18. 一个 Excel 工作簿中仅有 3 张工作表。 （ ）

19. 在单元格输入"781101"和输入"'781101"是等效的。 （ ）

20. 工作表的主体部分共有 16384 列、1048576 行，因此，一张工作表共有 1048576×16384 个单元格。 （ ）

二、单项选择题

1. 按住（ ）键用鼠标拖动单元格区域可实现单元格区域数据的复制。

    A. Alt   B. Ctrl   C. Shift   D. Tab

2. 如果某单元格显示为"#VALUE!~#DIV/0!"，则这表示（ ）。

    A. 列宽不够   B. 公式错误   C. 格式错误   D. 行高不够

3. 在 Excel 中打印学生成绩单时，对不及格的成绩用醒目的方式表示，当要处理大量的学生成绩时，利用（ ）命令最为方便。

    A. 数据筛选   B. 查找   C. 条件格式   D. 分类汇总

4. 在 Excel 2010 中，若一个工作簿有 4 个工作表，其中一个的名字是 Sheet4，则复制这个工作表后，新的工作表名是（ ）。

    A. ABC   B. Sheet4（2）

    C. Sheet5   D. 用户必须输入工作表的名字

5. 已知工作表中 A3 单元格与 B4 单元格的值均为 0，C4 单元格中为公式"=A3=B4"，则 C4 单元格显示的内容为（ ）。

    A. C3=D4   B. TRUE   C. 1   D. #N/A

6. 一个工作簿是一个 Excel 文件（其扩展名为 xlsx），其最多可以含有（ ）个工作表。

    A. 3   B. 10   C. 255   D. 无限制

7. 下列不属于 Excel 中正确的单元格地址引用的是（ ）。

    A. B7   B. A1:F9   C. XFE5   D. $IA$100

8. （　　）函数可以返回当前系统的日期。

    A．NOW　　　　　　　　B．DATEVALUE　　　C．TODAY　　　　　　D．DAY

9. 下列各项中，关于 Excel 工作表与工作簿之间的关系的说法，正确的一项是（　　）。

    A．工作簿是由若干个工作表组成的

    B．工作簿与工作表之间不存在隶属关系

    C．工作簿与工作表是同一个概念

    D．工作表是由工作簿组成的

10. 在 Excel 工作簿中，选择当前工作表的下一个工作表作为当前工作表的按键操作为（　　）。

    A．Shift+PageDown　　　　　　　　B．Ctrl+PageDown

    C．Ctrl+PageUp　　　　　　　　　　D．Shift+PageUp

11. 中文 Excel 的一个单元格允许输入的最多字符为（　　）个。

    A．255　　　　　　　B．256　　　　　　　C．12500　　　　　　D．32767

12. 使用（　　）键，可以将当前活动单元格设为当前工表中的第一个单元格。

    A．Ctrl+*　　　　　B．Ctrl+Space　　　C．Ctrl+Home　　　D．Home

13. 在 Excel 中，进行公式复制时发生改变的是（　　）。

    A．绝对地址中所引用的单元格　　　　B．相对地址中所引用的单元格

    C．相对地址中的地址偏移量　　　　　D．绝对地址中的地址表达

14. 在 Excel 中用拖曳法改变行的高度时，将鼠标指针移到（　　），鼠标指针变成黑色的双向垂直箭头，往上下方向拖动至行的合适高度时，松开鼠标。

    A．行号框的右边线　　　　　　　　B．行号框的底边线

    C．列号框的左边线　　　　　　　　D．行号框的顶边线

15. 在 Excel 中选取多个单元格范围时，当前活动单元格是（　　）。

    A．第一个选取的单元格范围的左上角的单元格

    B．最后一个选取的单元格范围的左上角的单元格

    C．每一个选定单元格范围的左上角的单元格

    D．在这种情况下，不存在当前活动单元格

16. 在 Excel 工作表中，A1、A8 单元格的数值都是 1，A9 单元格的数值为 0，A10 单元格的数据为 Excel，则函数 AVERAGE(A1:A10)结果是（　　）。

    A．0.8　　　　　　　B．1　　　　　　　　C．2/3　　　　　　　D．ERR

17. 在 Excel 工作表中，假设 A2=7，B2=6.3，选择 A2:B2 区域，并将鼠标指针放在该区域右下角填充柄上，拖动至 E2，则 E2=（　　）。

    A．3.6　　　　　　　B．4.2　　　　　　　C．9.4　　　　　　　D．6.8

18. 当输入数字超过单元格能显示的位数时，数字以（　　）来表示。

    A．科学计数法　　　B．自定义　　　　　C．百分比　　　　　D．货币

19. 若选定工作表为 Sheet1、Sheet2、和 Sheet3，当在 Sheet3 表 E2 单元格内输入 222 时，则（　　）。

    A．Sheet1、Sheet2 工作表的 E2 单元格为空

    B．Sheet1 工作表的 E2 单元格为 222，Sheet2 工作表的 E2 单元格内容为空

    C．Sheet1 工作表的 E2 单元格为空，Sheet2 工作表的 E2 单元格为 222

D. Sheet1、Sheet2 工作表的 E2 单元格均为 222

20. 在 Excel 图表中，不存在的图形类型是（　　）。

    A. 条形图   B. 圆锥形图   C. 柱形图   D. 气泡图

三、多项选择题

1. Excel 具有（　　）功能。

    A. 设置表格格式   B. 数据管理   C. 编辑表格   D. 打印表格

2. Excel 具有自动填充功能，可以自动填充（　　）。

    A. 日期   B. 数字   C. 公式   D. 时间

3. Excel 将下列数据项视作数值的是（　　）。

    A. 2034   B. 15A587   C. 3.00E+02   D. -10214.8

4. 一个工作簿可以有多个工作表，下列叙述正确的是（　　）。

    A. 当前工作表不能多于一个

    B. 当前工作表可以有多个

    C. 单击工作表队列中的表名，可选择当前工作表

    D. 按住 Ctrl 键的同时，单击多个工作表名，可选择多个当前工作表

5. 下列关于 Excel 的叙述中，正确的有（　　）。

    A. 工作表不可以重新命名

    B. 单击"开始"选项卡→"单元格"分组→"删除"下拉按钮→"删除工作表"命令，会删除当前工作薄的所有工作表

    C. 双击某工作表标签，可以对该工作表重新命名

    D. 工作薄的第一个工作表名称都约定为工作簿1

6. 下列单元格引用中，哪几项属于绝对引用？（　　）

    A. $A6   B. A6   C. $A$6   D. $C$21

7. 下列（　　）操作可选择当前单元格。

    A. 单击单元格   B. 用键盘上的↑、↓、←、→方向键

    C. 在名称框中输入单元格的名字   D. 不能用鼠标操作

8. 下列关于 Excel 电子表格软件叙述中，正确的是（　　）。

    A. 可以有多个工作表格   B. 只能有一个工作表

    C. 可以有几个独立图表   D. Excel 是 Microsoft 公司开发的

9. 下列关于 Excel 的关闭操作中，正确的是（　　）。

    A. 单击"文件"选项卡→"退出"命令，可以退出 Excel

    B. 单击"文件"选项卡→"关闭"命令，可以关闭 Excel

    C. 双击标题栏左侧图标，可以关闭 Excel

    D. 可以将 Excel 中打开的所有文件一次性地关闭

10. 以下在单元格中输入的日期或时间正确的有（　　）。

    A. 7：44a   B. 95-4.5   C. 7-JUN   D. 17：55

11. 以下属于 Excel 图表类型的有（　　）。

    A. 柱形图   B. 条形图   C. 雷达图   D. 气泡图

12. 关于 Excel 2010 文档命名正确的是（　　）。

    A. 默认扩展名是 xlsx   B. 默认扩展名是 txt

C. 文档名使用 8.2 格式   D. 文档名中可以使用空格

13. 合并单元格的操作可以完成（　　　）。

    A. 合并行单元   B. 合并列单元

    C. 行列共同合并   D. 只能合并列单元

14. 在 Excel 中，当进行输入操作时，如果先选中一定范围的单元格，则输入数据后的结果错误的是（　　　）。

    A. 所选中的单元格中都会出现所输入的数据

    B. 只有当前活动单元格中出现输入数据

    C. 系统提示"操作错误"

    D. 系统会提问是在当前单元格中输入还是在所有选取中单元格中输入

15. 在 Excel 中，若要对执行的操作进行撤销，则以下说法错误的是（　　　）。

    A. 最多只能撤销 8 次   B. 最多只能撤销 16 次

    C. 最多只能撤销 10 次   D. 可以撤销无数次

16. 在 Excel 中有关对齐的说法，正确的是（　　　）。

    A. 在默认情况下，Excel 中所有数值型数据均右对齐

    B. 在默认情况下，所有文本在单元格中均左对齐

    C. Excel 允许用户改变单元格中数据的对齐方式

    D. Excel 中所有数值型数据均左对齐

17. 当单元格中输入的数据宽度大于单元格宽度时，若输入的数据是数字，则下列选项错误的是（　　　）。

    A. 用科学计数法表示

    B. 如果左边单元格为非空，则数据将四舍五入

    C. 如果右边单元格为空，则数据将四舍五入

    D. 显示"Error！"

18. 当单元格中输入的数据宽度大于单元格宽度时，如输入的数据是文本，则下列选项错误的是（　　　）。

    A. 如果右边单元格为空，则数据将跨列显示

    B. 如果左边单元格为非空，则只显示数据的前部分

    C. 右侧单元格中的数据不会丢失

    D. 右侧单元格中的数据会丢失

19. 求 B1 至 B7 的 7 个单元格的平均值，应用公式（　　　）。

    A. AVERAGE(B1:B7,7)   B. AVERAGE(B1,B7)

    C. SUM(B1:B7)/7   D. SUM(B1:B7)/COUNT(B1:B7)

20. 若在当前单元格输入公式，则单元格内显示（　　　）。

    A. 公式本身

    B. 若公式错误，则显示错误信息

    C. 若公式正确，则显示公式计算结果

    D. 计算结果

四、填空题

1. 在一个单元格内输入一个公式时，应先输入_____或_____。

2. 在 Excel 2010 中，编辑栏的名称框显示为 A7，则表示_____。

3. 12&34 的预算结果_____。

4. 单元格的引用有相对引用、绝对引用、_____。

5. Excel 工作表由_____行和_____列组成。

6. 筛选分为_____和_____两种。

7. 在对数据分类汇总前，需要做的一个操作是_____。

8. Excel 中的错误操作可用_____+_____键撤销（如有英文请写大写字母）。

9. 如果 A1:A5 单元格分别为 10、7、9、27、2，AVERAGE(A1:A5,5)=_____。

10. 若 A1 单元格为文本数据 3，A2 单元格为逻辑值 TRUE，则 SUM(A1:A2,2)=_____。

五、简述题

1. 简述单元格的相对引用、绝对引用和混合引用。

2. 如何实现数据自动填充？

3. 如何设置数据的有效性？

4. 如何设置单元格的底纹？

5. 简述对工作表的操作。

6. 如何进行高级筛选？

7. 分类汇总的操作步骤有哪些？

8. 如何插入和删除人工分页符？

第5章

演示文稿制作软件 PowerPoint 2010

Microsoft PowerPoint 是 Microsoft Office 应用程序组件的重要组成部分，是集文字、图形、声音、动画于一体的专门制作演示文稿的多媒体软件，并且可以生成网页。使用 PowerPoint 2010 可制作出图文并茂、色彩丰富、表现力和感染力极强的幻灯片。

本章主要内容

- 📖 PowerPoint 2010 基础知识
- 📖 演示文稿的创建和编辑
- 📖 演示文稿的格式设置
- 📖 制作幻灯片
- 📖 演示文稿的放映

5.1 PowerPoint 2010 基础知识

PowerPoint 2010 是 Office 2010 的重要组件，主要用来制作丰富多彩的电子演示文稿，使用户的讲解达到事半功倍的效果。利用 PowerPoint 制作的文件称为"演示文稿"，而演示文稿中的每一页称为一张幻灯片。一个演示文稿可以包括多张幻灯片，每张幻灯片都是演示文稿中既相互独立又相互联系的内容。

5.1.1 PowerPoint 2010 的主要功能

PowerPoint 2010 可以轻松地将用户的想法变成极具专业风范和富有感染力的演示文稿，并通过计算机屏幕或者投影机播放。PowerPoint 2010 可以用于制作宣传广告、演示产品等，还可以在互联网上召开远程会议或在 Web 上给观众展示演示文稿。

PowerPoint 2010 作为一个集成在 Office 2010 办公软件中的组件，不仅可以发挥自身的强大功能，而且可以利用 Office 2010 中其他组件的功能，使整个演示文稿更加专业和简洁。

为了使用户制作的演示文稿更丰富多彩，PowerPoint 2010 可以支持更多的媒体播放格式，如 ASX、WMX、M3U、WVX、WAX、WMA 等。同时，如果某种媒体编码器（对于播放文件是必要的）不存在，PowerPoint 2010 将尝试使用 Windows 媒体播放器技术下载它。例如，我们可以很方便地将一个影片剪辑插入演示幻灯片中，并使用全屏幕方式放映影片。

PowerPoint 2010 还具有"打包成 CD"功能，可以将演示文稿打包到 CD 上，并可选择包含一个新的 PowerPoint 播放器，不用担心接收者是否具有正确版本的 PowerPoint。"打包成 CD"功能允许接收者选择将 CD 插入计算机光驱中后就自动播放演示文稿。

5.1.2 PowerPoint 2010 的启动与退出

1. 启动

启动 PowerPoint 2010 有多种方法。

- 选择"开始"→"所有程序"→Microsoft Office→Microsoft Office PowerPoint 2010 命令，即可启动 PowerPoint 2010。
- 双击桌面上的 PowerPoint 2010 快捷方式图标，也可以启动 PowerPoint 2010。
- 利用"计算机"或者资源管理器找到要打开的 PowerPoint 文档，双击该 PowerPoint 文档图标，或右击该图标，在弹出的快捷菜单中选择"打开"命令，也可以启动 PowerPoint，同时打开此文档。

2. 退出

退出 PowerPoint 2010 也有多种方法。

- 选择"文件"→"退出"命令。
- 单击 PowerPoint 2010 标题栏右边的"关闭"按钮。
- 按 Alt+F4 组合键等。

在退出 PowerPoint 2010 时，若文件未保存过或在原来保存的基础上做了修改，则 PowerPoint 2010 将提示用户是否保存编辑或修改的内容，用户可以根据需要单击"是"或"否"或"取消"按钮。

5.1.3 PowerPoint 2010 的窗口与视图

1. PowerPoint 2010 窗口

启动 PowerPoint 2010 时，用户首先会看到 PowerPoint 2010 的标题屏幕，随后便可以进入 PowerPoint 2010 的工作环境，如图 5-1 所示。同 Office 2010 中的其他软件一样，PowerPoint 2010 界面也包括标题栏、选项卡、编辑区、滚动条和状态栏等元素。

（1）标题栏。标题栏显示目前正在使用的软件的名称和当前文档的名称，其左侧是程序图标和快速访问工具栏，其右侧是常见的"最小化""最大化/还原""关闭"按钮。

（2）选项卡。PowerPoint 2010 包括"文件""开始""插入""设计""切换""动画""幻灯片放映""审阅""视图""加载项"等选项卡。单击某选项卡，可以显示相应的分组及相关的命令按钮，单击按钮即可执行相关的操作命令。选项卡包含了 PowerPoint 的所有控制功能。

（3）编辑区。编辑区是用来显示当前幻灯片的一个大视图，可以添加文本、图片、表格、图表、绘制图形、文本框、电影、声音、超链接和动画等。

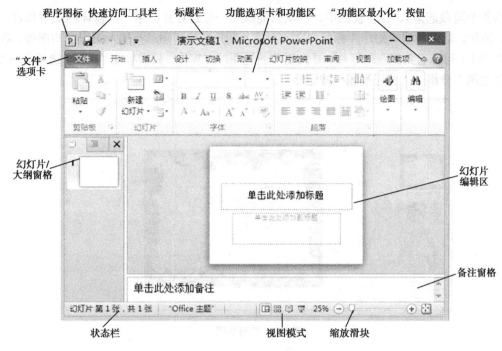

图 5-1　PowerPoint 2010 窗口

（4）备注窗格。用户可在"备注"窗格添加与每张幻灯片的内容相关的备注，并且在放映演示文稿时将它们用作打印形式的参考资料，或者创建希望让观众以打印形式或在 Web 页上看到的备注。

（5）幻灯片/大纲窗格。幻灯片窗格由每一张幻灯片的缩略图组成。此窗格中有两个选项卡，一个是默认的"幻灯片"选项卡，另一个是"大纲"选项卡。当切换到"大纲"选项卡时，可以在幻灯片窗格中编辑文本信息。

（6）状态栏。状态栏显示与演示文稿相关的一些信息，如总共有多少张幻灯片，当前是第几张幻灯片等。

（7）视图栏。PowerPoint 2010 中有 5 种不同的视图，包括普通视图、幻灯片浏览视图、阅读视图、幻灯片放映视图及备注页视图。视图栏中有 4 个视图（除备注页视图）切换按钮，从左往右依次是"普通视图""幻灯片浏览视图""阅读视图""幻灯片放映视图"。

2．PowerPoint 2010 视图

PowerPoint 2010 提供了多种基本的视图方式，如普通视图、幻灯片浏览视图、阅读视图、幻灯片放映视图、备注页视图。每种视图都有其特定的显示方式和加工特色，并且在一种视图中对演示文稿的修改和加工会自动反映在该演示文稿的其他视图中。

1）普通视图

如果要切换到普通视图，只需单击视图栏中的"普通视图"按钮或者单击"视图"选项卡→"演示文稿视图"分组→"普通视图"按钮即可。

普通视图包括 3 个窗格，即大纲窗格、幻灯片窗格和备注窗格，为当前幻灯片和演示文稿提供全面的信息显示，如图 5-2 所示。

将普通视图的左窗格关闭后，就是一个典型的幻灯片视图了，整个窗口的主体被幻灯片的编辑窗格所占据，仅在左边显示当前演示文稿中的幻灯片图标（甚至通过移动分隔线的方法将

左窗格整个隐藏起来）。在该视图中，一次只能操作一张幻灯片，用户可以详细观察和设计幻灯片。例如，输入和编辑幻灯片标题和文本、插入图片、绘制图形及插入组织结构图等。在幻灯片视图中，可以看到整张幻灯片。要恢复普通视图的左窗格，只需单击"视图"选项卡→"演示文稿视图"分组→"普通视图"按钮即可。

图 5-2　普通视图

单击普通视图左窗格中的"大纲"选项卡，就成为了所谓的大纲视图了。大纲视图仅显示幻灯片的标题和主要的文本信息，适合组织和创建演示文稿的内容。该视图按编号由小到大的顺序和幻灯片内容的层次关系，显示演示文稿中全部幻灯片的编号、图标、标题和主要的文本信息等。在大纲视图中，可以使用"大纲"工具栏中的按钮来控制演示文稿的结构。

2）幻灯片浏览视图

如果要切换到幻灯片浏览视图，则只需单击视图栏中的"幻灯片浏览视图"按钮或者单击"视图"选项卡→"演示文稿视图"分组→"幻灯片浏览视图"按钮即可。

在幻灯片浏览视图中，演示文稿中的所有幻灯片以缩略图的形式按顺序显示出来，以便一目了然地看到多张幻灯片的效果，且可以方便地在幻灯片和幻灯片之间进行移动、复制、删除等，如图 5-3 所示。在该视图下，用户无法编辑幻灯片中的各种对象。

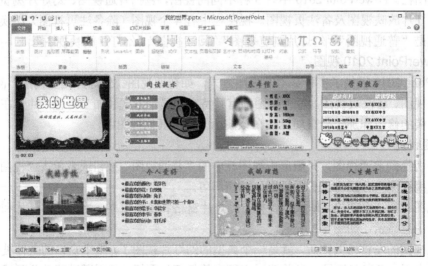

图 5-3　幻灯片浏览视图

3）阅读视图

如果要切换到阅读视图，则只需单击视图栏中的"阅读视图"按钮或者单击"视图"选项卡→"演示文稿视图"分组→"阅读视图"按钮即可。

阅读视图仅显示标题栏、阅读区和状态栏，主要用于浏览幻灯片的内容。在该模式下，演示文稿中的幻灯片将以窗口大小进行放映，如图5-4所示。

图5-4　阅读视图

4）幻灯片放映视图

如果要切换到幻灯片放映视图，则只需按F5功能键或者单击"幻灯片放映"选项卡→"开始放映幻灯片"分组→"从头开始"按钮即可，按Esc键可退出幻灯片放映视图。如果单击视图栏中的"幻灯片放映"按钮或者按Shift+F5组合键，或者单击"幻灯片放映"选项卡→"开始放映幻灯片"分组→"从当前幻灯片开始"按钮，则从当前幻灯片开始放映。

在幻灯片放映视图下，幻灯片占据整个计算机屏幕，用户可以看到文字、图形、图像、影片、动画元素及切换效果，如图5-5所示。

图5-5　幻灯片放映视图

幻灯片放映视图就像一台真实的幻灯放映机，演示文稿在计算机屏幕上呈现全屏外观。如果最终输出用于屏幕上演示幻灯片，则使用幻灯片放映视图就特别有用。当然，在放映幻灯片时，用户可以加入许多特效，使演示过程更加有趣。

PowerPoint 还允许在放映过程中，设置绘图笔加入屏幕注释，或者指定切换到特定的幻灯片等。

5）备注页视图

如果要切换到备注页视图，则只需单击"视图"选项卡→"演示文稿视图"分组→"备注页"按钮即可。

备注页一般用于建立、修改和编辑演讲者备注，可以记录演讲者演讲时所需的一些提示重点，在演示文稿放映时不会出现。备注的文本内容可以通过普通视图中的"备注"窗格进行输入和编辑，而备注页视图可以更方便地进行备注文字编辑操作。在备注页视图中，可以移动幻灯片缩像的位置、放映幻灯片缩像的大小，并且可以输入或编辑备注文本及图片。

默认情况下，PowerPoint 2010 按整页缩放比例显示备注页，如图 5-6 所示。因此，在输入或编辑演讲备注内容时，按默认的显示比例阅读文本是比较困难的，用户可以适当增大显示比例。

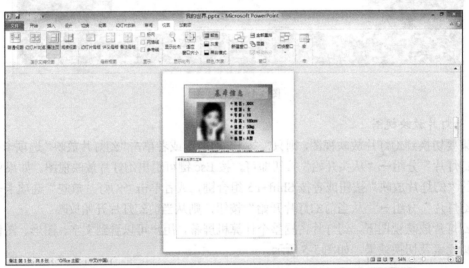

图 5-6　备注页视图

5.2　演示文稿基本操作

PowerPoint 2010 提供了多种创建演示文稿的方法。

5.2.1　新建演示文稿

为了满足各种需要，PowerPoint 2010 提供了多种创建演示文稿的方法，如创建空白演示文稿、利用模板创建演示文稿、使用 Office.com 上的模板创建演示文稿及根据现有内容创建演示文稿等。

1. 创建空白演示文稿

启动 PowerPoint 2010 时会自动创建一个默认名为"演示文稿1"的空白演示文稿。除此之外，用户还可以通过命令或工具创建空白演示文稿，其操作方法如下。

● 单击快速访问工具栏中的"新建"按钮□，或者按 Ctrl+N 组合键，可以新建一个默认的空演示文稿。

● 单击"文件"选项卡→"新建"命令，在"可用的模板和主题"选项组中选择"空白演示文稿"选项，单击"创建"按钮，如图 5-7 所示。

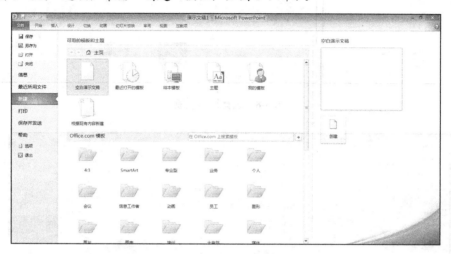

图 5-7　创建空白演示文稿

如果用户对演示文稿的内容和结构比较熟练，则可以利用空白演示文稿进行演示文稿的设计。在需要进行创建的空白演示文稿中，只有黑色和白色两种颜色，不包括任何形式的样式，也没有经过任何的设计，所以在创建空白演示文稿的过程中，用户可以在幻灯片中充分使用颜色、标识、字体、版式和一些样式特性。因此，对具有丰富的创造力和想象力的用户来说，创建空白演示文稿具有较大程度的灵活性。

2. 利用模板创建演示文稿

利用 PowerPoint 2010 提供的模板来创建演示文稿，其方法与通过命令创建空白演示文稿的方法类似。启动 PowerPoint 2010，单击"文件"选项卡→"新建"命令，在"可用的模板和主题"选项组中选择"样本模板"选项，在打开的界面中选择所需的模板选项，单击"创建"按钮，如图 5-8 所示。

样本模板指的是已经设计好的幻灯片的结构方案，包括幻灯片的背景图像、文字版式、配色方案等内容。PowerPoint 2010 为用户提供了大量的设计模板，用户可以把设计模板应用到新创建的幻灯片，这样就可以使得同一个演示文稿中的所有幻灯片风格统一，使幻灯片的整体效果协调一致。此外，用户还可以在输入幻灯片内容的同时看到文稿的设计方案，从而增强演示文稿的直观性。在 PowerPoint 2010 中，用户不仅可以应用系统提供的设计模板，而且可以创建自己的模板。PowerPoint 2010 模板文档的扩展名是 potx。

例如，在"可用的模板和主题"选项组中选择"项目状态报表"模板，单击"创建"按钮，即生成图 5-9 所示的演示文稿。可以看到所选的模板已经应用到幻灯片视图中，用户可以在幻灯片视图中对幻灯片进行编辑处理，如输入文字、插入图片、使用声音等。

图 5-8　选择样本模板

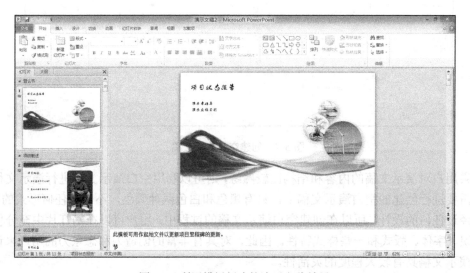

图 5-9　利用模板创建的演示文稿效果

3. 使用 Office.com 上的模板创建演示文稿

如果 PowerPoint 自带的模板不能满足用户的需要，则用户可使用 Office.com 上的模板来快速创建演示文稿。单击"文件"选项卡→"新建"命令，在"Office.com 模板"选项组中单击"业务计划"文件夹图标，然后选择需要的模板样式，单击"下载"按钮，在打开的"正在下载模板"对话框中将显示下载的进度，如图 5-10 所示。需要注意的是，使用 Office.com 上的模板来创建演示文稿的前提是必须联网，因为需要从 Office.com 上下载模板后才能创建演示文稿。下载完成后，系统将自动根据下载的模板创建演示文稿。

4. 根据现有内容创建演示文稿

用户在创建一个新的演示文稿的时候，如果认为他人制作的或者是自己曾经创作过的演示文稿比较合适，则可以利用这些已有的演示文稿来创作新的演示文稿。

利用已有的演示文稿创建演示文稿有两种方法：一种方法是备份已有的演示文稿，然后打开备份文件，再将不需要的内容删除掉，并添加新的内容，通过逐步修改来制作出新的演示文稿；另一种方法是先利用模板建立一个演示文稿，再将已有演示文稿中的部分内容插入新演示文稿中即可。具体创建步骤如下：单击"文件"选项卡→"新建"命令，在"可用的模板和主题"选项组中选择"根据现有内容新建"选项，在弹出的"根据现有演示文稿新建"对话框中选择所需的已有演示文稿，单击"新建"按钮，即可在已有的演示文稿基础上创建新演示文稿，如图 5-11 所示。

图 5-10　下载模板

图 5-11　"根据现有演示文稿新建"对话框

直接利用已有的演示文稿创建新的演示文稿，不会改变已有的演示文稿的内容，实际上是建立了原文稿的副本，相当于打开原来的演示文稿，然后执行"另存为"操作。

5.2.2 打开与关闭演示文稿

1. 打开演示文稿

用户如需继续编辑还未完成的演示文稿，或者要修改已经制作好的演示文稿，或者要利用已有的演示文稿创建新的演示文稿，则都需要打开演示文稿。打开已有的演示文稿的方法主要有以下几种。

- 通过资源管理器或"计算机"找到要打开的演示文稿，双击即可。
- 在 PowerPoint 2010 主窗口界面中单击"文件"选项卡→"打开"命令，在弹出的"打开"对话框中找到要打开的文件，单击"打开"按钮。
- 在 PowerPoint 2010 的快速访问工具栏中单击"打开"按钮，在弹出的"打开"对话框中找到要打开的文件，单击"打开"按钮。
- 按 Ctrl+O 组合键，弹出"打开"对话框。

如果用户想在"打开"对话框中同时打开多个演示文稿，且文件连续排列，则可以按住 Shift 键，先单击第一个文件，然后单击最后一个文件，二者中间部分文件即被选中；如果文件不连续，则可以按住 Ctrl 键，然后单击要打开的文件，完成后单击对话框中的"打开"按钮即可。

单击"打开"按钮右侧的下拉按钮，在打开的下拉列表中可以选择打开演示文稿的方式，如图 5-12 所示。"以只读方式打开"的演示文稿只能进行浏览，不能更改内容；"以副本方式打开"演示文稿是将演示文稿作为副本打开，对演示文稿进行编辑时不会影响源文件的效果；在编辑演示文稿的过程中，当遇到断电或因某种故障需重启计算机，而演示文稿未及时保存时，可使用"打开并修复"功能恢复演示文稿。

图 5-12 选择演示文稿打开方式

2. 关闭演示文稿

当演示文稿编辑完成后，若不再需要对其进行其他操作，则可将其关闭。关闭演示文稿的常用方法有以下几种。

（1）在 PowerPoint 2010 工作界面标题栏上右击，在弹出的快捷菜单中选择"关闭"命令。

（2）单击 PowerPoint 2010 工作界面标题栏右上角的"关闭"按钮，关闭演示文稿并退出

PowerPoint 程序。

（3）选择要关闭的演示文稿，使其成为当前演示文稿，然后单击"文件"选项卡→"关闭"命令，即可关闭当前演示文稿。

5.2.3 保存演示文稿

PowerPoint 2010 演示文稿保存的默认文件夹是"文档"，用户可以根据需要将文件保存到需要的位置。演示文稿的扩展名是 pptx，演示文稿也称为 PPT 文件。

1. 保存新演示文稿

（1）单击快速访问工具栏中的"保存"按钮 或按 F12 功能键，或按 Ctrl+S 组合键，打开"另存为"对话框，如图 5-13 所示。

图 5-13 "另存为"对话框

（2）选择保存文件的驱动器和文件夹。

（3）在"文件名"文本框中输入保存文档的名称。通常 PowerPoint 会建议一个文件名，用户可以使用这个文件名，也可以为文件另起一个新名。

（4）在"保存类型"下拉列表中选择所需的文件类型。PowerPoint 默认文件类型为".pptx"。

（5）单击"保存"按钮。

提示： 首次保存新文档，也可以通过单击"文件"选项卡→"保存"命令或"另存为"命令来操作，也会打开"另存为"对话框。另外，在"另存为"对话框中，用户还可以创建新的文件夹。在保存文档时还可以进行版本控制、设置文件的安全性等。

2. 保存已命名的演示文稿

对于已经命名并保存过的演示文稿，再次对其进行编辑、修改后可进行再次保存，这时可通过单击 按钮，或单击"文件"选项卡→"保存"命令，或按 Ctrl+S 组合键实现。

3. 换名保存演示文稿

如果打开了旧演示文稿，对其进行了编辑、修改，但同时希望保留修改之前的原文稿内容，这时我们就可以将正在编辑的文稿进行换名保存。方法如下。

（1）单击"文件"选项卡→"另存为"命令，打开"另存为"对话框。

（2）选择要保存文档的驱动器和文件夹。

（3）在"文件名"文本框中输入新的文件名，单击"保存"按钮即可。

5.2.4　演示文稿的封装打包

PowerPoint 2010 可以将演示文稿打包到文件或 CD，打包的内容包含 PowerPoint 播放器等，使用户可以方便将现有的演示文稿移植到其他任何计算机上放映。

打开需要打包的演示文稿，单击"文件"选项卡→"保存并发送"→"将演示文稿打包成 CD"命令，如图 5-14 所示。窗口右侧显示"将演示文稿打包成 CD"的文字说明，单击"打包成 CD"按钮，即可打开"打包成 CD"对话框，如图 5-15（a）所示。

图 5-14　执行"将演示文稿打包成 CD"命令

单击"添加"按钮，打开"添加文件"对话框，选择要添加到打包文件夹中的文件，单击"添加"按钮，就可以将要打包的文件添加成功。在"将 CD 命名为"文本框中输入打包后 CD 的名字，默认为"演示文稿 CD"。

单击"选项"按钮，打开"选项"对话框，可以对打包做一些高级设置，如设置密码等，如图 5-15（b）所示。

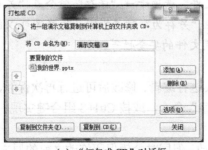

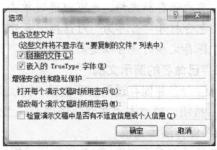

（a）"打包成 CD"对话框　　　　　　　　　　　（b）"选项"对话框

图 5-15　打包设置

在"选项"对话框中设置包含的文件、安全措施等内容，单击"确定"按钮，切换回"打包成 CD"对话框，根据情况单击"复制到文件夹"或者"复制到 CD"按钮即可。最后单击"关闭"按钮，结束打包。

5.3 幻灯片基本操作

演示文稿内容的输入和排版是幻灯片制作中的基本操作。PowerPoint 中所有的正文均输入到"占位符"中。这里的"占位符"是指创建新幻灯片时出现的虚线方框。这些方框可作为一些对象（如幻灯片标题、文本、图表、表格、组织结构图和剪贴画等）的"占位符"，单击标题、文本等占位符可以添加文字，双击图表、表格等占位符可以添加相应的对象。在制作幻灯片的过程中，除了对每张幻灯片的内容进行编辑操作外，还要对幻灯片进行插入、删除、移动和复制等操作。

5.3.1 文本输入与排版

PowerPoint 2010 提供了多种为幻灯片添加文字内容的方法，使用文本占位符和文本框输入数据是最常用、最直接的方法。

1. 在占位符中添加文本

在采用空白演示文稿方式建立幻灯片后，在幻灯片工作区就会看到各"占位符"，如图 5-16 所示，单击"占位符"中的任意位置，此时虚线框将被带控点的长虚线边框代替。"占位符"的原始示例文本将消失，其内出现一个闪烁的插入点，表明可以输入文本了。输入完毕后，单击"占位符"框外的任意空白区域即可。输入文本时，PowerPoint 会自动将超出"占位符"的部分转到下一行，或者按 Enter 键开始新的文本行。

图 5-16　幻灯片中的"占位符"

2. 在文本框中添加文本

当用户选择了"开始"选项卡→"幻灯片"分组→"版式"中的"空白"版式，或需要在幻灯片中的"占位符"以外的位置添加文本时，必须先插入文本框，才能在文本框中输入文本。具体操作步骤如下。

（1）单击"插入"选项卡→"文本"分组→"文本框"下拉按钮，选择添加横排或垂直文本框，如图 5-17 所示；或者单击"开始"选项卡→"绘图"分组→"文本框"按钮，在幻灯片上按住鼠标左键，当鼠标指针变成"+"时，拖动鼠标即可插入一个文本框。

（2）在文本框中输入文本，输入完毕后，单击文本框外的任意空白区域即可。

3. 在大纲视图中添加文本

在大纲视图中，用户可以方便地对文本内容进行编辑，可以输入文本，也可以将 Word 文字处理系统创建的文档插入 PowerPoint。

图 5-17　通过"文本"分组添加文本框

当切换到大纲视图后，可以调整幻灯片的顺序，改变幻灯片内各标题的顺序和层次，删除、复制和移动各标题文本，对个别或全部幻灯片内容做折叠和展开等操作。

4. 文本的排版

对于一张刚输入完文本的幻灯片，如果不经过排版，其往往会显得很粗糙，如字号不合适，整个内容在幻灯片上的比例不协调等。这就需要对幻灯片中的文本内容进行排版，操作方法如下。

（1）选中相应的文本。

（2）单击"开始"选项卡→"字体"分组，根据需要设置中文字体、西文字体、字型、字号、字体样式、颜色、效果、字符间距等；单击"开始"选项卡→"段落"分组，设置项目符号、文字对齐方式等，如图 5-18 所示。操作方法与 Word 的操作方法基本相同。

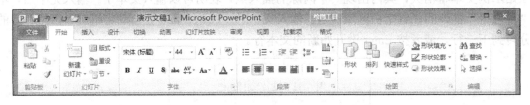

图 5-18　"字体"分组和"段落"分组

5.3.2　艺术字与图片处理

1. 插入艺术字

艺术字以图像形式存在，不能像普通文本那样直接输入，而要使用"艺术字"工具指定某种艺术效果样式，然后才能输入文字。插入艺术字的操作步骤如下。

（1）单击"插入"选项卡→"文本"分组→"艺术字"下拉按钮，在打开的"艺术字样式"列表中选择某种艺术字样式，将鼠标指针停留在样式上面则会显示该样式的具体属性，如图 5-19 所示。设置样式后，幻灯片中会自动生成一个文本框（请在此放置您的文字），单击此文本框，即可输入艺术字。

（2）选中该艺术字，单击"绘图工具：格式"选项卡，可以对该艺术字进行高级设置，如图 5-20 所示。

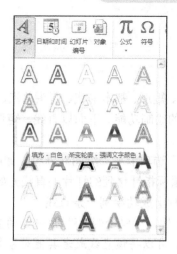

图 5-19　选择艺术字样式

图 5-20　设置艺术字格式

2. 插入图片

在 PowerPoint 2010 中，用户可以轻松地插入一些适合演示文稿主题的图片，以达到美化演示文稿的目的。PowerPoint 2010 包含了大量的剪贴画，当然，美术水平较高的用户也许不满足于 PowerPoint 2010 的剪辑库所提供的图片种类，这时可以利用 PowerPoint 2010 提供的"绘图"工具自己进行绘制；同时，也可插入用其他方式获取的图片。

当用户需要在幻灯片内添加图形图像文件时，可以通过"插入"选项卡→"图像"分组来插入图形图像和背景图片，如图 5-21 所示。

（1）图片：插入来自外部的图片文件。

（2）剪贴画：插入 PowerPoint 内部剪贴画中的图片文件。

（3）屏幕截图：插入当前运行各程序的界面截图。

（4）相册：插入在 PowerPoint 中创建的相册中的图片文件。

图 5-21　插入图片

3. 图片处理

选中需要处理的图片，单击"图片工具：格式"选项卡，通过该选项卡可以对 PowerPoint 中的图片进行简单的处理，如图 5-22 所示，操作方法与 Word 2010 基本相同。

图 5-22　"图片工具：格式"选项卡

5.3.3 绘制图形

1. 绘制基本图形

PowerPoint 2010 提供了线条、矩形、基本形状、箭头总汇、公式形状、流程图、星与旗帜、标注、动作按钮等几种自选图形的绘制功能。下面以直线、矩形和椭圆为例，说明自选图形的绘制和相关编辑。

（1）绘制直线。单击"开始"选项卡→"绘图"分组，如图 5-23 所示。单击"直线"按钮，鼠标指针呈"十"字形。将鼠标指针移到幻灯片上直线开始处，单击并拖动直到鼠标指针到达直线结束处，即可以在幻灯片上成功绘制一条直线。

提示： 拖动的同时按住 Shift 键，可以绘制45°角倍数的直线，即绘制0°、45°、90°等直线。拖动的同时按住 Ctrl 键，可以将该直线或者其他对象复制一份。单击直线，直线两端出现空心圆控点，将鼠标指针移到控点处，当其变成双向箭头时，拖动控点可以改变直线的长度和方向。

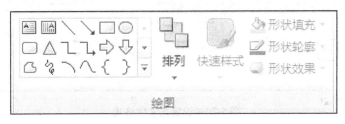

图 5-23 "绘图"分组

（2）绘制矩形和椭圆。单击"开始"选项卡→"绘图"分组→"矩形"按钮或者"椭圆"按钮，鼠标指针变成"十"字形状后，在幻灯片中按住鼠标左键拖动，即可成功绘制矩形或者椭圆。如果对绘制的矩形或者椭圆形状不满意，则可以通过调节矩形或者椭圆的控点进行调整。

提示： 拖动的同时按住 Shift 键，可以绘制正方形、正圆等标准图形。

（3）向图形添加文本。如果希望在绘制的图形上增加文本信息，则可以单击绘制的图形或者选中该图形，右击，在弹出的快捷菜单中选择"编辑文字"命令，就可以在绘制的图形上添加文字，并对文字进行编辑、修改。

2. 绘制组合图形

在 PowerPoint 中绘制的多个图形有时需要作为一个整体进行移动、复制和调整大小。将多个图形组合成一个图形的操作，称为图形的"组合"；将组合的图形拆分为几个图形的操作，称为"取消组合"；将组合后的图形与其他图形再次进行组合，称为"重新组合"。

（1）用鼠标框选出需要进行组合的多个图形，或者按住 Shift 键，依次单击需要进行组合的多个图形，然后单击"开始"选项卡→"绘图"分组→"排列"下拉按钮，展开排列菜单项，如图 5-24 所示，选择"组合"选项（快捷键为 Ctrl+G），就可以对选中的多个图形对象进行组合。或者在选中多个图形对象后，右击，在弹出的快捷菜单中选择"组合"命令，也可以对选中的多个图形对象进行组合，如图 5-25 所示。

（2）如果想取消组合，则选中组合图形，单击"开始"选项卡→"绘图"分组→"排列"下拉按钮→"取消组合"命令，或者在组合图形上右击，在弹出的快捷菜单中选择"取消组合"命令，都可以对组合图形进行拆分。

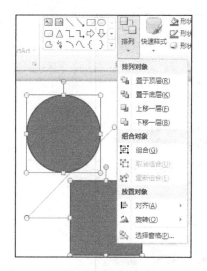

图 5-24 排列菜单项　　　　　　　　　图 5-25 鼠标右键"组合"命令

（3）对于绘制的多个图形，如果想改变图形叠放的上下层次，则选中需要改变层次的图形，单击"开始"选项卡→"绘图"分组→"排列"下拉按钮，展开排列菜单项，通过"排列对象"选项进行上下层次的改变。也可以通过鼠标右键快捷菜单进行图形上下层次的改变，如图 5-26 所示。

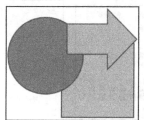
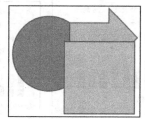

图 5-26 图形上下层次的改变

3. 格式化图形

1）快速设置图形样式

绘制图形可以使用 PowerPoint 2010 预设的各种样式快速设定其样式。选中绘制好的图形，单击"开始"选项卡→"绘图"分组→"快速样式"下拉按钮，展开 PowerPoint 2010 的各种预置的图形样式，如图 5-27 所示。选择合适的图形样式即可将这种样式应用于选中的图形上。

2）自定义图形样式

对于绘制的图形，也可以按照要求进行线型的样式、颜色及其填充色的自定义设置，如图 5-28 所示。

单击"开始"选项卡→"绘图"分组→"形状填充"下拉按钮，选择该图形的填充色，也可以选择填充的图形、渐变和纹理等填充样式。

单击"开始"选项卡→"绘图"分组→"形状轮廓"下拉按钮，对该图形的轮廓线进行设置，可以设置轮廓线的线型、颜色，对于箭头，还可以设置箭头的样式。

单击"开始"选项卡→"绘图"分组→"形状效果"下拉按钮，可以为形状添加一些特殊的效果。

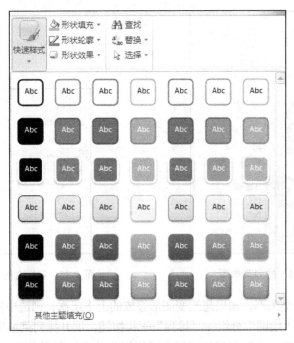

图 5-27　PowerPoint 2010 的各种预置图形样式

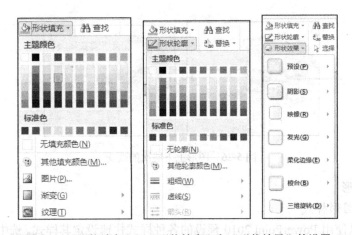

图 5-28　"形状填充"、"形状轮廓"和"形状效果"的设置

对于图形所有样式的设置，也可选中图形，单击"绘图工具：格式"选项卡，在各分组中选择相应选项进行相关设置，如图 5-29 所示，操作方法与 Word 2010 基本相同。

图 5-29　"绘图工具：格式"选项卡

4．创建 SmartArt 图形

SmartArt 图形用于表明各事物之间的关系，是信息和观点的视觉表示形式。可以通过从多种不同布局中进行选择来创建 SmartArt 图形，从而快速、轻松、有效地传达信息。

SmartArt 图形就是一系列已经成型的表示某种关系的逻辑图、组织结构图，可以是并列、推理递进、发展演变、对比等。

1）创建 SmartArt 图形并添加文字

单击"插入"选项卡→"插图"分组→"SmartArt"按钮，打开"选择 SmartArt 图形"对话框，如图 5-30 所示。

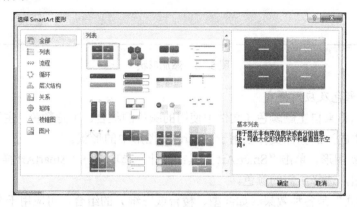

图 5-30 "选择 SmartArt 图形"对话框

在左侧选择一种 SmartArt 图形类型，如"流程"、"层次结构"、"循环"或"关系"，每种类型的 SmartArt 图形包含若干不同的布局。选择了一个布局之后，可以很容易地切换 SmartArt 图形的布局或类型。新布局中将自动保留大部分文字及颜色、样式、效果和文本格式。单击"文本"窗格中的"[文本]"，然后输入文字。或者从其他位置或程序复制文本，单击"文本"窗格中的"[文本]"，然后粘贴文本。如果看不到"文本"窗格，则可以单击伸缩控件，如图 5-31 所示。

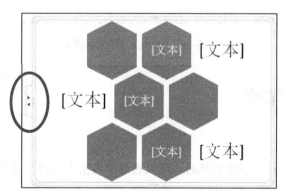

图 5-31 添加文字

2）添加或删除形状

选择 SmartArt 图形，单击最接近新形状的添加位置的现有形状。单击"SmartArt 工具|设计"选项卡→"创建图形"分组→"添加形状"下拉按钮。如果要在所选形状之后插入一个形状，则选择"在后面添加形状"命令；如果要在所选形状之前插入一个形状，则选择"在前面添加形状"命令，如图 5-32 所示。

若要从 SmartArt 图形中删除形状，则单击要删除的形状，然后按 Delete 键。若要删除整个 SmartArt 图形，则单击 SmartArt 图形的边框，然后按 Delete 键。

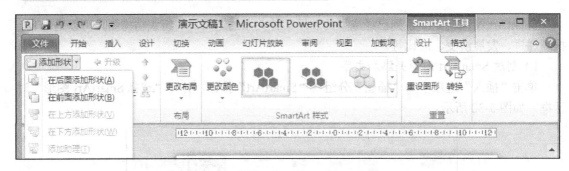

图 5-32　添加形状

3）更改图形颜色及应用样式

更改颜色可以将来自主题颜色（文件中使用的颜色的集合。主题颜色、主题字体和主题效果三者构成一个主题）的颜色变体应用于 SmartArt 图形中的形状。

选择 SmartArt 图形，单击"SmartArt 工具：设计"选项卡→"SmartArt 样式"分组→"更改颜色"下拉按钮，选择所需的颜色。

"SmartArt 样式"是各种效果（如线型、棱台或三维）的组合，可应用于 SmartArt 图形中的形状以创建独特且具专业设计效果的外观。

选择 SmartArt 图形，在"SmartArt 工具：设计"选项卡→"SmartArt 样式"分组中单击所需的 SmartArt 样式即可，如图 5-33 所示。

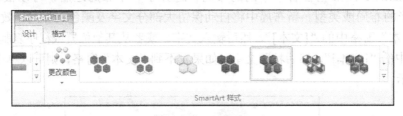

图 5-33　更改颜色及应用样式

5.3.4　添加表格和图表

1. 添加表格

1）创建表格

当用户需要在幻灯片内添加表格时，可以通过"表格占位符"或者"插入"选项卡来插入表格。

单击新幻灯片中的"表格"占位符，打开"插入表格"对话框，输入所需的行数和列数，就可以在幻灯片内创建一张表格，如图 5-34 所示。

单击"开始"选项卡→"表格"分组→"表格"下拉按钮，可以直接拖动选中需要表格的行数和列数，也可以在幻灯片里插入表格，不过采用此种方法插入的表格最大不能超过 10 列×8 行。另外，如果直接选择"插入表格"命令，则输入需要的行、列数也可以创建表格。或者选择"绘制表格"命令，自由绘制表格。还可以选择"Excel 电子表格"命令，直接将 Excel 的外部表格导入 PowerPoint 中，如图 5-35 所示。

图 5-34　通过"表格"占位符创建表格　　　　图 5-35　"表格"功能组

2）在表格中输入文本

表格创建成功后，就可以在表格内输入表格内容了。单击需要输入内容的单元格，即可在该单元格内输入内容。

3）编辑表格

表格制作完成后，如果对其不满意，则可以修改表格的结构，包括插入删除行（列）、合并拆分单元格等，还可以对表格的样式进行相关的设置。选中表格后，单击"表格工具：设计"或"表格工具：布局"选项卡，就可以对相关选项进行设置了，如图 5-36 所示，操作方法与 Word 2010 基本相同。

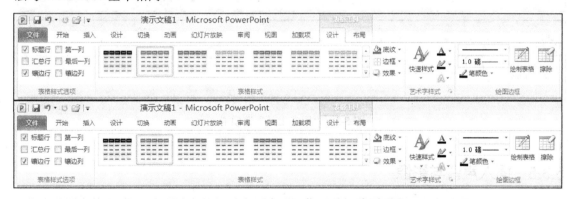

图 5-36　"表格工具：设计"和"表格工具：布局"选项卡

2．添加图表

当用户需要在幻灯片内添加图表时，可以通过"图表占位符"或者"插入"选项卡来插入表格。

单击新幻灯片中的"图表"占位符，打开"插入图表"对话框，如图 5-37 所示。选择图表类型后就可以在幻灯片内创建一张图表了。

单击"插入"选项卡→"插图"分组→"图表"按钮，也可以打开"插入图表"对话框。

图表创建完毕后，单击"图表工具"选项卡，如图 5-38 所示，可对图表的类型、数据、布局和样式等进行编辑、修改，操作方法与 Excel 2010 基本相同。

图 5-37 "插入图表"对话框

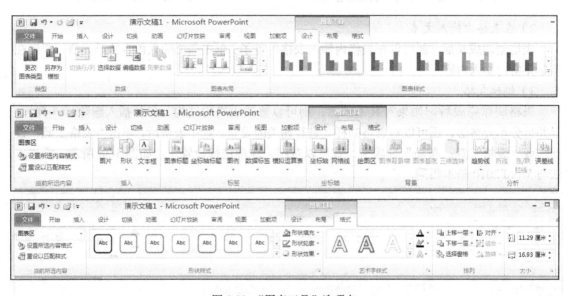

图 5-38 "图表工具"选项卡

5.3.5 插入声音与影像

在幻灯片中插入声音、视频等多媒体对象，可使制作的演示文稿真正成为多媒体演示文稿。PowerPoint 2010 提供了一定的影片、声音文件，同时可以插入来自文件的影片和声音。

图 5-39 插入音频

1. 插入音频文件

相较于 2003 版和 2007 版的 PowerPoint 只支持 WAV 格式的音频文件、其他音频文件只可以链接，PowerPoint 2010 能够完全地嵌入音频格式，不会出现音频文件忘记打包而无法播放的情况。选中需要插入声音文件的幻灯片，单击"插入"选项卡→"媒体"分组→"音频"下拉按钮，可以通过 3 种途径插入音频文件，如图 5-39 所示。

● 文件中的音频：插入外部音频文件。

● 剪贴画音频：插入 PowerPoint 2010 剪贴画库的音频文件。

● 录制音频：使用 PowerPoint 2010 提供的录音机录制音频文件。

插入的音频文件可以在 PowerPoint 内进行剪裁,在插入的音频文件图标上右击,在弹出的快捷菜单中选择"剪裁音频"命令,打开"剪裁音频"对话框,如图 5-40 所示,即可以对所导入的音频进行剪裁处理。

要让插入的音频文件在多张幻灯片中连续播放,也即设置演示文稿的背景声音,可按照以下操作步骤进行:选中插入的音频文件图标,单击"动画"选项卡→"动画"分组→功能扩展按钮,打开"播放音频"对话框,如图 5-41 所示。在"停止播放"选项组中设置需要持续播放音频文件的幻灯片数量,则音频文件在当前幻灯片放映完毕后,依然可以持续播放。如果声音的播放时间较短,则可以选择"计时"选项卡,在"重复"下拉列表中选择"直到幻灯片末尾"选项即可。

图 5-40 "剪裁音频"对话框

图 5-41 "播放音频"对话框

2. 插入视频文件

可以通过单击"插入媒体剪辑"占位符,直接在幻灯片中插入外部视频文件,也可以通过单击"插入"选项卡→"媒体"分组→"视频"下拉按钮,选择"文件中的视频""来自网站的视频""剪贴画视频"3 种途径来插入视频文件,操作方法与在幻灯片中插入音频文件基本一致,如图 5-42 所示。

图 5-42 插入视频

3. 添加 Flash 动画

单击"文件"选项卡→"选项"命令,打开"PowerPoint 选项"对话框,选择"自定义功能区"选项卡,选中"主选项卡"→"开发工具"复选框,单击"确定"按钮,如图 5-43 所示。这样就可以在主选项卡中添加"开发工具"选项。

单击"开发工具"选项卡→"控件"分组→"其他控件"按钮,打开"其他控件"对话框,选择"Shockwave Flash Object"控件,单击"确定"按钮。这时鼠标指针变成"十"字形,在幻灯片中拖出一个可以调整大小的区域，在该区域中右击，在弹出的快捷菜单中选择"属性"命令，打开"属性"面板，在其中的"MovieDate"属性栏中输入文件名和扩展名，将该 Flash 文件和演示文稿放置于同一文件夹内，就可以成功播放了，如图 5-44 所示。

图 5-43　选择"开发工具"

图 5-44　添加 Flash 动画

5.3.6　插入超链接

如果创建的演示文稿涉及内部或外部文档中的许多信息，则可以使用 PowerPoint 2010 提供的超级链接（简称超链接）功能完成此任务。通过超链接的方式，当单击幻灯片中的某对象时，能跳转到预先设定的任意一张幻灯片、其他演示文稿、Word 文档或 Excel 文档，甚至还可以跳转到某个 Web 网页等。

超链接的起点可以是幻灯片中的任何对象，包括文本、形状、表格、图形和图片等。PowerPoint 2010 提供了两种激活超链接功能的交互动作："单击鼠标"和"鼠标移过"。"单击鼠标"选项卡用以设置单击动作交互的超链接功能。大多数情况下，建议采用"单击鼠标"的方式。如果采用"鼠标移过"的方式，则可能会出现意外的跳转。"鼠标移过"的方式适用于提示、播放声音或影片等。

如果为文本设置超链接，则在设置有超链接的文本上会自动添加下画线，并且其颜色变为配色方案中指定的颜色。当单击此超链接跳转到其他位置后，其颜色会发生改变，所以可以通过颜色来分辨访问过的超链接。

1. 直接插入超链接

直接插入超链接的操作步骤如下。

（1）选中要作为超链接起点的文本或对象。

（2）单击"插入"选项卡→"链接"分组→"超链接"按钮，或者按 Ctrl+K 组合键，或者在选定对象上右击，在弹出的快捷菜单中选择"超链接"命令，打开图 5-45 所示的"插入超链接"对话框。

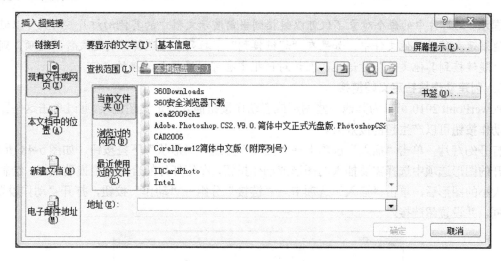

图 5-45 "插入超链接"对话框

（3）如果选择的超链接起点是文本，则"要显示的文字"文本框中显示文本；否则显示"在文档中选定的内容"。

（4）在"链接到"选项组中，可选择不同的跳转位置。

（5）如果需要设置提示信息，则可单击"屏幕提示"按钮，即可在文本框中输入所需的文本。

（6）单击"确定"按钮完成超链接的设置。

2. 通过"动作设置"对话框插入超链接

通过"动作设置"对话框插入超链接的操作步骤如下。

（1）选中幻灯片中要设置超链接的对象。

（2）单击"插入"选项卡→"链接"分组→"动作"按钮，打开"动作设置"对话框，如图 5-46 所示。

（3）在"动作设置"对话框中，选择"单击鼠标"或"鼠标移过"选项卡，选中"超链接到"单选按钮，在"超链接到"下拉列表中选择要超链接到的幻灯片位置，或选择"幻灯片"选项，打开"超链接到幻灯片"对话框，如图 5-47 所示，选择要链接到的幻灯片，单击"确定"按钮。这样在放映这张幻灯片时，单击鼠标或鼠标移过时就能跳转到被链接的幻灯片。

图 5-46 "动作设置"对话框   图 5-47 "超链接到幻灯片"对话框

提示： 幻灯片中的每个对象不仅可以链接到当前演示文稿中的其他幻灯片，而且可以链接到其他演示文稿或其他文件中。如果在"超链接到"下拉列表中选择"其他文件"选项，则可打开"超链接到其他文件"对话框，在该对话框中也可以选择要链接的文件。

3. 创建动作按钮定义超链接

PowerPoint 2010 可以为其他一些图形或者动作按钮插入并定义超链接，通过单击这些图形或者动作按钮可以产生超链接效果。

打开幻灯片，单击"插入"选项卡→"插图"分组→"形状"下拉按钮，如图 5-48 所示。从展开的图形选项中选择需要插入的图形或动作按钮，在幻灯片的合适位置拖动鼠标，绘制出合适大小的图形后，单击"插入"选项卡→"链接"分组→"动作"按钮，打开"动作设置"对话框，并设置超链接。

图 5-48 "形状"功能区

5.3.7 添加幻灯片

演示文稿是由多张幻灯片组成的，用户可以根据需要在演示文稿的任意位置添加幻灯片。在当前演示文稿中添加一张幻灯片的操作步骤如下。

（1）在幻灯片视图下，单击要插入新幻灯片之前的幻灯片。

（2）单击"开始"选项卡→"幻灯片"分组→"新建幻灯片"按钮，或者按 Ctrl+M 组合键，即可在演示文稿中插入了一张默认版式（标题和内容）的幻灯片。

（3）单击"开始"选项卡→"幻灯片"分组→"版式"下拉按钮，在幻灯片版式列表中选择合适的版式，即可编辑新幻灯片的内容。

提示：单击"新建幻灯片"下拉按钮，可选择插入一页带版式的幻灯片。

5.3.8 幻灯片的复制、移动和删除

对于制作的演示文稿，用户可根据需要对各幻灯片的顺序进行调整。在制作演示文稿的过程中，若制作的幻灯片与某张幻灯片非常相似，则可复制该幻灯片后再对其进行编辑，这样既能节省时间又能提高工作效率。在幻灯片浏览视图中进行幻灯片的复制、移动和删除操作最为方便快捷。

1. 复制幻灯片

复制已制作好的幻灯片，有以下几种方法。

- 选择要复制的幻灯片，单击"开始"选项卡→"剪贴板"分组→"复制"按钮，然后单击要粘贴的位置，单击"开始"选项卡→"剪贴板"分组→"粘贴"按钮，则在选定的幻灯片后面复制一份内容相同的幻灯片。
- 选择要复制的幻灯片，在幻灯片上右击，在弹出的快捷菜单中选择"复制"命令，然后在目标位置选择"粘贴"命令即可。
- 按住 Ctrl 键直接拖动要复制的幻灯片到要复制的位置即可。

2. 移动幻灯片

选择要移动的幻灯片，单击"开始"选项卡→"剪贴板"分组→"剪切"按钮，然后单击要粘贴的位置，单击"开始"选项卡→"剪贴板"分组→"粘贴"按钮即可；或者直接使用鼠标左键拖动。

3. 删除幻灯片

删除幻灯片有以下两种方法。

- 单击要删除的幻灯片，在幻灯片上右击，在弹出的快捷菜单中选择"删除幻灯片"命令，选中的幻灯片即被删除。
- 单击要删除的幻灯片，按 Delete 键进行删除。

5.4 幻灯片美化

在 PowerPoint 2010 中，用户可以设计模板与母版，以及自定义配色方案和背景，这样可以制作出更加美观、个性化的演示文稿。PowerPoint 2010 的一大特色是可以根据创作者需要使

一个演示文稿的幻灯片具有相同的外观或者各不相同的外观。控制幻灯片外观的方法主要有 4 种：设计模板、母版、配色方案和动画方案。用户可以运用这 4 种方法调整整个演示文稿的全局外观设计，也可以根据需要做一些局部修改与润色，如其中个别幻灯片的色彩、背景、动画、顺序及整体的调整等。

5.4.1　模板与主题的应用

在制作演示文稿的过程中，使用模板或应用主题，不仅可以提高制作演示文稿的速度，而且可以为演示文稿设置统一的背景、外观，使整个演示文稿风格统一。

模板是一张幻灯片或一组幻灯片的图案或蓝图，其扩展名为 potx。模板可以包含版式、主题颜色、主题字体、主题效果和背景样式，甚至可以包含内容。主题可将设置好的颜色、字体和背景颜色整合到一起，一个主题只包含这 3 个部分。

PowerPoint 模板和主题的最大区别是：模板可包含多种元素，如图片、文字、图表、表格、动画等，而主题则不包含这些元素，如图 5-49 所示。

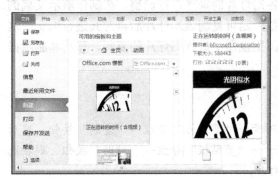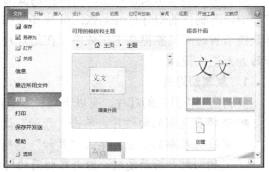

图 5-49　"模板"与"主题"

1. 创建模板

在 PowerPoint 中，用户除了可以用已有的模板，还可以根据自己的需要更改模板，或根据已创建的演示文稿创建新模板。

如果根据现有的演示文稿创建模板，则该演示文稿上所有的文本、图形和幻灯片都会出现在新模板中。如果不希望每次使用模板时演示文稿中的某些部分都出现，则应在建立模板时将它们删除。

要创建自己的设计模板，可以按以下操作步骤进行。

（1）新建或打开已有的演示文稿。

（2）单击"文件"选项卡→"保存并发送"命令，在"文件类型"选项组中选择"更改文件类型"选项，在"更改文件类型"选项组中双击"模板"选项，如图 5-50 所示。

（3）在"另存为"对话框中选择模板的保存位置，单击"确定"按钮。

2. 使用自定义模板

当使用"样板模板"或"Office.com 模板"建立一个新演示文稿时，某个特定模板即自动附着于该演示文稿。在新建演示文稿时还可以直接使用创建的模板，但在使用前，需将创建的模板复制到默认的"我的模板"文件夹中。使用自定义模板的方法如下：单击"文件"选项卡→"新建"命令，在"可用的模板和主题"选项组中单击"我的模板"按钮，打开"新建演示文稿"对话框,在"个人模板"选项卡中选择所需的模板,单击"确定"按钮,PowerPoint 将根据自定义模板创建演示文稿。

图 5-50 "模板"选项

3. 为演示文稿应用主题

(1)选择幻灯片,在"设计"选项卡→"主题"分组中选择合适的主题,在选择过程中可以把鼠标指针停留在主题上查看主题的名称,同时在幻灯片编辑区的幻灯片会显示出该主题样式,右击该主题样式,在弹出的快捷菜单中选择"应用于选定幻灯片"命令,就可以修改该张幻灯片的主题样式,如图 5-51 所示。如果对该主题类型不满意,则可以拖动"主题"功能区右侧的滚动条,查看更多主题样式。

① 应用于相应幻灯片:将设置样式应用于某个设计模板的幻灯片组。

② 应用于所有幻灯片:对所有幻灯片应用同一样式,是 PowerPoint 2010 默认的主题应用形式。

③ 应用于所选幻灯片:将幻灯片母版设置样式应用于选中的幻灯片。

(2)修改幻灯片背景格式。选择幻灯片,单击"设计"选项卡→"背景"分组→"背景样式"下拉按钮→"设置背景格式"命令,打开"设置背景格式"对话框,设置填充方式、预设颜色、类型,幻灯片编辑区的幻灯片会显示设置后的样式,单击"全部应用"按钮,如图 5-52 所示,完成全部幻灯片的外观设置。

图 5-51 修改幻灯片主题

图 5-52 "设置背景格式"对话框

5.4.2　母版

　　母版是一张特殊的幻灯片，可以定义整个演示文稿幻灯片的格式，以控制演示文稿的整体外观。在母版上可以添加一系列的格式，如图片、表格或文本等。

　　PowerPoint 2010有3种母版：幻灯片母版、讲义母版和备注母版，分别用于控制演示文稿中的幻灯片、讲义页和备注页的格式。

1．幻灯片母版

　　幻灯片母版视图的切换方法如下。

　　（1）选中一张幻灯片。

　　（2）单击"视图"选项卡→"母版视图"分组→"幻灯片母版"按钮，进入幻灯片母版视图，如图5-53所示。

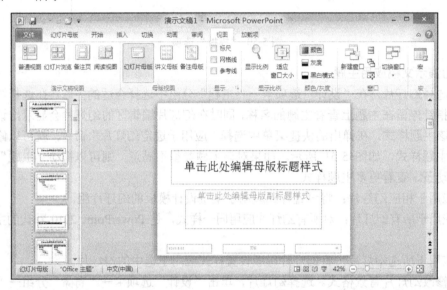

图5-53　幻灯片母版

　　这时母版幻灯片就会显示在窗口中，用户可以像编辑幻灯片一样编辑、修改母版。幻灯片母版上的修改会影响所有基于母版的幻灯片。如果要使个别幻灯片的外观与母版不同，则应直接修改幻灯片而不是修改母版。

　　在幻灯片母版视图下单击"插入"选项卡→"文本"分组→"页眉和页脚"按钮，可在幻灯片上设置日期和幻灯片编号等内容。要使每张幻灯片都出现某个对象，则可通过向母版中插入对象来实现，如插入图片、表格等。向幻灯片母版插入的对象只能在幻灯片母版视图下修改。

　　关闭母版的方法是单击"关闭母版视图"按钮，或者切换到演示文稿的其他视图方式。

2．讲义母版

　　在讲义母版状态下，可以规定幻灯片以讲义形式打印的格式，可增加用于显示的页码、页眉和页脚等。修改讲义母版时，首先选中要设置的幻灯片，然后单击"视图"选项卡→"母版视图"分组→"讲义母版"按钮，进入讲义母版视图。

　　在讲义母版视图下，可以进行格式设置，也可以通过单击"讲义母版"选项卡→"页面设置"分组→"每页幻灯片数量"按钮，设置在一页中显示的幻灯片张数。

3. 备注母版

备注母版主要为讲演者提供备注的空间及设置备注幻灯片的格式。修改备注母版时，先选中要设置的幻灯片，然后单击"视图"选项卡→"母版视图"分组→"备注母版"按钮，进入备注母版视图。此时可进行格式设置。

5.4.3　幻灯片版式

所谓版式，就是在幻灯片上安排文、图、表和画的相对位置。版式设计是幻灯片制作的最重要的环节，一个好的布局自然会有良好的演示效果。通过在幻灯片中巧妙地安排各个对象的位置，能够达到更好地吸引观众注意力的目的。

创建新幻灯片时，用户可从 PowerPoint 2010 提供的预先设计好的 11 种幻灯片版式中进行选择，有包含标题、文本和图表占位符的，也有包含标题和剪贴画占位符的。标题和文本占位符可以保持演示文稿中的幻灯片母版的格式，也可以移动或重置其大小和格式，使之可与母版不同，还可以在创建幻灯片之后修改其版式。应用一个新的版式时，所有的文本和对象都保留在幻灯片中，但是可能需要重新排列它们以适应新版式。

在编辑幻灯片时，都要根据此张幻灯片所包含的内容决定它的版式。

单击"开始"选项卡→"幻灯片"分组→"版式"下拉按钮，在"Office 主题"中选取合适的版式即可，如图 5-54 所示。

图 5-54　幻灯片版式

5.5　幻灯片放映设置

在放映幻灯片时，PowerPoint 提供了加入动画效果、自定义放映、录制旁白、排练计时等功能，以突出重点、控制信息的流程、增加演示的效果。

5.5.1　为幻灯片对象添加动画效果

PowerPoint 2010 提供了"进入"、"强调"、"退出"和"动作路径" 4 种动画类型。

● 进入：是指对象以什么样的动画进入画面的动画效果。
● 强调：是指对象显示后再次出现，起到强调作用的动画效果。
● 退出：是指对象以什么样的动画效果离开画面的动画效果。
● 动作路径：是指对象沿着已有的或者自己绘制的路径运动的动画效果。
（1）选择幻灯片内需要添加动画效果的对象，如文本、表格、图形等。
（2）添加"进入"动画特效。在"动画"选项卡的"动画"分组中，选择需要的动画类型后幻灯片编辑区会显示该类型的动画效果；或者单击"预览"按钮也可以看到添加的动画效果。如果对所选动画类型不满意，则可以拖动"动画"分组功能区右侧滚动条，找到更多的动画类型，如图 5-55 所示。单击"效果选项"下拉按钮，可对该动画特效进行详细设置，如图 5-56 所示。

图 5-55 "动画"分组功能区　　　　　图 5-56 "效果选项"菜单项

提示：动画效果不一样，"效果选项"菜单项也不一样。

（3）添加"强调"动画特效。单击"动画"选项卡→"高级动画"分组→"添加动画"下拉按钮，在"强调"组中选择合适的动画效果，如图 5-57 所示。也可单击"动画"选项卡→"动画"分组中的"其他"按钮，为该对象选择合适的"强调"动画效果。

（4）添加"退出"动画特效。单击"动画"选项卡→"高级动画"分组→"添加动画"下拉按钮，选择"退出"动画效果。

（5）添加"动作路径"动画特效。单击"动画"选项卡→"高级动画"分组→"添加动画"下拉按钮→"其他动作路径"命令，打开"添加动作路径"对话框，如图 5-58 所示。选择一种动作路径，单击"确定"按钮，则编辑区出现设置的路径，可对路径进行调整。如果对预设的路径不满意，则也可以在"动作路径"选区中选择"自定义路径"命令，自由绘制路径。

单击"动画"选项卡→"高级动画"分组→"动画窗格"按钮，打开"动画窗格"窗格，展示在该幻灯片中设置了动画的对象，单击"播放"按钮可以预览该动画效果，如图 5-59 所示。单击"动画窗格"窗格中动画对象右侧下拉按钮，可以对该动画进行高级设置，如图 5-60 所示。

（6）如果不需要动画效果，则可以在"动画窗格"窗格中选择设置了动画的对象，单击其右侧下拉按钮，选择"删除"选项，将该动画删除。

PowerPoint 2010 新增的动画刷工具可以帮助用户把其他 PowerPoint 中优秀的动画复制到自己的作品中加以利用，以节省制作 PowerPoint 的时间。动画刷使用起来非常简单，先选择一个带有动画效果的幻灯片对象，单击"动画"选项卡→"高级动画"分组→"动画刷"按钮，或直接按 Alt+Shift+C 组合键，这时，鼠标指针会变成带有小刷子的样式，找到需要复制动画效果的页面，单击其中的对象，则该动画效果就被复制下来。如果需要在多个演示文稿之间复制动画效果，则其操作方法相同。

图 5-57 设置"强调"动画特效

图 5-58 "添加动作路径"对话框

图 5-59 动画窗格

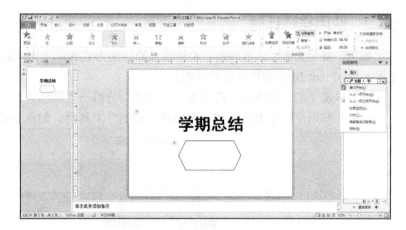

图 5-60 动画效果的高级设置

5.5.2 使用幻灯片切换效果

切换效果是加在各幻灯片之间的特殊效果。在幻灯片放映的过程中，由一张幻灯片切换到另一张幻灯片时，可用多种不同效果将下一张幻灯片显示到屏幕上。在 PowerPoint 2010 中，可以控制切换效果的速度，添加声音，甚至还可以对切换效果的属性进行自定义。

（1）为一张幻灯片选择换片方式。选择单张需要添加切换效果的幻灯片，在"切换"选项卡→"切换到此幻灯片"分组中为幻灯片选择合适的切换方式，并在"效果选项"中进行设置，如图 5-61 所示。选择需要的切换方式后，可以在幻灯片编辑区看到切换效果。在"切换"选项卡中还可以对切换声音、切换时长、切换方式进行相应设置。

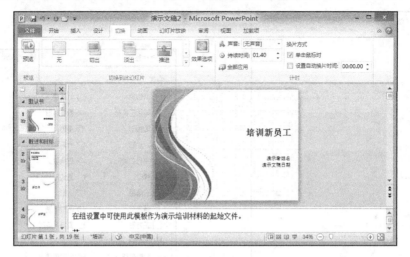

图 5-61　选择幻灯片的切换方式

（2）对多张幻灯片批量选择换片方式。将 PowerPoint 2010 视图切换到幻灯片浏览视图，选择多张需要设置换片方式的幻灯片，在"切换"选项卡中选择换片方式，对切换声音、切换时长、切换方式进行相应设置，可以对选中的多张幻灯片添加统一的换片方式。

（3）删除换片方式。选择不需要换片效果的幻灯片，将换片方式设置为"无"。

5.5.3　使用排练计时

如果在演示文稿正式放映前，希望通过彩排的方式预演一下演示文稿的放映时长，则可以使用 PowerPoint 2010 的排练计时功能。

（1）单击"幻灯片放映"选项卡→"设置"分组→"排练计时"按钮。

（2）系统以全屏幕方式播放，并出现"录制"工具栏，如图 5-62 所示。

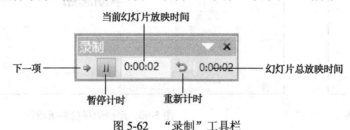

图 5-62　"录制"工具栏

（3）如果对当前幻灯片的播放时间不满意，则可以单击"重新计时"按钮重新计时；如果知道幻灯片放映所需的时间，则可以直接在"当前幻灯片放映时间"文本框中输入所需的时间。

（4）要播放下一张幻灯片时，可以单击"录制"工具栏中的"下一项"按钮，这时可以播放下一张幻灯片，同时在"当前幻灯片放映时间"文本框中重新计时。

（5）如果要暂停计时，则可以单击"录制"工具栏中的"暂停"按钮。

（6）当所有幻灯片放映完毕后，系统会自动弹出对话框，显示幻灯片放映所用时间，并询问是否保留新的幻灯片排练时间，如图 5-63 所示。单击"是"按钮，下次放映该演示文稿时，PowerPoint 2010 会自动采用该时长进行自动切片。

如果在放映时还有"录制旁白"等其他操作，则单击"幻灯片放映"选项卡→"设置"分组→"录制幻灯片演示"按钮，打开"录制幻灯片演示"对话框，进行相关放映操作和放映时间的录制设置，如图 5-64 所示。

图 5-63 保存录制时间　　　　图 5-64 "录制幻灯片演示"对话框

在设置完幻灯片的计时后，如果要将设置的计时应用到幻灯片放映中，则可选择"幻灯片放映"菜单中的"设置放映方式"命令，打开"设置放映方式"对话框，在"换片方式"选项组中选中"如果存在排练时间，则使用它"单选按钮。如果不选中此单选按钮，则即使设置了放映计时，在放映幻灯片时也不能使用放映计时功能。

5.5.4 设置放映方式

在 PowerPoint 中，用户要选择放映方式，可以单击"幻灯片放映"选项卡→"设置"分组→"设置幻灯片放映"按钮，打开"设置放映方式"对话框，如图 5-65 所示。

图 5-65 "设置放映方式"对话框

PowerPoint 2010 提供了 3 种不同的放映幻灯片的方式：演讲者放映（全屏幕）、观众自行浏览（窗口）和在展台浏览（全屏幕），分别适用于不同的放映场所。

1. 演讲者放映（全屏幕）

在"设置放映方式"对话框中选中此单选按钮，可运行全屏显示的演示文稿。这是最常用的方式，通常用于演讲者自己播放演示文稿。

2. 观众自行浏览（窗口）

在"设置放映方式"对话框中选中此单选按钮，可以一种较小的规模运行放映演示文稿。观看幻灯片的观众可通过放映窗口提供的一些简单命令来控制幻灯片播放、移动、编辑、复制和打印的放映方式。

3. 在展台浏览（全屏幕）

在"设置放映方式"对话框中选中此单选按钮，可自动运行演示文稿。例如，在展览会场或会议中，如果摊位、展台或其他地点需要运行无人管理的幻灯片放映，则可以将演示文稿设置为此种方式。当演示文稿以这种方式运行时，大多数的菜单和命令都不可用，并且演示文稿在每次放映完毕后循环放映。

4．其余选项设置

另外，用户还可以根据需要，设置"放映选项"、"绘图笔颜色"及"换片方式"等。

5.5.5 幻灯片放映

编辑好演示文稿后，在打印幻灯片之前，可先观看放映效果。

（1）从当前幻灯片开始放映。方法如下：单击"幻灯片放映"选项卡→"开始放映幻灯片"分组→"从当前幻灯片开始"按钮；单击状态栏中的"幻灯片放映"按钮 豆 ；或者按 Shift+F5 组合键。

（2）从第一张幻灯片开始放映。方法如下：选择"幻灯片放映"选项卡→"开始放映幻灯片"分组→"从头开始"按钮；或者按 F5 键。

当屏幕正处于幻灯片的放映状态时，单击将切换到下一张幻灯片的放映。右击可以打开幻灯片演示控制菜单，利用演示控制菜单可以对演示文稿放映过程进行控制。

要提前结束放映幻灯片，只需要按 Esc 键即可。

5.6 本章小结

本章介绍了 PowerPoint 2010 的基本概念、基本操作，包括：使用多种方法创建演示文稿，保存、打开演示文稿；幻灯片基本操作，包括文本输入及排版、插入多媒体对象、建立超链接与动作按钮，以及幻灯片的添加、复制、移动和删除等操作；幻灯片美化，包括设计模板与母版的设置、配色方案与背景的更改、幻灯片版式设计；演示文稿的放映，包括加入动画效果与幻灯片切换、排练计时的应用、设置放映方式、幻灯片放映。

5.7 练习题

一、判断题

1．可以改变单个幻灯片背景的图案和字体。　　　　　　　　　　　　　　　（　　）
2．在 PowerPoint 中可以通过配色方案来更改模板中对象的相应设置。　　　（　　）
3．在 PowerPoint 中，"演讲者放映"方式采用全屏幕方式放映演示文稿。　（　　）
4．PowerPoint 中的绘图笔的颜色是不能进行更改的。　　　　　　　　　　（　　）
5．在 PowerPoint 中设置动画效果时，可以先预览动画效果。　　　　　　　（　　）
6．在 PowerPoint 中，可以把多个图形作为一个整体进行移动、复制或改变大小。（　　）
7．在磁盘上有一个 TEST.rif 的文本文件，其可以作为 PowerPoint 的大纲文件使用。（　　）
8．只能在幻灯片浏览视图状态下才能对幻灯片进行排序。　　　　　　　　　（　　）
9．在幻灯片浏览视图下，不能采用剪切、粘贴方法移动幻灯片。　　　　　　（　　）
10．在 PowerPoint 中，只有在幻灯片放映视图方式下不可以进行编辑操作。　（　　）
11．在幻灯片浏览视图中能够方便地实现动画片的插入和复制。　　　　　　（　　）

12. 每张幻灯片只能包含一个链接点。 （ ）

13. 在幻灯片浏览视图中，屏幕上可以同时显示演示文稿的多幅幻灯片的缩略图。（ ）

14. 制作演示文稿时，不可以将自己选定的图片作为幻灯片背景。 （ ）

15. PowerPoint 预先定义了幻灯片的背景色彩、文本格式、内容布局，称为幻灯片的版式。

（ ）

二、单项选择题

1. 要在选定的幻灯片版式中输入文字，应（ ）。

　A. 先删除占位符中系统显示的文字，然后输入文字

　B. 先单击占位符，然后输入文字

　C. 直接输入文字

　D. 先删除占位符，然后输入文字

2. 在幻灯片浏览视图中不能进行的操作是（ ）。

　A. 改变幻灯片的顺序 　　　　　　　　B. 插入幻灯片

　C. 删除幻灯片 　　　　　　　　　　　D. 编辑幻灯片中的文字

3. 在 PowerPoint 中，（ ）视图中的"超链接"功能才能起作用。

　A. 大纲视图 　　　　　　　　　　　　B. 幻灯片浏览视图

　C. 幻灯片放映视图 　　　　　　　　　D. 幻灯片视图

4. 在 PowerPoint 2010 中，若使幻灯片播放时，从"盒状展开"效果变换到下一张幻灯片，则需要设置（ ）。

　　A. 自定义动画 　　　　　　　　　　B. 放映方式

　　C. 幻灯片切换 　　　　　　　　　　D. 自定义放映

5. 输入或编辑 PowerPoint 幻灯片标题和正文应在（ ）下进行。

　A. 幻灯片视图模式 　　　　　　　　　B. 幻灯片备注页视图模式

　C. 幻灯片大纲视图模式 　　　　　　　D. 幻灯片浏览视图模式

6. PowerPoint 制作的演示文稿不可以（ ）。

　A. 用于广播播放 　　　　　　　　　　B. 用于课堂教学

　C. 用于演讲、讲座 　　　　　　　　　D. 用于产品展示

7. 有关幻灯片的注释，下列说法不正确的是（ ）。

　A. 注释信息不能随同幻灯片一起播放

　B. 注释信息可出现在幻灯片浏览视图中

　C. 注释信息只出现在备注页视图中

　D. 注释信息可在备注页视图中进行编辑

8. 在 PowerPoint 中打印幻灯片时，一张 A4 纸最多能打印（ ）张幻灯片。

　A. 6 　　　　　　　　B. 3 　　　　　　　　C. 任意 　　　　　　　　D. 9

9. PowerPoint 2010 演示文稿的扩展名是（ ）。

　A. psdx 　　　　　　B. ppsx 　　　　　　C. pptx 　　　　　　D. ppts

10. 在 PowerPoint2010 的普通视图下，若要插入一张新幻灯片，则其操作为（ ）。

　　A. 单击"文件"选项卡→"新建"命令

　　B. 单击"开始"选项卡→"幻灯片"分组→"新建幻灯片"按钮

　　C. 单击"插入"选项卡→"幻灯片"分组→"新建幻灯片"按钮

D．单击"设计"选项卡→"幻灯片"分组→"新建幻灯片"按钮

11．在 PowerPoint 2010 中，停止幻灯片播放的快捷键是（　　）。

　　A．Enter　　　　　　　B．Shift　　　　　　　C．Ctrl　　　　　　　D．Esc

12．在 PowerPoint2010 中，插入一张新幻灯片的快捷键是（　　）。

　　A．Ctrl+N　　　　　　B．Ctrl+M　　　　　　C．Alt+N　　　　　　D．Alt+M

13．制作成功的幻灯片，如果为了以后打开时自动播放，应该在制作完成后另存的格式为（　　）。

　　A．.pptx　　　　　　　B．.ppsx　　　　　　　C．.docx　　　　　　D．.xlsx

14．在 PowerPoint 2010 中选定了文字、图片等对象后，可以插入超链接，超链接所链接的目标可以是（　　）。

　　A．计算机硬盘中的可执行文件　　　　　　B．其他幻灯片文件（即其他演示文稿）

　　C．同一演示文稿的某一张幻灯片　　　　　D．以上都可以

15．在幻灯片中插入声音元素，幻灯片播放时（　　）。

　　A．单击声音图标，才能开始播放

　　B．只能在有声音图标的幻灯片中播放，不能跨幻灯片连续播放

　　C．只能连续播放声音，中途不能停止

　　D．可以按需要灵活设置声音元素的播放

16．幻灯片母版设置可以起到的作用是（　　）。

　　A．设置幻灯片的放映方式

　　B．定义幻灯片的打印页面设置

　　C．设置幻灯片的片间切换

　　D．统一设置整套幻灯片的标志图片或多媒体元素

17．在对 PowerPoint 2010 的幻灯片进行自定义动画操作时，可以改变（　　）。

　　A．幻灯片间切换的速度　　　　　　　　　B．幻灯片的背景

　　C．幻灯片中某一对象的动画效果　　　　　D．幻灯片设计模板

18．在 PowerPoint 中已设置了幻灯片的动画，如果要看到动画效果，则应切换到（　　）。

　　A．幻灯片视图　　　　　　　　　　　　　B．幻灯片浏览视图

　　C．大纲视图　　　　　　　　　　　　　　D．幻灯片放映视图

第6章

计算机网络及应用

随着信息技术的普及，计算机网络广泛应用于人们工作与生活的方方面面，网络已经成为计算机文化的重要部分。本章介绍计算机网络和 Internet 的基础知识，包括计算机网络与网络信息的基本概念、Internet 的发展史和网络服务、计算机病毒的相关知识，还介绍了网络应用、安全浏览网页和使用电子邮件等内容。

➡ 本章主要内容

- 📖 计算机网络与网络信息安全概述
- 📖 Internet 网络服务
- 📖 计算机病毒概述
- 📖 网络应用及安全

6.1 计算机网络与网络信息安全概述

6.1.1 计算机网络概述

计算机网络是计算机与现代通信技术相结合的产物。一般认为，20 世纪 50 年代，以多终端远程联机为特点的计算机终端系统是人们研究计算机网络的起源。不过，真正意义上的计算机网络开始于 20 世纪 60 年代，美国国防部高级计划研究局的 ARPANET 系统奠定了现代计算机网络和 Internet 的发展基础。

20 世纪 90 年代以后，计算机网络的应用迅速渗透至社会生活的各个领域，以网络技术为核心，形成了一门新的 IT（Information Technology）产业。Internet 的普及极大地推动了人类文明进步和科技发展的进程。

1. 计算机网络的定义与特点

计算机网络，是将地理位置不同并具有独立功能的多个计算机系统，通过通信设备和传输介质连接起来，配以功能完善的网络软件（如各种网络通信协议软件、网络操作系统等）实现彼此之间数据通信和资源共享的计算机与相关设备的集合。

从上述定义看，计算机网络一般具有以下特点。

（1）计算机网络是由多台计算机组成的一个设备集合。

（2）网络中的计算机通过一定的通信媒介互相连接，彼此共享资源。

（3）网络中的每台计算机应是具有独立功能的系统。

（4）网络中计算机之间的通信需要通过必要的通信协议来实现。

2. 计算机网络的功能与组成

1）计算机网络的功能

计算机网络的功能主要体现在以下几个方面。

（1）资源共享。资源共享指入网用户共享计算机网络中的硬件、软件和数据资源，它是计算机网络的基础功能之一。现在，大量自由软件被放在计算机网络上供人们下载，在一定条件下，网络用户还可以共用打印机、存储器等硬件设备，Internet 上的各种电子图书、科技期刊信息等海量数据库，更是成为全球用户共有的宝贵财富。

（2）分布式（Distributed）处理。分布式处理的特点是，能把要处理的复杂任务分散到各个计算机上运行。分布式处理不仅降低了软件设计的复杂度，而且大大提高了执行任务的效率，同时降低了系统成本。

（3）进行数据信息的集中管理。地理位置上分散的组织和部门，通过计算机网络，可以将信息进行分散、分级，或集中处理与管理。

（4）能够提高计算机的可靠性。可靠性对于军事、银行和工业过程控制等应用至关重要。在计算机网络环境下，当某台机器出了故障时，可以使用系统中的另一台机器；当网络中的一条通信链路出现故障时，可以选择另一条链路。

2）计算机网络的组成

从逻辑功能看，计算机网络由通信子网和资源子网组成。通信子网由通信线路及通信处理机组成，负责数据通信，它的功能是为主机提供数据传输。

资源子网是指整个网络共享的资源，包括各类主机、终端、其他外部设备及软件等，负责全网的数据处理并向网络用户提供网络资源及网络服务。

3. 计算机网络的拓扑结构

网络中各节点相互连接的方法和形式称为网络拓扑结构。构成网络的拓扑结构有很多种，如图 6-1 所示，其中基本的拓扑结构为总线型拓扑、星形拓扑、树形拓扑和网状拓扑。拓扑结构的选择往往与通信介质的选择和介质访问控制方法的确定紧密相关，并决定着网络设备的选择。

1）星形拓扑

在星形拓扑结构的网络中，所有的计算机都通过各自独立的电缆直接连接至中央集线设备。如集线器位于网络的中心位置，网络中的计算机都从这一中心点辐射出来，如同星星放射出的光芒。如今大部分网络采用星形拓扑结构，或者是由星形拓扑延伸出来的树形拓扑。

由于星形拓扑具有较高的稳定性，网络扩展简单，并且可以实现较高的数据传输速率，因此，其深受网络工程师的青睐，被广泛应用于各种规模和类型的局域网络。

2）环形拓扑

环形网络是将网络中的各节点通过通信介质连成一个封闭的环形，并且所有节点的网络接口卡作为中继器。环形网络中没有起点和终点，一般通过令牌来传递数据，各种信息在环路上以一定的方向流动，每个节点转发网络上的任意信号但不考虑目的地。目的站识别信号地址并将它保存到本地缓存器中，直到重新回到源站，才停止传输过程。

局域网一般不采用环形物理拓扑结构。环形拓扑适用于星形结构无法适用的、跨越较大地理范围的网络，因为一条环可以连接一个城市的几个地点，甚至可以连接跨省的几个城市，因此，环形拓扑更适用于广域网。

环形网络也存在一些缺点，例如，环路中一台计算机发生路障会影响整个网络，重新配置新网络时会干扰正常的工作，不便于扩充。

3）总线型拓扑

在总线型拓扑中，网络上的所有计算机均直接连接到同一条电缆上。在总线型拓扑结构的网络中，一条电缆所能提供的带宽是非常有限的。因此，主电缆上每加入一个新的节点，就会吸收一部分信号。当节点增加到一定数量后，电子脉冲的强度会变得非常微弱，误码率就会大大增加。一般情况下，每条以太网主电缆段仅能支持一定数目的计算机。

4）树形拓扑

树形拓扑网络是分级的集中控制式网络，与星形拓扑网络相比，它的通信线路总长度短，成本较低，节点易于扩充，寻找路径比较方便，但除了叶节点及其相连的线路外，任一节点或其相连的线路故障都会使系统受到影响。

5）网状拓扑

网状拓扑结构主要指各节点通过传输线互联起来，并且每一个节点至少与其他两个节点相连。网状拓扑结构具有较高的可靠性，但其结构复杂，实现起来费用较高，不易管理和维护，不常用于局域网。

6）混合型拓扑

混合型拓扑结构是一种将两种或多种单一拓扑结构混合起来，取它们的优点构成的拓扑结构。

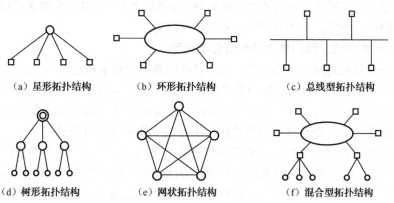

（a）星形拓扑结构　　（b）环形拓扑结构　　（c）总线型拓扑结构

（d）树形拓扑结构　　（e）网状拓扑结构　　（f）混合型拓扑结构

图 6-1　计算机网络拓扑结构示意图

4. 计算机网络的分类

根据不同的分类方法，计算机网络可以有不同的类型。其中，比较常见的是根据网络中各计算机之间的距离即按地域范围来划分。采用这种分类方法，计算机网络分为局域网、城域网和广域网，如图 6-2 所示。

（1）局域网（Local Area Network，LAN），是指将某一相对局限于一个有限的范围内（如一个房间、一幢大楼、一个校园）的计算机，按照某种网络结构相互连接起来形成的计算机集群。集群中的计算机之间可实现彼此之间的数据通信、文件传递和资源共享。局域网广泛应用于学校、政府部门、中小企业内部信息管理与办公自动化等场合。

（2）城域网（Metropolitan Area Network，MAN），是指利用光纤作为主干，将位于同一城市内的所有主要局域网络高速连接在一起而形成的网络。实际上，城域网是一个局域网的扩展。城域网是一种大型的局域网，其覆盖范围为一个城市或地区，网络覆盖范围在几十千米至几百千米，可实现同城各单位和部门之间的高速连接，以达到信息传递和资源共享的目的。

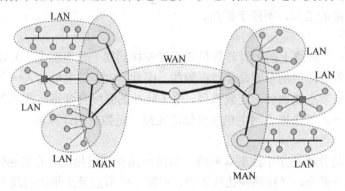

图 6-2　局域网—城域网—广域网示意图

（3）广域网（Wide Area Network，WAN），也称远程网，广域网的覆盖范围比城域网更大，是局域网在更大空间中的延伸，是利用公共通信设施（如电信局的专用通信线路或通信卫星），将相距数百甚至数千千米的局域网或计算机连接起来构建而成的网络。其已不再仅仅局限于某一特定的区域，而是可以在地理上分布得很广的、数量庞大的局域网或计算机。它可以跨越城市、省份，甚至可以跨越国度。

除上述分类外，人们也按照其他方式对网络进行分类，例如，根据网络所采用的传输技术，计算机网络可以分为广播式网络与点到点式网络；按通信方式，可以分为共享式和交换式网络；还可以根据传输介质类型，分为有线网络和无线网络等。

5. 计算机网络协议、网络体系结构与分层模型

网络协议是计算机网络的核心问题，是计算机网络中的基本概念之一。计算机网络协议是一系列的通信规则与标准，是对网络中各设备以何种方式交换信息的一系列规定的组合，它对信息交换的速率、传输代码、代码结构、传输控制步骤和出错控制等参数给出定义。网络协议是网络数据通信的基础，是计算机网络系统中不可缺少的重要组成部分。

计算机网络系统的体系结构是计算机网络的各个层次和各层上使用的全部协议。为了减少网络设计的复杂性，绝大多数网络采用分层设计方法。所谓分层设计，就是按照信息的流动过程将网络的整体功能分解为一个个的功能层，不同机器上的同等功能层之间采用相同的协议，同一机器上的相邻功能层之间通过接口进行信息传递。

常见的计算机网络分层模型有两种：OSI/RM 参考模型与 TCP/IP 模型。

开放系统互连参考模型（Open Systems Interconnection/Reference Model，OSI/RM）是国际标准化组织（International Organization for Standardization，ISO）于 1978 年制定的网络分层模型。该模型把网络系统分成 7 层，从下往上依次为物理层、数据链路层、网络层、传输层、会话层、表示层和应用层，每层完成特定的功能，每一层可以再划分出若干子层。

（1）应用层（Application）。该层是模型中的最高层，直接为用户服务，如文件传送和电子邮件等应用接口。

（2）表示层（Presentation）。表示层处理不同语法表示的数据格式转换，如数据加密与解密、数据压缩与恢复等功能。

（3）会话层（Session）。会话层组织两个会话进程之间的数据传输同步，并管理数据的交换。

（4）传输层（Transport）。传输层完成端到端的差错控制和流量控制等，是计算机网络体系结构中比较关键的一层，它为高层提供端到端可靠的、透明的数据传输服务。

（5）网络层（Network）。网络层通过路由算法，为分组选择最适当的路径，并实现差错检测、流量控制与网络互联等功能。

（6）数据链路层（Data-Link）。数据链路层在通信的实体之间负责建立、维持和释放数据链路连接。

（7）物理层（Physical）。物理层实现透明的比特流传送，为数据链路层提供物理连接服务。

OSI/RM 模型被广泛地用作指导网络开发的概念框架。虽然 OSI/RM 模型并没有成为实际应用中的工程规范，但是 OSI/RM 提出的思想和概念对计算机网络研究和网络教学起到了重要的作用。OSI/RM 模型的示意图如图 6-3 所示。

OSI	TCP/IP协议集	
应用层	应用层	Telnet、FTP、SMTP、DNS、HTTP 及其他应用协议
表示层		
会话层		
传输层	传输层	TCP、UDP
网络层	网络层	IP、ARP、RARP、ICMP
数据链路层	网络接口	各种通信网络接口（以太网等）（物理网络）
物理层		

图 6-3 OSI/RM 模型的示意图

TCP/IP 模型是目前广泛使用的网络体系分层模型，TCP/IP 模型中定义了一组协议，其中两个重要协议是传输控制协议（Transport Control Protocol，TCP）和互联协议（Internet Protocol，IP），因此 TCP/IP 实际是协议组的名字。TCP/IP 模型将网络划分为 4 层：应用层、传输层、网络层和网络接口层（主机网络层）。

TCP/IP 协议最初用于 ARPANET 网络，由于其简洁、实用的特点而得到了广泛普及，目前 TCP/IP 是网络上应用最为广泛的一种协议，也是全球 Internet 的标准协议。

TCP/IP 协议使用 1024 个端口号来区分网络程序的进程号，其中，1～254 号端口被系统资源保留，作为常用服务进程的端口号。例如，WWW 服务占用 80 号端口，FTP 服务占用 21 号端口，SMTP 服务占用 25 号端口等。

6. Internet 的历史、发展、资源与服务

Internet 的中文名称是互联网，有时也被称为国际互联网或万维网等，是世界上最大的信息网络，是全人类的巨大知识宝库。

Internet 指全世界不同地区不同规模的计算机网、数据通信网及公用电话网，通过路由器

等各种通信设备和线路连接起来，再利用 TCP/IP 协议以实现不同类型网络之间相互通信和信息共享。因此，Internet 实质上是一个"网络的网络"，其基础是现存的各种计算机网络和通信系统。

Internet 的前身可追溯到 1969 年美国国防部高级研究所计划局（Advanced Research Projects Agency，ARPA）开始的一项军事研究计划，其最初的研究目标是：当网络中的一部分因战争原因遭到破坏时，其余部分仍能正常运行。因此，美国国防部出资建立了一个名为 ARPANET（阿帕网）的实验性网络，这是 Internet 的前身。

1986 年，美国国家科学基金会使用 TCP/IP 通信协议建立了 NSFNET 网络，以此为基础，构成世界性的互联网络，称为 Internet。20 世纪 90 年代，世界上各大商业机构开始大量联入 Internet。Internet 开始了商业化的新进程，并迅速发展起来。

1994 年，我国也实现了与 Internet 的连接，但 Internet 在我国真正开始发展是在 1996 年，因此，人们称 1996 年是中国的 Internet 年。

目前，我国同时存在着几大与 Internet 相连的骨干网络体系，它们分别是中国公用信息网（Chinanet）、中国科技网（Sctnet）、中国教育科研网（Cernet）、中国联通网（Uninet）和中国金桥网（Chinagbn）。用户连入上述任一网络，即可加入国际互联网。

近年来，我国在迅速推进国家信息基础设施建设的同时，积极参与国际下一代互联网的研究与建设。目前，我国积极研究的下一代互联网将以 IPv6（下一代 IP 协议版本号）技术为基础，拥有更高更快的带宽和更大的 IP 地址空间，接入网络的终端种类和数量更多，网络应用将更广泛、更安全。

Internet 的资源非常广泛，大体上可以分为信息资源和服务资源两大类。其主要功能和服务有以下方面：基于 WWW 的信息检索与查询、电子邮件（E-mail）收发、文件传输（FTP）、远程登录（Telnet）、电子公告牌（BBS）、新闻组（Usenet）和菜单式信息查询系统（Gopher）。

随着 Internet 的发展，一些新的应用（如网络即时通信、IP 电话、博客、电子商务、流媒体与网络视频等）迅速普及，网络游戏也给人们的休闲生活增添了不少乐趣。可以预见，Internet 提供的资源与服务将会越来越丰富。

7. IP 地址

在 Internet 中，标识一台计算机或一个网络的方式有两种：IP 地址和域名。当用户的计算机与 Internet 上其他计算机进行通信，或者寻找 Internet 上的各种资源时，必须使用 IP 地址或域名，两者通过 DNS 实现相互对应。

1）IP 地址的形式与结构

IP 地址（IP Address）是 Internet 上主机标识的数字化形式。目前，Internet 使用的 IP 协议（IPv4）版本规定：IP 地址由 32 位二进制数组成，以 8 位为单位分为 4 字节。

例如，Internet 上有一台计算机，其 IP 地址的二进制表示为 11010011 01010011 01011000 00101110。显然，上述二进制形式不易记忆，因此 IP 地址常以"点分十进制"方式表示。将 32 位的 IP 地址中每 8 位（1 字节）用其等效的十进制数表示，即"X.Y.Z.W"的形式，显然，X、Y、Z、W 所表示的十进制数最大不会超过 255。照此规则，上述计算机的 IP 地址就变成了人们所习惯的 211.83.88.46。

一个 IP 地址包括两个标识码（ID）部分，即其 4 字节被划分为两个部分：一部分用以标明具体的网络段，叫作网络 ID；另一部分用以标明具体的主机节点，叫作宿主机 ID。

例如，对于上述 IP 地址 211.83.88.46，当子网掩码为 255.255.255.0 时，网络标识为

211.83.88.0，主机标识为 46。

2）IP 地址与网络的分类

按照网络规模的大小，网络可分成不同类型，如表 6-1 所示。网络分类以 A、B、C、D和 E 表示，其中，常见的是 A、B、C 类网络，D 类和 E 类有特殊用途。

表 6-1　IP 地址首字节范围与地址分类

分　类	首字节数字	应 用 说 明
A	1～126	大型网络
B	128～191	中等规模网络
C	192～223	校园型网络等
D	224～239	网络组播
E	240～254	试验用网络号

A 类地址的二进制形式的最高位总是为 0，1～7 位标识网络号，8～32 位标识主机号。B类地址的二进制形式的最高两位为 10，2～15 位标识网络号，16～31 位标识主机号。C 类地址的二进制形式的最高三位为 110，3～23 位标识网络号，24～31 位标识主机号。

A 类网络数量较少，主要用于主机数量达 1600 多万台的大型网络。B 类网络地址适用于中等规模的网络，每个 B 类网络所能容纳的计算机数为 6 万多台。C 类网络比较常见，每个 C类网络最多只能包含 254 台主机，适用于小规模网络，例如，211.83.88.0 为中国教育科研网分配给成都纺织高等专科学校校园网使用的 C 类网地址。

A、B、C 类网络中都保留了部分地址段，该地址只能用于局域网内部，通常也称为私网地址。例如，在局域网内常见的 192.168.0.0～192.168.255.255 之间的地址，就不能出现在 Internet上。各类 IP 地址以十进制表示的范围如表 6-1 所示。

3）子网掩码的作用

子网掩码（Subnet Mask）用于识别子网和判别主机属于哪一个网络。子网掩码同样用一个 32 位的二进制数表示，采用点分表示法。对应于 IP 地址中表示网络地址的那些二进制位，在子网掩码的对应位上置 1，表示主机地址的那些位则设置为 0。在计算机或网络设备中，将IP 地址和相应的子网掩码按位进行逻辑"与"运算，就可区分出网络地址和子网地址，而把IP 地址和子网掩码的反码进行逻辑"与"运算，可获知主机地址。

A 类地址对应的子网掩码默认值为 255.0.0.0，B 类地址对应的子网掩码默认值为255.255.0.0，C 类地址对应子网掩码默认值为 255.255.255.0。

8. 域名与 DNS

IP 地址有时不便记忆，且难以理解，为此，人们研究出用域名的方法来标识 Internet 中的计算机。

1）域名形式与结构

域名是用字符方式来标识计算机的，它采取在主机名后加上后缀名，即"主机名.域名"的形式标识主机在 Internet 中位置。典型域名结构为"四级域名.三级域名.二级域名.顶级域名"。

单位、机构或个人若想在互联网上有一个确定的名称，需要进行域名注册登记，域名采用分层次的命名和管理机制，域名登记及维护管理工作由经过授权的各级注册中心进行。如表 6-2所示，每个国家（或部分地区）被赋予一个唯一的地理域名，例如，中国是 CN，美国是 US，日本是 JP，等等。

中国互联网络信息中心（CNNIC）负责管理 cn 域，并将其下面的二级域名 edu，授权给中国 CERNET 网络中心管理，CERNET 网络中心又接受各学校的申请，将 edu 域划分成更多的三级域。

表 6-2　部分国家和地区域名

域　名	含　义	域　名	含　义
ca	加拿大	cn	中国
dk	丹麦	hk	中国香港
tw	中国台湾	in	印度
jp	日本	ru	俄罗斯

例如，域名 www.cdtc.edu.cn，其中的 cn 代表中国顶级域名，二级域名 edu 代表教育（Education），三级域名 cdtc 代表成都纺织高等专科学校，www 代表学校 Web 服务器主机。如果需要，该校网管中心完全可以继续为校内各系和部门分配四级域名。常见 Internet 一级标准化域名如表 6-3 所示。

表 6-3　常见 Internet 一级标准化域名

域　名	意　义	域　名	意　义
com	公司企业	mil	军事机构
edu	教育机构	org	各种非营利性组织
gov	政府部门	int	国际机构组织
net	网络服务机构		

2）DNS

DNS 是 Internet 上专门提供主机域名与 IP 地址之间相互转换和解析服务的计算机系统。域名解析方法有两种：反复转寄查询解析和递归解析。在接收到服务请求时，DNS 可将另一台主机的域名翻译为 IP 地址，或反之。大部分域名系统维护着一个庞大的数据库服务器，它描述了域名与 IP 地址的对应关系，这个数据库必须定期地更新。

Windows 用户接入互联网时，在"本地连接属性"对话框中会被要求填写系统默认的 DNS IP 地址。例如，成都地区的上网用户通过中国电信宽带接入时，DNS 可以选择 61.139.2.69 或 202.98.96.68 等。

6.1.2　网络信息安全概述

随着 Internet 的不断发展，网络上丰富的信息资源给用户带来了极大的方便，但同时也给上网用户带来了安全问题。Internet 的开放性、超越组织与国界等特点，使它在安全性上存在一些隐患，而且信息安全的内涵也发生了一些变化。目前，网络安全问题已经在许多国家引起了普遍关注，成为当今网络技术的一个重要研究课题。

1. 网络安全的基础知识

目前，Internet 几乎覆盖了世界各地，容纳了数十万个网络，为几十亿用户提供了形式多样的网络与信息服务。除了广泛应用的 Web 网页、E-mail、新闻论坛等文本信息的交流与传播外，网络电话、网络传真、视频等通信技术都在迅猛地发展。在信息化社会中，计算机网络将在政治、军事、金融、商业、交通、电信、教育等方面发挥越来越重要的作用。社会对网络的依赖日益增强。人们依靠计算机网络系统接收和处理信息，实现相互间的联系和对目标的管理、控制。通过网络交流信息、获得信息已成为现代信息社会的一个主要特征。网络正改变着人们的工作方式和生活方式。

科技进步在造福人类的同时，也带来了新的危害。随着网络的开放性、共享性和互联程度的扩大，特别是 Internet 的出现，网络对社会的影响越来越大，随之相伴的是由于网络的脆弱性，利用计算机网络犯罪的情况越来越严重，已经严重地危害了社会的发展和国家的安全。

1989 年 10 月，WANK（Worms Against Nuclear Killers）蠕虫入侵 NASA（美国宇航局）可能是历史上第一次有记载的系统入侵。某个人为了抗议"钚"驱动的伽利略探测器的发射而入侵了 NASA 系统，造成了约 50 万美金的损失。

1996 年 8 月 14 日，美国发生一起计算机病毒入侵计算机网络的事件，几千台计算机被计算机病毒感染，Internet 不能被正常访问。政府不得不立即做出反应，国防部成立了计算机快速行动小组。这次病毒事件导致的直接经济损失达 1 亿多美元。

2000 年 1 月，昵称 Maxim 的黑客侵入 CD Universe 购物网站并窃取了 30 万份信用卡资料。

2003 年 3 月 21 日，黑客侵入了江苏某信息网的多台服务器，破译了密码数据库，获得了网络工作人员的口令和 300 多个合法用户的账户与密码，并将这些密码和口令公布于众。

2008 年 2 月，一黑客利用无线刷卡设备的漏洞入侵了美国两家大型连锁超市——Hannaford 和 Sweetbay，盗窃了 1800 份完整的信用卡资料和 420 万份信用卡的部分资料。

2011 年，国内新增木马等恶意程序数量高达 4.48 亿个，平均每秒出现 29 个新木马病毒，相比 2010 同期暴涨 346%。游戏外挂程序、在线视频、伪装图片及破解软件是木马病毒的四大"重灾区"，平均每天约 453 万台计算机受到木马的攻击。

事实上，这些网络入侵事件只是我们知道的实际所发生的事例中非常小的一部分，有相当多的网络入侵或攻击事件并没有被发现，或者出于各种各样的原因未被公开。

面对越来越严重的计算机网络安全的威胁，必须采取措施来保证计算机网络的安全。但是现有的计算机网络大多数在设计的开始忽略了安全问题，即使有的考虑了安全问题，大部分是把安全机制建立在物理安全上的。随着网络互联程度的扩大，这种安全机制对网络环境来讲很脆弱。同时，目前网络上使用的协议（如 TCP/IP 协议）在制定之初也没有把安全考虑在内，所以网络协议本身就是不设防的，其存在很多的安全问题，不能满足网络安全要求。另外，网络的开放性和资源共享也是安全问题的一个主要根源，解决这个问题主要依赖于加密、网络用户身份鉴别、存取控制策略等技术手段。

一个安全的网络体系至少应包括 3 类措施：法律措施、技术措施、政策措施。面对计算机网络安全的种种威胁，仅仅利用物理上和政策上的手段是十分有限和困难的，因此也应采用逻辑上的措施，即研究、开发有效的网络安全技术，如安全协议、密码技术、数字签名、防火墙、安全管理、安全审计等，以防止网络传输信息被非法窃取、篡改、伪造，保证其保密性和完整性；防止非法用户的侵入，限制网络上用户的访问权限，保证信息存放的私有性。除了私有性和完整性外，一个安全的计算机网络还必须考虑通信双方身份的真实性和信息的可用性。

计算机网络安全的目的是要保证网络上数据存储和传输的安全性。国内外很多研究机构为了解决这个问题做了大量的工作，主要有数据加密、身份认证、数字签名、防火墙、安全审计、安全管理、安全内核、安全协议、IC 卡、拒绝服务、网络安全性分析、网络信息安全监测和信息安全标准化等方面的研究。

计算机网络安全是指保持网络中的硬件系统和软件系统正常运行，使它们不因自然和人为的因素而受到破坏、更改和泄露。计算机网络安全主要包括物理安全、软件安全、信息安全和运行安全4个方面。

1）物理安全

物理安全包括硬件、存储介质和外部环境的安全。硬件是指网络中的各种设备和通信线路，如主机、路由器、服务器、工作站、交换机、电缆等；存储介质包括磁盘、光盘等；外部环境则主要指计算机设备的安装场地、供电系统。保障物理安全，就是要保护这些硬件设施能够正常工作而不被损害。

2）软件安全

软件安全是指网络软件及各个主机、服务器、工作站等设备所运行的软件的安全。保障软件安全，就是保护网络中的各种软件能够正常运行而不被修改、破坏和非法使用。

3）信息安全

信息安全是指网络中所存储和传输数据的安全，主要体现在信息隐蔽性和防止修改的能力上。保障信息安全，就是保护网络中的信息不被非法修改、复制、解密、使用等，也是保障网络安全最根本的目的。

4）运行安全

运行安全指网络中的各个信息系统能够正常运行并能正常地通过网络交流信息。保障运行安全，就是通过对网络系统中的各种设备运行状况进行监测，发现不安全因素时，及时报警并采取相应措施，消除不安全状态以保障网络系统的正常运行。

网络安全的目的是确保网络系统的保密性、完整性和可用性。保密性要求只有授权用户才能访问网络信息；完整性要求网络中的数据保持不被意外或恶意地修改；可用性指网络在不降低使用性能的情况下仍能根据授权用户的需要提供资源服务。

2. 网络安全的特征

基于网络威胁的多样性、复杂性及网络信息、数据的重要性，在设计网络系统的安全时，应该努力达到安全目标。一个安全的网络具有下面5个特征：可靠性、可用性、保密性、完整性和不可抵赖性。

1）可靠性

可靠性是网络安全的基本要求之一，是指系统在规定条件下和规定时间内完成规定功能的概率。如果网络不可靠、经常出问题，则这个网络就是不安全的。目前，对网络可靠性的研究主要偏重于硬件可靠性方面。研制高可靠性硬件设备，采取合理的冗余备份措施是最基本的可靠性对策。但实际上，许多故障和事故与软件可靠性、人员可靠性和环境可靠性有关。人员可靠性在通信网络可靠性中起着重要作用，有关资料表明，很大一部分系统失效问题是由人为因素造成的。

2）可用性

可用性是可被授权实体访问并按需求使用的特性，即当需要时能否存取所需的信息。网络最基本的功能是向用户提供所需的信息和通信服务，而用户的通信要求是随机的、多方面的，有时还要求时效性。网络必须随时满足用户通信的要求。从某种意义上讲，可用性是可靠性的更高要求，特别是在重要场合下，特殊用户的可用性显得十分重要。为此，网络需要采用科学合理的网络拓扑结构，必要的冗余、容错和备份措施，以及网络自愈技术、分配配置和负荷分担、各种完善的物理安全和应急措施等，从满足用户需求的角度出发，保证通信网络的安全。

网络环境下拒绝服务、破坏网络和有关系统的正常运行等都属于对可用性的攻击。

3）保密性

保密性指信息不被泄露给非授权用户、实体或过程，信息只被授权用户使用。保密性是对信息的安全要求，它是在可靠性和可用性的基础上，保障网络信息安全的重要手段。对敏感用户信息的保密，是人们研究最多的领域。由于网络信息会成为黑客、计算机犯罪、计算机病毒甚至信息战的攻击目标，因此其已受到了人们越来越多的关注。

4）完整性

完整性也是面向信息的安全要求。它是指信息不会被偶然或蓄意地删除、修改、伪造、乱序、重放、插入等操作破坏的特性。它与保密性不同，保密性是防止信息泄露给非授权的用户，而完整性则要求信息的内容和顺序都不受到破坏和修改。用户信息和网络信息都要求完整性，例如涉及金融的用户信息，如果用户账目被修改、伪造或删除，则将带来巨大的经济损失。网络信息一旦受到破坏，严重的还会造成通信网络的瘫痪。

5）不可抵赖性

不可抵赖性也称作不可否认性，是面向通信双方（人、实体或进程）信息真实的安全要求。它包括收发双方均不可抵赖。随着通信业务的不断扩大，电子贸易、电子金融、电子商务和办公自动化等许多信息处理过程都需要通信双方对信息内容的真实性进行认同，为此，应采用数字签名、认证、数据完备、鉴别等有效措施，以实现信息的不可抵赖性。

网络的安全不仅仅是防范窃密活动，其可靠性、可用性、完整性和不可抵赖性应作为与保密性同等重要的安全目标加以实现。我们应从观念上、政策上做出必要的调整，全面规划和实施网络信息的安全。

3. 网络安全的发展

网络安全在其发展过程中经历了 3 个阶段。

1）通信安全阶段

在早期，通信技术还不发达，计算机只是零散地位于不同的地点，信息系统的安全一方面局限于保证计算机的物理安全及通过密码（主要是序列密码）解决通信安全保密问题。把计算机安置在相对安全的地点，不允许生人接近，就可以保证数据的安全性了。但是，信息是必须要交流的。如果这台计算机的数据需要让别人读取，而需要数据的人在异地，这时就只有将数据复制在介质上，派专人秘密地送到目的地，复制进计算机再读取数据。即使这样，也无法保证信息传递员的安全。因此，在这个阶段，人们强调的信息系统安全性更多的是信息的保密性，对安全理论和技术的研究也仅限于密码学，这一阶段的信息安全可以简单地称为通信安全，它侧重于保证数据在从一地传送到另外一地时的安全性。1949 年，Shannon 发表的《保密通信的信息理论》将密码学的研究纳入了科学的轨道，移位寄存器的物理舞台给数学家基于代数编码理论提供了运用智慧的空间。

2）信息安全阶段

进入 20 世纪 60 年代后，半导体和集成电路技术的飞速发展推动了计算机软硬件的发展，计算机和网络技术的应用进入了实用化和规模化阶段，数据的传输已经可以通过计算机网络来完成了。这时的信息已经分成了静态信息和动态信息了。人们对安全的关注已经逐渐扩展为以保密性、完整性和可用性为目标的信息安全阶段，主要保证动态信息在传输过程中不被窃取，即使窃取了也不能读出正确的信息；还要保证数据在传输过程中不被篡改，让读取信息的人能够看到正确无误的信息。

1977 年，美国国家标准局（NBS）公布的国家数据加密标准（DES）和 1983 美国国防部公布的可信计算机系统评价准则（Trusted Computer System Evaluation Criteria，TCSEC，俗称橘皮书，于 1985 年再版）标志着解决计算机信息系统保密性问题的研究和应用迈上了历史的新台阶。这一时期，国际上把相应的信息安全工作称为数据保护。

3）信息保障阶段

到了 20 世纪 90 年代，由于互联网技术的飞速发展，信息无论是对内还是对外都得到极大开放，由此产生的信息安全问题跨越了时间和空间，信息安全的焦点已经不仅仅是传统的保密性、完整性和可用性 3 个原则了，由此衍生出了诸如可控性、抗抵赖性、真实性等其他的原则和目标，信息安全也转化为从整体角度考虑其体系建设的信息保障阶段。换句话说，仅仅保证动态信息是不够的，因为静态信息已经被连接到互联网上了，这个阶段的任务是防止互联网上的不良者破坏静态信息或非法获取静态信息。

6.1.3　网络安全相关法律法规及标准

1. 网络安全相关法律法规

近年来，随着互联网的快速发展，人们在享受着互联网带来的种种便利的同时，网络病毒、木马、网络恐怖主义、网络淫秽色情等跨国犯罪问题突出，以网络为载体和手段的侵权行为的发生频率已经越来越高，数据泄露事件频发，越来越多的网站爆出数据库被黑客入侵利用，用户隐私安全遭到威胁的消息；被攻击的计算机信息系统涉及更多领域，针对政府、金融、交通、电力、教育、科研等重要领域系统的攻击数量明显上升，其破坏性更大，已经成为一个国际公害。

目前，我国已成为世界上受黑客攻击的主要受害国之一。为了进一步惩治计算机网络犯罪，中国制定了惩治网络黑客行为的法律框架。

在法律层面上主要有 1997 年《中华人民共和国刑法》，将两种黑客行为规定为犯罪：非法侵入计算机信息系统罪和破坏计算机信息系统罪。2009 年的《中华人民共和国刑法修正案（七）》，增设了非法获取计算机信息系统数据、非法控制计算机信息系统罪，以及提供侵入、非法控制计算机信息系统程序、工具罪。全国人民代表大会常务委员会颁布了《全国人民代表在会常务委员会关于维护互联网安全的决定》及《中华人民共和国治安管理处罚法》等。

在行政法规和部门规章层面上，1994 年 2 月 18 日，国务院颁布实施的《中华人民共和国计算机信息系统安全保护条例》是我国制定的第一部针对计算机系统安全保护的规范性文件；1996 年 2 月 1 日，国务院发布《中华人民共和国计算机信息网络国际联网管理暂行办法》。1998年 2 月 13 日，国务院信息化工作领导小组发布《中华人民共和国计算机信息网络国际联网管理暂行规定实施办法》；1996 年 4 月 9 日，原国家邮电部发布《中国公用计算机互联网国际联网管理办法》；1997 年 12 月 16 日，公安部发布《计算机信息网络国际联网安全保护管理办法》；2000 年 1 月 25 日，国家保密局发布《计算机信息系统国际联网保密管理规定》；2000 年 4 月，公安部发布《计算机病毒防治管理办法》和《计算机信息系统安全保护等级划分准则》。

另外，司法解释方面，2011 年"两高"（最高人民法院、最高人民检察院）联合出台了《最高人民法院、最高人民检察院关于办理危害计算机信息系统安全刑事案件应用法律若干问题的解释》，进一步加大了对危害计算机信息系统安全犯罪的打击力度。

随着互联网发展的进一步加快，我国对于互联网方面的立法进一步加快，仅 2016 年后半年就出台了 4 个法律法规：2016 年 8 月，中央网信办等三部门联合发布了《关于加强国家网络安全标准化工作的若干意见》，与国家相关法律法规实现了配套衔接，明确了网络安全的国家标准，实现了标准化的基础制定；9 月，最高人民法院、最高人民检察院等部门联合发布了《关于防范和打击电信网络诈骗犯罪的通告》，从法律执行的角度提出了对网络犯罪的预防性工作，为打击网络犯罪提供了可操作性；11 月 7 日，十二届全国人民代表大会常务委员会第二十四次会议表决通过了《中华人民共和国网络安全法》，奠定了中国网络安全保护和网络空间治理的基本框架，引导我国网信事业走上了健康安全轨道；12 月 27 日，国家互联网信息办公室发布我国首部《国家网络空间安全战略》，通过战略性的选择对我国网络空间安全问题提纲挈领做了指引性的规定，为保护网络空间安全提出了纲领性的意见。通过一系列法律法规的制定，让治网有法可依成为一种必然性的选择。

2. 保密法律法规

我国保密法制起源于 1951 年颁布的《保守国家机密暂行条例》。1980 年，《保守国家机密暂行条例》重新颁布，并对此前的保密工作进行检查、反省和完备。1988 年初，国家保密局成立。随后，七届全国人民代表大会常务委员会第三次会议审议通过《中华人民共和国保守国家秘密法》，1989 年 5 月 1 日起施行，同时废止了《保守国家机密暂行条例》。

《中华人民共和国保守国家秘密法》涵盖七项国家秘密的基本范围，包括国家事务的重大决策中的秘密事项、国防建设和武装力量活动中的秘密事项、外交和外事活动中的秘密事项及对外承担保密义务的事项、国民经济和社会发展中的秘密事项、科学技术中的秘密事项、维护国家安全活动和追查刑事犯罪中的秘密事项、其他经国家保密工作部门确定应当保守的国家秘密事项。

《中华人民共和国保守国家秘密法》是中国保护国家秘密安全的基本法律，是制定一切保密法规、规定和具体保密制度的基本依据，是全体公民特别是国家机关工作人员履行保密义务的法律依据，是制止泄密行为、准确打击各种窃密犯罪的法律武器。但是 2000 年以来，随着国际国内形势的深刻变化，特别是全球化、信息化和公开化的发展，《中华人民共和国保守国家秘密法》出现了与保密工作形势任务不相适应的问题，基于此，2010 年 4 月 29 日，第十一届全国人民代表大会常务委员会第十四次会议修订通过了新的《中华人民共和国保守国家秘密法》，自 2010 年 10 月 1 日起施行。

3. 网络安全标准

目前，国际主要的信息技术安全评价的标准包括美国的《可信计算机评估标准》、美国与加拿大和欧洲联合研制的《信息技术安全评测通用标准》（CC）。CC 发布的目的是建立一个各国都能接受的通用安全评价准则。在欧洲，英国、荷兰和法国带头开始联合研制欧洲共同的安全评测标准，并于 1991 年颁布 ITSEC（信息技术安全标准）。

这些标准主要覆盖以下领域。

（1）加密标准。它定义了加密的算法、加密的步骤和基本数学要求。目标是将公开数据转换为保密数据，在存储载体和公用网或专用网上使用，实现数据的隐私性和已授权人员的可读性。

（2）安全管理标准。它阐述的是安全策略、安全制度、安全守则和安全操作，旨在为一个机构提供用来制定安全标准、实施有效的安全管理时的通用要素，并使跨机构的交易得以互信。

（3）安全协议标准。协议是一个有序的过程，协议的安全漏洞可以使认证和加密的作用前功尽弃。常用的安全协议有 IP 的安全协议、可移动通信的安全协议等。

（4）安全防护标准。它的内容包括防入侵、防计算机病毒、防辐射、防干扰和物理隔离，也包括存取访问、远程调用、用户下载等方面。

（5）身份认证标准。身份认证是信息和网络安全的首关，与访问授权和访问权限相连。身份认证还包括数字签名标准、数字标准、眼睛识别标准等。

（6）数据验证标准。数据验证包括数据保密压缩、数字签名、数据正确性和完整性的验证。

（7）安全评价标准。其任务是提供安全服务与有关机制的一般描述，确定可以提供这些服务与机制的位置。

（8）安全审计标准。其内容包括对涉及安全事件的记录、日志和审计，对攻击和违规事件的探测、记录、收集和控制。

美国可信计算机安全评价标准（TCSEC）是计算机系统安全评估的第一个正式标准，具有划时代的意义。该准则于1970年由美国国防科学委员会提出，并于1985年12月由美国国防部公布。TCSEC最初只是军用标准，后来延至民用领域。TCSEC将计算机系统的安全划分为4个等级、8个级别。

欧洲的安全评价标准（ITSEC）是欧洲多国安全评价方法的综合产物，应用领域为军队、政府和商业。该标准将安全概念分为功能与评估两部分。功能准则从F1～F10共分10级。F1～F5级对应于TCSEC的D到A。F6～F10级分别对应数据和程序的完整性、系统的可用性、数据通信的完整性、数据通信的保密性及机密性和完整性的网络安全。评估准则分为6级，分别是测试、配置控制和可控的分配、能访问详细设计和源码、详细的脆弱性分析、设计与源码明显对应及设计与源码在形式上一致。

《信息技术安全评测通用标准》（CC）是国际标准化组织统一现有多种准则的结果，是目前最全面的评价准则。CC的主要思想和框架都取自ITSEC和FC，并充分突出了"保护轮廓"概念。CC将评估过程划分为功能和保证两部分，评估等级分为EAL1、EAL2、EAL3、EAL4、EAL5、EAL6和EAL7共7个等级。每一级均需评估7个功能类，分别是配置管理、分发和操作、开发过程、指导文献、生命期的技术支持、测试和脆弱性评估。

1994年，国务院颁布的《中华人民共和国计算机信息系统安全保护条例》规定：计算机信息系统实行安全等级保护，安全等级的划分标准和安全等级保护的具体办法由公安部会同有关部门制定。1999年，公安部组织起草了《计算机信息系统安全保护等级划分准则》（GB 17859—1999），规定了计算机信息系统安全保护能力的5个等级。

（1）第一级：用户自主保护级。

（2）第二级：系统审计保护级。

（3）第三级：安全标记保护级。

（4）第四级：结构化保护级。

（5）第五级：访问验证保护级。GB 17859—1999中的分级是一种技术的分级，即对系统客观上具备的安全保护技术能力等级的划分。

2002年7月18日，公安部在GB 17859的基础上，又发布实施5个GA新标准，分别是GA/T 387—2002《计算机信息系统安全等级保护网络技术要求》、GA/T 388—2002《计算机信息系统安全等级保护操作系统技术要求》、GA/T 389—2002《计算机信息系统安全等级保护数据库管理系统技术要求》、GA/T 390—2002《计算机信息系统安全等级保护通用技术要求》、GA/T 391—2002《计算机信息系统安全等级保护管理要求》。这些标准是我国计算机信息系统安全保护等级系列标准的一部分。《关于信息安全等级保护工作的实施意见的通知》将信息和信息系统的安全保护等级划分为5级，即自主保护级（第一级）、指导保护级（第二级）、监督保护级（第三级）、强制保护级（第四级）、专控保护级（第五级）。

等级管理的思想和方法具有科学、合理、规范及便于理解、掌握和运用等优点。因此，对计算机信息系统实行安全等级保护制度，是我国计算机信息系统安全保护工作的重要发展思想，对于正在发展中的信息系统安全保护工作更有着十分重要的意义。

4．保密标准

国家保密标准由国家保密局发布，强制执行，在涉密信息的产生、处理、传输、存储和载体销毁的全过程中都应严格执行。

国家保密标准适用于指导全国各行各业、各个单位国家秘密的保护工作，具有全国性指导作用，是国家信息安全标准的重要组成部分。

目前已颁布实施的与计算机信息系统相关的国家保密标准如下。

- BMB 10—2004《涉及国家秘密的计算机网络安全隔离设备的技术要求和测试方法》；
- BMB 11—2004《涉及国家秘密的计算机信息系统防火墙安全技术要求》；
- BMB 12—2004《涉及国家秘密的计算机信息系统漏洞扫描产品技术要求》；
- BMB 13—2004《涉及国家秘密的计算机信息系统入侵检测产品技术要求》；
- BMB 14—2004《涉及国家秘密的信息系统安全保密测评实验室要求》；
- BMB 15—2004《涉及国家秘密的信息系统安全审计产品技术要求》；
- BMB 16—2004《涉及国家秘密的信息系统安全隔离与信息交换产品技术要求》；
- BMB 17—2006《涉及国家秘密的信息系统分级保护技术要求》；
- BMB 18—2006《涉及国家秘密的信息系统工程监理规范》；
- BMZ 1—2000《涉及国家秘密的计算机信息系统保密技术要求》；
- BMZ 2—2001《涉及国家秘密的计算机信息系统安全保密方案设计指南》；
- BMZ 3—2001《涉及国家秘密的计算机信息系统安全保密测评指南》；
- BMB 20—2007《涉及国家秘密的信息系统分级保护管理规范》；
- BMB 22—2007《涉及国家秘密的信息系统分级保护测评指南》；
- BMB 23—2008《涉及国家秘密的信息系统分级保护方案设计指南》。

国家秘密是指关系国家的安全和利益，依照法定程序确定，在一定时间内只限一定范围的人员知情的事项。保守国家秘密是中国公民的基本义务之一。《中华人民共和国保守国家秘密法》对有关的问题做了规定。国家秘密的密级分为"绝密""机密""秘密"。

"绝密"是最重要的国家秘密，泄露会使国家的安全和利益遭受特别严重的损害。

"机密"是重要的国家秘密，泄露会使国家的安全和利益遭受到严重损害。

"秘密"是一般的国家秘密，泄露会使国家的安全和利益遭受损害。

对保密期限，修订草案规定："国家秘密的保密期限，除另有规定外，绝密级不超过三十年，机密级不超过二十年，秘密级不超过十年。""不能确定保密期限的，应当确定解密的条件。"

6.2 Internet 网络服务

6.2.1 浏览器的使用

1．相关概念

1）万维网

万维网（World Wide Web，环球信息网），亦作 WWW 或 Web，是一个通过互联网访问的，由许多互相链接的超文本组成的系统。万维网并不等同互联网，万维网只是互联网所能提供的服务之一，是靠着互联网运行的一项服务。

英国科学家蒂姆·伯纳斯·李于 1989 年发明了万维网。1990 年，他在瑞士 CERN 的工作期间编写了第一个网页浏览器。网页浏览器于 1991 年在 CERN 向外界发表，1991 年 1 月开始发展到其他研究机构，1991 年 8 月在互联网上向公众开放。

万维网是信息时代发展的核心，也是数十亿人在互联网上进行交互的主要工具。除了格式化文字之外，网页还可能包含图片、影片、声音和软件组件，这些组件会在用户的网页浏览器中呈现为多媒体内容的连贯页面。

2）超文本和超链接

超文本（Hypertext）是一种可以显示在计算机显示器或其他电子设备上的文本及与文本相关的内容，其中的文字包含可以链接到其他字段或者文档的超链接，允许用户从当前阅读位置直接切换到超链接所指向的文字。

超文本的基本特征是可以超链接文档；可以指向其他位置，该位置可以在当前的文档中、局域网中的其他文档中，也可以在 Internet 上的任何位置的文档中。这些文档组成了一个杂乱的信息网。目标文档通常与其来源有某些关联，并且丰富了来源；来源中的链接元素则将这种关系传递给浏览者。

超链接可以用于各种效果。超链接可以用在目录和主题列表中。浏览者可以在浏览器屏幕上单击或在键盘上按下按键，从而选择并自动跳转到文档中自己感兴趣的那个主题，或跳转到世界上某处完全不同的集合中的某个文档。

超链接还可以向浏览者指出有关文档中某个主题的更多信息。例如，"如果您想了解更详细的信息，请参阅某某页面"。用户还可以使用超链接来减少重复信息。例如，我们建议创作者在每个文档中都签署上自己的姓名，这样就可以使用一个将名字和另一个包含地址、电话号码等信息的单独文档链接起来的超链接，而不必在每个文档中都包含完整的联系信息。

3）URL

统一资源定位符（Uniform Resource Locator，URL）也称为统一资源定位器/定位地址，有时也称为网页地址（网址），是 Internet 上标准的资源的地址。它最初由蒂姆·伯纳斯·李用来作为万维网的地址。现在它已经被万维网联盟编制为 Internet 标准 RFC 1738。

在互联网的历史上，LRL 的发明是一个非常基础的步骤。LRL 的语法是一般的、可扩展的，它使用美国信息交换标准代码的一部分来表示 Internet 的地址。URL 的开始一般会标志着一个计算机网络所使用的网络协议。

URL 的标准格式如下：

协议类型:[//服务器地址[:端口号]][/资源层级 UNIX 文件路径]文件名[?查询][#片段 ID]

以 http://s.taobao.com:80/search?q=电脑为例，其中，http 是协议；s.taobao.com 是服务器；80 是服务器上的网络端口号；/search 是路径；?q=电脑是询问。

4）浏览器

网页浏览器（Web Browser）常简称为浏览器，是一种用于检索并展示万维网信息资源的应用程序。这些信息资源为网页、图片、影音或其他内容，由 URL 标识。信息资源中的超链接可使用户方便地浏览相关信息。主流网页浏览器有 Internet Explorer、Mozilla Firefox、Microsoft Edge、Google Chrome、Opera 及 Safari。

5）FTP

文件传输协议（File Transfer Protocol，FTP）是一个用于在计算机网络上在客户端和服务器之间进行文件传输的应用层协议。FTP 包括两个组成部分，即 FTP 服务器和 FTP 客户端。其中，FTP 服务器用来存储文件，用户可以使用 FTP 客户端通过 FTP 访问位于 FTP 服务器上的资源。在开发网站的时候，通常利用 FTP 把网页或程序传到 Web 服务器上。此外，由于 FTP 传输效率非常高，在网络上传输大的文件时，一般也采用该协议。

2．浏览网页

浏览网页需要使用网页浏览器，Internet Explorer（简称 IE）是 Microsoft 公司设计开发的一个功能强大、很受欢迎的网页浏览器，其最新版本是 IE 11，与以前版本相比，其功能更加强大，使用更加方便，用户可以毫无障碍地轻松使用。使用 IE 11，用户可以将计算机连接到 Internet，从 Web 服务器上搜索需要的信息、浏览 Web 网页、查看源文件、收发电子邮件、上传网页等。

使用 IE 浏览 Web 网页，是 IE 使用最多、最重要的功能。用户只需双击桌面上的 IE 快捷方式图标，或单击"开始"按钮，在"开始"菜单中选择 Internet Explorer 命令，即可打开 Microsoft Internet Explorer 窗口。

在该窗口中，用户可在地址栏中输入要浏览的 Web 站点的 URL，以打开其对应的 Web 主页。

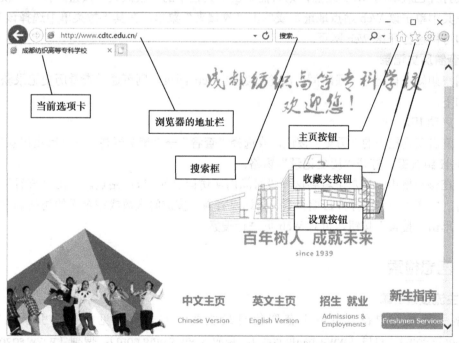

图 6-4　IE 使用示意图

在打开的 Web 网页中，常常会有一些文字、图片、标题等，将鼠标指针放到其上面，鼠标指针会变成"手"形，这表明此处是一个超链接。单击这个超链接，即可进入其所指向的新的 Web 页。

在浏览 Web 网页时，若用户想回到上一个浏览过的 Web 页，则可单击工具栏中的"后退"按钮；若想转到下一个浏览过的 Web 页，则可单击"前进"按钮。若用户想快速打开某个曾经访问过的 Web 站点，则可单击地址栏右侧的下拉按钮，在其下拉列表中选择该 Web 站点地址即可。

3．保存网页

保存网页就是将 Web 网页下载到本地硬盘上，当 Internet 中断时，可以直接通过硬盘阅读 Web 网页。对于一些有用的或想作为资料使用的 Web 网页，用户也可通过脱机阅读功能将其保存到硬盘上，供以后参考使用。使用脱机阅读 Web 网页功能，可执行下列步骤。

（1）打开要保存的网页。

（2）单击"文件"→"另存为"命令，打开"保存网页"对话框。

（3）在该对话框中，用户可设置要保存的位置、名称、类型及编码方式。

（4）设置完毕后，单击"保存"按钮即可将该 Web 网页保存到指定位置。

（5）双击该 Web 网页，即可启动 IE，进行脱机阅读。

4．收藏网页

当用户想保存当前浏览的网址，以备将来再次访问时，可以使用收藏夹功能。收藏夹提供了收藏或访问网址的功能，单击工具栏中的"收藏"→"添加到收藏夹"命令，在弹出的"添加到收藏夹"对话框中输入 Web 站点地址，单击"确定"按钮，即可将该 Web 站点地址添加到收藏夹中。

若要打开已收藏的 Web 站点，则只需单击工具栏中的"收藏夹"按钮，打开"收藏夹"窗格，在其中单击该 Web 站点地址，或单击"收藏夹"菜单，在其下拉菜单中选择该 Web 站点地址即可快速打开该 Web 网页。

5．查看历史记录

若用户想知道自己这一段时间内浏览过哪些 Web 网页，则可通过查看历史记录获得，具体操作如下。

（1）启动 IE。

（2）单击工具栏中的"历史"按钮，或选择"查看"→"浏览器栏"→"历史记录"命令，或按 Ctrl+H 组合键，打开"历史记录"窗格。

（3）在该窗格中，用户可看到这一段时间内所访问过的 Web 站点。单击"查看"下拉按钮，在其下拉列表中可选择按日期查看、按站点查看、按访问次数或按今天的访问顺序查看历史记录。单击"搜索"按钮，可对 Web 页进行搜索。

6.2.2　信息检索

1．主流搜索引擎

搜索引擎是用户在互联网上获取信息最主要的方式，常见的搜索引擎包括谷歌（www.google.com）、百度（www.baidu.com）、必应（www.bing.com）、搜狗（www.sogou.com）等，如图 6-5 所示。在查找信息时善用搜索引擎，可使我们检索信息的效率得到极大提高。

2．搜索技巧

各搜索引擎都提供关键词检索功能，即用户输入一个或多个关键词，搜索引擎按相关度返回搜索结果，传统意义上的搜索结果仅包含网页类型，而许多搜索引擎已经开发出包括地图搜索、图片搜索、视频搜索在内的多维度检索工具，大大提高了搜索的效率。

图 6-5　常见搜索引擎

当用户使用搜索引擎时，面临的一个主要问题是搜索引擎往往会提供太多的搜索结果，而用户真正关心的内容往往淹没在海量的搜索结果中。除了通过选择合理的关键词来进行检索外，许多搜索引擎还提供了额外的工具来进一步优化检索结果。

由于搜索引擎只搜索包含全部查询内容的网页，所以缩小搜索范围的简单方法就是添加搜索词。添加词语后，查询结果的范围就会比原来的"过于宽泛"的查询小得多。输入多个词语搜索（不同字词之间用一个空格隔开），可以获得更精确的搜索结果。例如，想了解北京动物园的相关信息，在搜索框中输入"北京 动物园"获得的搜索效果会比输入"动物园"得到的效果更好。

搜索时使用"-"号可以排除包含特定关键词的搜索结果，例如，在百度中搜索"蓝牙"，会返回大量包含蓝牙耳机的网页，当我们希望将关键词"耳机"排除时，可搜索"蓝牙-耳机"，这样就只会显示不包含"耳机"的搜索结果。

搜索引擎大多数会默认对搜索词进行分词搜索。这时的搜索往往会返回大量信息，如果查找的是一个词组或多个汉字，则最好的办法就是将它们用双引号（英文输入状态下的双引号）括起来，这样得到的结果最少、最精确。例如，在搜索框中输入""电脑技术""，这时只反馈有"电脑技术"这几个关键字的网页，而不会返回包括"电脑"和"技术"的网页，这会比输入"电脑技术"得到更少、更好的结果。

如果想知道某个站点中是否有自己需要找的东西，则可以把搜索范围限定在这个站点中，提高查询效率。想要搜索指定网站时，可使用 site 语法，其格式为"查询词+空格+site:网址"。例如，只想看新浪网站上的世界杯内容，就可以这样查询：世界杯 site:sina.com。

互联网上有许多非常有价值的文档，如 DOC、PDF 等，这些文档质量都比较高、相关性强，所以在查找信息时不妨用文档搜索。其搜索语法为"查询词+空格+Filetype:格式"，格式可以是 DOC、PDF、XLS、PPT、TXT 等。例如，市场分析 filetype:doc，其中，冒号是中英文符号皆可，并且不区分大小写。filetype:doc 可以在前也可以在后，但注意关键词和 filetype 之间一定要有一个空格，如 filetype:doc（此处要添加一个空格）市场分析。

filetype 语法也可以与 site 语法混用，以实现在指定网站内的文档搜索。例如，在百度网内搜索有关"市场营销"的 Word 文档，就可以用：site:baidu.com filetype:doc 市场营销，如图 6-6 所示。

图 6-6　搜索引擎技巧：搜索有关"市场营销"的 Word 文档

6.2.3　电子邮件

1．电子邮件的特点

电子邮件是互联网较早的应用之一，也是互联网最常用的功能。利用电子邮件，人们可以在互联网上传递信息。电子邮件不同于其他通信方式，它具有如下特点。

（1）与邮政邮件相比，电子邮件方便、快捷、可靠、便宜。电子邮件不受地域与时域的限制，可在几秒内到达世界各地的任何一台与互联网相连的计算机上。

（2）与电话相比，电子邮件能够表达更丰富的信息。电子邮件可附带任何超文本文件，连同电子邮件本身一起发送给对方。与传真相比，电子邮件得到的信息易于处理。无论是发出的还是收到的电子邮件，都可永久地被保存，并可对其进行修改、再发送等。

（3）电子邮件可实现一信多发，实现"明抄（Cc）"与"暗抄（Bcc）"。

（4）电子邮件程序能够自动接收电子邮件，能根据发信者的要求实现自动回复。

2．电子邮件的工作原理

电子邮件的发送需要通过发送电子邮件的服务器，并遵守简单的邮件传递协议（Simple

Mail Transfer Protocol，SMTP）。这个协议是 TCP/IP 协议族的一部分，描述了电子邮件的格式及传输时应如何处理，而信件在两台计算机之间传输仍采用 TCP/IP。

接收电子邮件需要通过读取信件服务器，并遵守邮局协议第三版协议（Post Office Protocol 3，POP3）。这个协议是 TCP/IP 协议族的一部分，负责接收电子邮件。

在互联网上发送和接收电子邮件的过程与普通邮政信件的传递与接收过程十分相似。电子邮件并不是从发送者的计算机上直接发到接收者的计算机上，而是通过互联网上的电子邮件服务器进行中转。

3. 电子邮件的地址与格式

用户发送和接收电子邮件，必须有一个属于用户自己的电子邮箱地址，许多大型门户网站都提供了免费电子邮箱，如腾讯（qq.com）、网易（163.com）和新浪（sina.com）等，用户可自行申请使用。

在互联网上，所有电子邮件的用户都采用相同格式的电子邮箱地址。例如，邮箱地址 wangcheng@163.com，可以读作 wangcheng at 163.com，即 wangcheng 在 163.com 服务器上的电子邮箱。该地址中最左边是用户名，即用户的电子邮箱名"wangcheng"；最右边是电子邮件服务器的域名地址"163.com"；中间用"@"符号相连，这个符号读作"at（在……上)"。

4. Outlook 的使用

当用户需要操作电子邮件时，需借助客户端软件完成收取、阅读、编辑、发送、联系人管理等操作。此类客户端软件可分为运行在 Web 上的网页邮件客户端和客户端软件，网页邮件客户端使用简便，仅需借助浏览器即可进行操作，而客户端软件功能则可提供更多功能，相比网页客户端更为强大。常见的邮件客户端软件包括 Outlook、Foxmail、Thunderbird 等，这些软件分别由不同的公司开发，虽然它们的外观迥异，但主要的功能和操作逻辑是相似的，在此，我们以 Microsoft Outlook 2010 为例讲解电子邮件客户端的使用方法。

1）账号设置

在使用 Outlook 2010 传送及接收电子邮件之前，必须先新增并设定电子邮件账户。如果在安装 Outlook 2010 的同一部计算机上，已经使用过旧版的 Microsoft Outlook，则此前的账户设定会自动导入。

打开 Outlook 2010 后，选择"文件"→"信息"→"添加账号"→"电子邮件账户"选项，单击"下一步"按钮。在弹出窗口的"电子邮件账户"中正确填写电子邮件地址和登录密码等信息后，Outlook 会自行试图从对应的服务器获取电子邮件登录的配置信息并保存配置。除了自动配置外，用户也可以手动配置电子邮件账户。单击"手动配置服务器设置或其他服务器类型"，单击"下一步"按钮；填写用户信息、服务器信息、登录信息等内容后，即可通过"测试账户设置"按钮来连接电子邮件服务器验证登录信息是否正确填写。电子邮件服务提供商有时候也会要求进一步的设置，例如，要求发送者身份验证或特殊的安全连接端口等，详情可参阅电子邮件服务提供商的具体要求。

2）接收电子邮件

账户配置完成后，就可以收发电子邮件了，单击菜单栏中的"发送/接收"按钮，即可向远程电子邮件服务器检查是否有新电子邮件，并从服务器下载新电子邮件到本地。

3）编写与发送电子邮件

在"邮件"的"常用"选项卡上，单击"新增"群组中的"新增电子邮件"按钮，在"主题"文本框中输入邮件的标题，在"收件者"、"抄送"或"密件抄送"文本框中输入收件者的电子邮件地址或名称，多个收件者之间使用分号隔开。若要从"通讯簿"名单中选取收件者名称，则单击"收件者"、"抄送"或"密件抄送"按钮，然后单击收件者的名称。接下来就可以开始撰写电子邮件正文，当电子邮件撰写完成后，单击"发送"按钮即可将电子邮件发送到指定的电子邮箱。

4）插入附件

附件可以附加至电子邮件信息中，附件类型包括但不限于文档、电子表格、图片、压缩文件等。在编写、回复或转发电子邮件的过程中，单击工具栏中的"附加文件"按钮即可插入附件。

5）抄送

电子邮件除了可以发给收件人外，还可以被抄送给多人。在电子邮件中，收件人及抄送人的电子邮件地址是公开的，即该电子邮件会话的参与者都可以了解。如果希望隐藏收件人的地址，则可以使用密送功能，密件抄送的收件人地址不会出现收件人或抄送列表中，但他仍可以看到所有其他收件人的地址。电子邮件可以有多个收件人，多个地址之间以逗号或分号分隔。

6）管理附件

收到带附件的电子邮件后，可以从阅读窗格或开启的电子邮件中打开附件，开启或查阅附件后，可以将附件保存到磁盘上，如果电子邮件包含多个附件，则可选择批量存储或逐一存储。

7）回复与转发

当收到一封电子邮件时，可以对该电子邮件采取以下操作。

（1）若仅答复发件人，则选择回复。

（2）若要答复原始发件人和所有其他收件人，并显示在收件人和抄送行，则选择全部回复。

（3）若要向某人发送消息且其不在收件人或抄送行中，则选择转发。

在转发电子邮件时，该电子邮件将包含原始电子邮件附带的任何附件，而回复的电子邮件则不会包含其原始附件，但用户仍可以手动将附件添加到电子邮件。

8）联系人管理

联系人是 Outlook 中十分有用的工具之一。联系人可以简单到只有姓名和电子邮件地址，也可以包含额外的详细信息，如街道地址、多个电话号码、照片、生日及与联系人相关的任何其他信息。在"开始"选项卡的"新建"组中单击"新建联系人"按钮即可新建联系人。

6.3 计算机病毒概述

6.3.1 计算机病毒的特征与分类

1. 计算机病毒的特征

在生物学中，病毒是指侵入动植物体等有机生命体中的具有感染性、潜伏性、破坏性的微生物，而且不同的病毒具有不同的诱发因素。"计算机病毒"一词是人们联系到破坏计算机系统的"病原体"具有与生物病毒相似的特征，借用生物学病毒而使用的计算机术语。美国计算机安全专家 Frederick Cohen 博士是这样定义计算机病毒的："病毒程序通过修改其他程序的方法将自己的精确拷贝或可能演化的形式放入其他程序中，从而感染它们。"

《中华人民共和国计算机信息系统安全保护条例》定义："计算机病毒是指编制或者在计算

机程序中插入的破坏计算机功能或毁坏数据，影响计算机使用，并能自我复制的一组计算机指令或者程序代码。"

从广义上来说，能够引起计算机故障、破坏计算机数据的程序统称为计算机病毒。

计算机病毒是一段特殊的程序，它与生物学病毒有着十分相似的特性。除了与其他程序一样，可以存储和运行外，计算机病毒还有感染性、潜伏性、可触发性、破坏性、衍生性等特征。它一般隐蔽在合法程序（被感染的合法程序称作宿主程序）中，当计算机运行时，它与合法的程序争夺系统的控制权，从而对计算机系统实施干扰和破坏作用。

（1）感染性。计算机病毒的感染性是指计算机病毒具有把自身复制到其他程序中的特性。感染性是计算机病毒的根本属性，是判断一个程序是否为病毒程序的主要依据。计算机病毒可以感染文件、磁盘、个人计算机、局部网络、互联网，计算机病毒的感染是指计算机病毒从一个网络侵入另一个网络，由一个系统扩散另一个系统，由一个系统传入另一个磁盘，由一个磁盘进入另一个磁盘，或者由一个文件传播到另一个文件的过程。光盘、网络（主要包括电子邮件、BBS、WWW 浏览、FTP 文件下载等）是计算机病毒的主要感染载体，点对点的通信系统和无线通信系统则是最新出现的计算机病毒的感染载体。感染性是计算机病毒的再生机制，计算机病毒通过修改磁盘扇区信息或文件内容，并与系统中的宿主程序连接在一起达到感染的目的，继而它就会在运行这一被感染的程序之后开始感染其他程序，这样一来，计算机病毒就会很快地感染整个系统。

（2）潜伏性。病毒的潜伏性是指其具有依附于其他媒体而寄生的能力，即通过修改其他程序而把自身的复制品嵌入其他程序或磁盘的引导区（包括硬盘的主引导区）中寄生。这种繁殖的能力是隐蔽的，计算机病毒的感染过程一般不带有外部表现，大多数计算机病毒的感染速度极快。另外，大多数计算机病毒采用特殊的隐藏技术，例如，有些计算机病毒感染正常程序时将程序文件压缩，留出空间嵌入计算机病毒程序，这样被感染计算机病毒的程序文件的长度变化很小，很难被发现；有些计算机病毒修改文件的属性等；还有些计算机病毒可以加密、变形（多态病毒）或防止反汇编、防跟踪等。这些隐藏技术都是为了不让计算机用户发现计算机病毒。计算机病毒侵入系统后，一般并不立即发作，而是具有一定的潜伏期。在潜伏期，只要条件许可，计算机病毒就会不断地进行感染。一个编制巧妙的计算机病毒程序可以在一段很长的时间内隐藏在合法程序中，对其他系统进行感染而不被人们发现。计算机病毒的潜伏性与感染性相辅相成，潜伏性越好，其在系统中存在的时间就会越长，计算机病毒的感染范围也就越大。

（3）可触发性。计算机病毒一般有一个触发条件：或者触发其感染，即在一定的条件下激活一个计算机病毒的感染机制使之进行感染；或者触发其发作，即在一定条件下激活计算机病毒的表现（破坏）部分。条件判断是计算机病毒自身特有的功能，一种计算机病毒一般设置一定的触发条件。计算机病毒程序在运行时，每次都要检测控制条件，一旦条件成熟，计算机病毒就开始感染或发作。触发条件可能是指定的某个时间或日期、特定的用户识别符的出现、特定文件的出现或使用次数、用户的安全保密等级、某些特定的数据等。

（4）破坏性。计算机病毒的破坏性取决于其设计者的目的和水平。

（5）衍生性。既然计算机病毒是一段特殊的程序，了解计算机病毒程序的人就可以根据个人意图随意改动它，从而衍生出另一种不同于原版计算机病毒的新计算机病毒，这种衍生出的计算机病毒可能与原先的计算机病毒有很相似的特征，所以称为原计算机病毒的一个变种；如果衍生的计算机病毒已经与以前的计算机病毒有了很大甚至是根本性的差别，则此时就会将其认为是一种新的计算机病毒。变种或新的计算机病毒可能比原计算机病毒有更大的危害性。

计算机病毒程序与正常程序的区别在于：

（1）正常程序是具有应用功能的完整程序，以文件形式存在，具有合法文件名；而计算机病毒一般不以文件的形式独立存在，一般没有文件名，它隐藏在正常程序和数据文件中，是一种非完整的程序。

（2）正常程序依照用户的命令执行，完全在用户的意愿下完成某种操作，也不会自身复制；而计算机病毒在用户完全不知的情况下运行，将自身复制到其他正常程序中，而且与合法程序争夺系统的控制权，甚至进行各种破坏。

2. 计算机病毒的分类

计算机病毒的分类没有统一的标准，可以从多个方面对其进行分类。例如，在传统概念中，只有可执行文件才能被称为计算机病毒，而近年来，宏病毒、脚本病毒、蠕虫、木马等大量新型计算机病毒不断出现。因此，计算机病毒可大致划分为传统病毒和新型病毒。

传统病毒可按多种方式进行分类，如表 6-4 所示。

表 6-4　传统病毒分类

按机型分类	按操作系统分类	按传播媒介分类	按寄生方式分类	按破坏力分类
微型机的病毒	DOS 病毒	单机病毒	源码型病毒	良性病毒
小型计算机的病毒	Windows 病毒	网络病毒	入侵型病毒	恶性病毒
工作站的病毒	UNIX 病毒		外壳型病毒	
			操作系统型病毒	

新型病毒主要包括宏病毒、脚本病毒、蠕虫病毒、木马等类型。

Microsoft Word 对宏的定义为"宏就是能够组织在一起的，以作为一个独立命令来执行的一系列 Word 命令。它能使日常工作变得容易。"Word 文档中的格式信息包含了很多这样的宏。Word 的宏语言有十分强大的功能，它具备访问系统的能力，可以直接运行 DOS 系统命令及调用 Windows API、DLL 等。这些操作都可能对系统的安全直接构成威胁。

如果一个宏包含了上述形式的有破坏能力的命令，并且还有自我复制功能，则这个宏就成了宏病毒。概括起来讲，宏病毒就是使用宏语言编写的有一定破坏能力的程序，可以在一些数据处理系统中运行（主要是 Microsoft 的办公软件系统，如文字处理、电子数据表和其他 Office 程序等），存在于文字处理文档、数据表格、数据库、演示文档等数据文件中，利用宏语言的功能将自己复制到其他数据文档中。

除了 Word 宏病毒外，常见的还有 Excel 宏病毒、PowerPoint 宏病毒等。

脚本病毒类似于宏病毒，但它的执行环境不再局限于 Word、Excel 等 Microsoft Office 应用程序，而是随着 Microsoft 将脚本语言和视窗操作系统日益紧密的结合，扩展到网页、HTA，甚至文本文件中。脚本病毒主要有以下几种类型：基于 JavaScript 的脚本病毒、基于 VBScript 的脚本病毒（很多宏病毒其实就属于这一类）、基于 PHP 的脚本病毒，以及脚本语言和木马程序结合的病毒。

蠕虫是一个程序，它进入计算机网络，利用空闲的处理器测定网络中的计算机跨度。蠕虫程序由许多段构成，在其主段的控制下，蠕虫的某个段运行在单独的计算机上。蠕虫典型的传播方式是依靠网络的漏洞，利用网络或电子邮件方式由一台计算机传播到另一台计算机，靠将自身向其他计算机提交来实现再生，并不将自身寄生在另一个程序上。目前在流行的恶性病毒中，90%以上的病毒是蠕虫病毒。

所谓特洛伊木马程序，是指一种程序，从表面看是正常程序，可以执行明显的正常功能，但也会执行受害者没有预料到的或不期望的动作。通常木马并不被当成病毒，因为它们通常不感染程序，因而并不自我复制，只是靠欺骗获得传播。现在，随着网络的普及，木马程序的危害变得十分强大，如今它常被用作在远程计算机之间建立连接，像间谍一样潜入用户的计算机，使远程计算机通过网络控制本地计算机。

6.3.2 计算机病毒的防治

1. 检测计算机病毒的基本方法

（1）外观检测法：计算机病毒侵入计算机系统后，会使计算机系统的某些部分发生变化，引起一些异常现象，如屏幕显示的异常现象、系统运行速度的异常、打印机并行端口的异常、通信串行口的异常等。可以根据这些异常现象来判断计算机病毒的存在，尽早发现计算机病毒，并做适当处理。

（2）特征代码法：计算机病毒程序一般具有明显的特征代码，这些特征代码可能是计算机病毒的感染标记（一般由若干个英文字母和阿拉伯数字组成）。特征代码也可能是一小段计算机程序，它由若干个计算机指令组成。特征代码不一定是连续的，也可以用一些通配符或模糊代码来表示任意代码，只要是同一种计算机病毒，在任何一个被该计算机病毒感染的文件或计算机中，总能找到这些特征代码，可以通过检测特征代码来判断计算机病毒的存在。

（3）实时监控法：这种方法实际上是利用计算机病毒的特有行为特征性来监测计算机病毒的方法，也称为行为监测法。计算机病毒有一些行为是共同的行为以实施传染或破坏的目的，这些行为往往比较特殊，很少出现在正常程序中。实时监控法的思想就是当程序运行时，利用操作系统底层接口技术监视其行为，一旦发现这些特殊的计算机病毒行为，就立即报警。

随着各类新型计算机病毒的不断出现，新的检查手段被不断开发出来，新一代的计算机病毒检测技术包括启发式代码扫描技术、启发式代码扫描技术、智能引擎技术、嵌入式杀毒技术、未知病毒查杀技术及压缩智能还原技术。

2. 清除计算机病毒的基本方法

在清除计算机病毒的过程中，需要注意一些一般性原则。杀毒需在无毒环境下进行，即将被感染的文件或载体加载到无毒环境中后再对其进行查杀。杀毒需要深入而全面，避免计算机病毒死灰复燃。对于交叉感染或重复感染的，需要按照感染的逆顺序从后向前依次清除。

一般的计算机用户可按照如下方法来对感染计算机病毒的系统进行修复处理。

（1）必须对系统破坏程度有一个全面的了解，并根据破坏的程度来决定采用有效的计算机病毒清除方法和对策。

（2）修复前，尽可能备份重要的数据文件。

（3）启动防杀计算机病毒软件，并对整个硬盘进行扫描。

（4）如果可执行文件中的计算机病毒不能被清除，则一般应将其删除，然后重新安装相应的应用程序。

（5）杀毒完成后，重启计算机，再次用防杀计算机病毒软件检查系统中是否还存在计算机病毒，并确定被感染破坏的数据确实被完全恢复。

（6）对于杀毒软件无法杀除的计算机病毒，还应将计算机病毒样本送交防杀计算机病毒软件厂商的研究中心，以供详细分析。

3. 计算机病毒的预防

随着网络的发展，人们使用网络的安全意识不断增强。几乎每一位计算机用户都有过被计算机病毒感染的经历。经历过计算机病毒入侵、文件丢失、系统损坏的用户都会意识到计算机病毒的危害性。

预防计算机病毒首先要认识到，防病毒软件不是万能的。很多人认为，只要装上了防病毒软件，就可以高枕无忧了，其实这是错误的。现在的计算机病毒普遍利用系统的漏洞进行攻击，通过大范围的网络地址扫描，将自己传播。要想有效地防范计算机病毒，要做到以下几个方面。

（1）及时给系统打上"补丁"，设置一个安全的密码。

（2）安装杀毒软件。

（3）定期使用杀毒软件扫描系统。

（4）更新防病毒软件。

（5）不要盲目单击未知链接和下载软件，特别是那些含有明显错误的网页。如需要下载软件，则到正规官方网站上下载。

（6）不要访问无名和不熟悉的网站，防止受到恶意代码攻击，或是恶意篡改注册表和 IE 主页。

（7）不要与陌生人和不熟悉的网友聊天，特别是那些 QQ 病毒携带者，因为他们不时自动发送消息，这也是其中毒的明显特征。

（8）关闭无用的应用程序，因为那些程序对系统往往会构成威胁，还会占用内存，降低系统运行速度。

（9）安装软件时，切记不要安装其携带软件，这些携带的软件往往是"流氓"软件，一旦安装了，就很难卸载，一般需要重装系统才能清除。

（10）不要轻易执行附件中的 EXE 和 COM 等可执行程序。这些附件极有可能带有计算机病毒或是黑客程序，轻易运行，很可能带来不可预测的结果。对于朋友和陌生人发过来的电子邮件中的可执行程序附件，必须检查，确定无异后才可使用。

（11）不要轻易打开附件中的文档文件。对于对方发送过来的电子邮件及相关附件的文档，首先要用"另存为"（Save As）命令将其保存到本地硬盘，待用查杀计算机病毒软件检查无毒后才可以打开使用。直接打开 DOC 或 XLS 等附件文档，会自动启用 Word 或 Excel，如有附件中有计算机病毒，则其会立刻传染；如有"是否启用宏"的提示，那绝对不要轻易打开文件，否则极有可能传染电子邮件计算机病毒。

（12）不要直接运行附件，对于文件扩展名很怪的附件，或者是带有脚本文件（如*.VBS、*.SHS 等）的附件，千万不要直接打开，一般可以删除包含这些附件的电子邮件，以保证计算机系统不受计算机病毒的侵害。

（13）邮件设置。如果使用 Outlook 作为收发电子邮件软件，则应当进行一些必要的设置。选择"工具"菜单中的"选项"命令，在"安全"中设置"附件的安全性"为 "高"；在"其他"中单击"高级选项"按钮，按"加载项管理器"按钮，不选中"服务器脚本运行"。最后单击"确定"按钮保存设置。

（14）慎用预览功能。如果使用 Outlook Express 作为收发电子邮件软件，则也应当进行一些必要的设置。选择"工具"菜单中的"选项"命令，在"阅读"中不选中"在预览窗格中自动显示新闻邮件"和"自动显示新闻邮件中的图片附件"。这样可以防止有些电子邮件计算机病毒利用 Outlook Express 的默认设置自动运行，破坏系统。

（15）警惕发送出去的电子邮件。对于自己往外传送的附件，也一定要仔细检查，确定无毒后，才可发送。虽然电子邮件计算机病毒相当可怕，但只要防护得当，还是完全可以避免传染上计算机病毒的，仍可放心使用。

通过以上对蠕虫病毒的种种描述及其爆发的症状，相信大家已经对其有了较深的理解。由于蠕虫病毒是通过网络传播的，在如今网络高度发达的时期，蠕虫病毒是防不胜防的，我们只有筑好自己计算机上的防火墙和养成良好的上网习惯，才能把危害降到最低。

6.3.3　典型计算机病毒案例

1. CIH 病毒

CIH 是一种计算机病毒，其名称源自它的作者陈盈豪的名字拼音缩写。该病毒被认为是最有害的广泛传播的计算机病毒之一，会破坏用户系统上的全部信息，在某些情况下，会重写系统的 BIOS。因为 CIH 病毒的 1.2 版和 1.3 版发作日期为 4 月 26 日（第一版病毒创造出来的时间），正好是苏联核电厂灾害"切尔诺贝利核事故"的纪念日，故曾认为病毒作者撰写动机和切尔诺贝利事件有关，因此 CIH 病毒也被称作切尔诺贝利（Chernobyl）病毒。

1998 年 9 月，山叶公司为感染了该病毒的 CD-R400 驱动提供一个更新固件。1998 年 10 月，用户传播的 Activision 公司游戏 SiN 的一个演示版本因为在某一用户的主机上接触被感染文档而受到感染。这个公司的传染源来自 IBM1999 年 3 月间发售的已感染 CIH 病毒的一组 Aptiva 品牌个人计算机。1999 年 4 月 26 日，公众开始关注 CIH 首次发作时，这些计算机已经运行一个月了。这是一宗大灾难，全球不计其数的计算机硬盘被垃圾数据覆盖，甚至破坏 BIOS，无法引导。至 2000 年 4 月 26 日，亚洲报称发生多宗损坏，但计算机病毒没有传播开来。2001 年 3 月发现 Anjulie 蠕虫病毒，它将 CIH v1.2 植入感染的系统。

针对 CIH 病毒可能篡改主版 BIOS 的特性，2000 年以后生产的很多主板配备了所谓的"反 CIH 系统"，其原理就是通过一个硬件跳线使得 BIOS 芯片（EEPROM 或 Flash）不能获得写入数据所需的电压，功能类似于磁带的"消磁防止挡舌"和软盘的"写保护"系统。该系统置于"打开"状态则可有效地从硬件上阻止 CIH 对 BIOS 的篡改，反之需要升级主板固件时，则必须将该跳线置于"关闭"状态。

CIH 引人注目的特点是它被认为是第一种可破坏计算机硬件的病毒（尽管严格来说 BIOS 仍属于软件范畴），CIH 病毒只在 Windows 95、Windows 98 和 Windows Me 系统上发作，影响有限。现在由于人们对它的威胁有了认知，且它只能运行于旧的 Windows 9X 操作系统，CIH 不再像它刚出现时分布那么广泛。

2. 震网病毒

震网（Stuxnet）又称作超级工厂，是一种基于 Windows 平台的计算机蠕虫，2010 年 6 月首次被安全公司 VirusBlokAda 发现，其名称根据代码中的关键字得来，但其传播是从 2009 年 6 月开始的甚至更早。它是首个针对工业控制系统的蠕虫病毒，利用 Microsoft 公司 Windows 操作系统和西门子控制系统的漏洞进行攻击，它最初借助 USB 闪存盘传播，然后感染网络中的其他计算机。

这是有史以来第一个攻击 PLC 控制系统的计算机蠕虫，也是已知的第一个以关键工业基础设施为目标的蠕虫。震网病毒的目标是伊朗核设施，它通过感染核设施中的核心设备——离心机的工业控制程序，借助系统漏洞获取该设备的最高控制权限，同时伪装自己。

震网感染离心机后，会向离心机控制器发出伪造指令，让离心机的转速突破正常范围，并最终导致机器烧毁。震网病毒的可怕之处还在于，它会屏蔽原系统的安全手段，拦截控制系统系统的报错信息，让本应发出的警报无法发出。震网病毒感染核工厂并获得控制权后，会强行禁用系统的报错机制，就算是离心机在高速运转的情况下濒于崩溃，也不会发出报错信息，致使伊朗核工厂的工作人员失去了紧急停机挽救离心机的最后机会。

3. 熊猫烧香

熊猫烧香是一种经过多次变种的计算机蠕虫病毒，2006 年 10 月 16 日由 25 岁的中国湖北武汉新洲区人李俊编写，2007 年 1 月初肆虐中国大陆网络，它主要透过网络下载的文件植入计算机系统。作者李俊先将此病毒在网络中卖给了 120 余人，然后由这 120 余人对此病毒进行改写处理并传播出去，这 120 余人的传播造成 100 多万台计算机感染此病毒，他们将盗取来的网友网络游戏及 QQ 账号进行出售牟利，并使用被病毒感染的机器组成"僵尸网络"为一些网站带来流量。

Windows 系统的用户中毒后，扩展名为 exe 的文件无法执行，并且文件的图标会变成熊猫举着三根烧着的香的图案，而扩展名为 gho 的赛门铁克公司软件 Norton Ghost 的系统磁盘备份文件也会被病毒自动检测并删除；大多数知名的网络安全公司的杀毒软件及防火墙会被病毒强制结束进程，甚至计算机会出现蓝屏、频繁重启的情况，病毒还利用 Windows 2000/XP 系统共享漏洞及用户的弱口令（如系统管理员密码为空），不少安全防范意识低的网吧及局域网环境中的全部计算机遭到此病毒的感染。另外，病毒执行后在各盘释放 autorun.inf 及病毒体自身，造成中毒者硬盘磁盘分区及 U 盘、移动硬盘等可移动磁盘均无法正常打开。

由于此病毒具有在 HTM、HTML、ASP、PHP、JSP、ASPX 等格式的网页文件中使用 HTML 的 iframe 标记元素嵌入病毒网页代码的能力，所以网页设计制作工作者的机器一旦中毒，那么使用过低版本或未更新安全补丁的 Windows 系列操作系统的网友访问他们设计的网站均会感染此病毒。

李俊创建了病毒更新服务器，在更新最频繁时一天要对病毒更新升级 8 次，与俄罗斯反病毒软件卡巴斯基反病毒库每 3 小时更新一次的更新速度持平，所以凭借更新的速度，杀毒软件很难识别此计算机病毒的多种变种。

6.4　网络应用及安全

6.4.1　安全浏览网页

对粗心的人来说，互联网可能会变成一个危险的地方，如果其一不小心登录伪造的钓鱼网站，则计算机可能会被窃取密码或感染恶意软件，这些软件会窃取用户的数据或向用户索要赎金。相反，只要用户掌握一些安全常识，了解常见的安全风险及规避措施，就可以在安全浏览网络的同时保障个人信息安全。

安全浏览网页应当从安全地使用浏览器开始，而恶意攻击浏览器的两种流行方式分别是钓鱼攻击和社交恶意软件攻击。据统计，至少 1/3 的互联网用户曾经面临社交恶意软件攻击。通过伪装成受害者的熟人、朋友或家人，恶意软件作者可以把木马或计算机病毒通过社交软件快速散播，这类软件可能窃取个人敏感信息或损坏硬件，勒索软件也是通过这种形式传播的。此类恶意软件的数量在近年来有了大幅度增长，其会对受害者的手机或计算机进行加密，除非受害者向其支付赎金方可解锁。

网络钓鱼攻击通常是植入恶意软件的前奏，但有时也用于窃取敏感数据。例如，用户收到来自银行的电子邮件或短信，恐吓其账户受到攻击，并要求用户使用账户名和密码登录"新版网上营业厅"，只是这些电子邮件或短信并不是来自银行，而是来自伪装成银行的钓鱼攻击的发起者。一旦泄露账户名和密码，那么用户的银行账户就面临失窃的风险。

1）安装并使用安全的网络浏览器

主流浏览器提供对恶意软件和钓鱼攻击的防护，例如，在最新的浏览器测试中，Microsoft Edge 浏览器阻止了 99% 的恶意样本，而 Google Chrome 为 85.9%，Mozilla Firefox 为 78.3%。以上浏览器使用了全新的攻击检测技术，允许浏览器在加载 URL 之前就检查其安全性，如果目标网站是一个已知的钓鱼网站，或者这些可疑的网站试图下载恶意软件，则用户会收到提醒并自行决定是否继续前往。

2）设置安全选项

可以通过对浏览器选项进行自定义来使得浏览器更安全，但安全性与便利性往往是同一个问题的两面，过于强调安全则往往失掉便利性，关闭一些可能带来安全风险的选项固然可以减少被攻击的风险，但同时减少了上网浏览的乐趣。例如，关闭 Cookie 可以防止被网站追踪，但许多网站拒绝在没有 Cookie 的情况下提供内容，启用或禁用 JavaScript 也是类型的情形。不过，应该打开的一个选项是"阻止弹出窗口"，以防止网站在用户浏览时弹出广告内容。

与其他软件一样，浏览器也需要不断更新，以确保其与最新的升级和修补程序保持同步，许多补丁程序是为了解决新发现的漏洞而创建，只需要保持浏览器自动更新选项打开，就可以确保浏览器会安装最新的补丁程序。

3）使用密码管理器

许多新的浏览器已经具备记住密码和表单内容的功能，这项功能可以记住每个网站的用户名和密码，并在打开登录页面的时候自动填写。

在注册新账号时，密码管理器通常具备自动生成建议密码的功能，这是因为许多用户在不经意间使用了由纯数字或英语单词组成的弱密码，这样的密码非常容易受到暴力猜测攻击，如果能为每个网站的账号都分配一个不同的强密码，就可以有效地避免这个问题。

复杂的强密码不但难以记忆，而且难以创建，密码管理器可以自动生成强密码，并确保这些密码此前没有被其他人使用过。

密码管理器的一大好处是它可以跨平台工作，例如，Microsoft Edge、Google Chrome 和 Mozilla Firefox 都可以在包括 Windows、Mac、Android 和 iOS 等多种平台上工作，无论是在台式机、笔记本还是在手机屏幕上，用户都可以在登录后使用浏览器自带的密码管理器。

4）确认网站的安全性

可以通过查看浏览器地址栏是否有小锁的标记来确认网站是否安全，这个标记代表计算机与网站之间的流量已被加密，并且网站的所有权已经过验证。不过，网站所有权并不能说明该网站的合法性。

5）从信任的来源下载软件

互联网上的许多网站提供软件下载功能，但其中许多网站都不值得信赖，或是因为它们用醒目的文字标记广告软件的下载连接，或是因为它们修改下载软件，在其中植入广告软件，更有甚者，在下载连接中加入计算机病毒或木马。

操作系统自带的应用商店是安全的，如 Microsoft 公司的 Microsoft Store 和 Apple 公司的 Mac App Store 等，因为其软件经过严格的人工审核。具有良好声誉的网站也是一种选择，应当警惕那些来源不明的软件，或在社交平台上分享的软件。如果用户不能确定该软件是否值得信赖，则不要下载或安装它。

6）尽可能使用两步验证

许多对我们生活很重要的软件或服务（如银行、微信、电子邮件等）都提供两步验证功能。

两步验证意味着，如果用户的账户登录行为很可疑，例如，登录的地理位置或计算机型号发生巨大变化，那么安全机制会介入并干预，两步验证机制会给用户的手机或电子邮箱发送一次性验证码，除非黑客同时攻破了用户的电子邮箱或手机，否则他们会被这种机制阻挡。所以，应当在条件允许的情况下，尽可能地使用两步验证功能。

7）及时修改密码

每当发生重大信息安全事故时，应当及时修改密码，因为这类事故通常伴随着大量用户的登录信息和个人隐私被黑客窃取，黑客会逐一尝试使用这些信息来窃取财物或进行更多攻击。及时修改可能泄露的密码是阻断攻击的有效手段。

8）及时更新操作系统和软件

当软件公司在其发布的软件中发现安全问题时，他们会发送更新程序来修补这些问题。除了少部分软件外，大部分软件在安装这些更新程序之前都会询问用户，请求用户的同意。根据调查，只有 32% 的人选择允许自动更新，38% 的人选择在方便的时候再进行更新，10% 的人从不进行更新。需要注意的是，当黑客试图利用安全漏洞时，出于费效比的考虑，其会选择在人们更新之前尽快进行攻击，如果放任软件系统漏洞存在，那么被攻击的可能性就会大大提高。

9）在信任的网站购物

大多数电子商务网站（如淘宝、京东、亚马逊）具备良好的信誉和安全系统。应当避免在不熟悉的网站购物或输入付款信息，以免遭受损失。

10）不使用不可信的 Wi-Fi

大多数家庭和商业场所的路由器都为 Wi-Fi 网络设置了加密，用户需要密码才能连接到网络，这可以避免其他无关人员加入网络，否则他们将获得对网络内部计算机或联网设备的任意访问权限。

当外出时，可能会遇公共 Wi-Fi 热点，这些热点有些设置了密码，有些则完全开放，连接到这些 Wi-Fi 热点通常意味着巨大的安全风险，因为黑客可能利用路由器窃听网络流量，向客户设备安装恶意软件或将用户导向钓鱼网站。应尽量选择安全的网络，或使用运营商提供的数据流量进行通信。

6.4.2　安全使用电子邮件

钓鱼邮件是指黑客伪装成同事、合作伙伴、朋友、家人等用户信任的人，通过发送电子邮件的方式，诱使用户回复电子邮件、单击嵌入电子邮件正文的恶意链接或者打开电子邮件附件以植入木马或间谍程序，进而窃取用户敏感数据、个人银行账户和密码等信息，或者在设备上执行恶意代码实施进一步的网络攻击活动。

钓鱼邮件是电子邮件使用过程中面临的一项主要威胁，根据调查机构发布的一项调查结果显示，钓鱼邮件的平均点击率是 10%，如果钓鱼邮件看起来是来自熟人或朋友，那么 68% 的人会点击它，而 61% 的人会点击那些标题为"你看到这张照片了吗"的钓鱼邮件。

主要的识别钓鱼邮件方法如下。

（1）看发件人地址。对于公务邮件，发件人多数会使用工作邮箱，如果发现对方使用的是个人邮箱账号或者邮箱账号拼写很奇怪，那么就需要提高警惕。另外，不要轻信发件人地址中显示的"显示名"，因为显示名实际上是可以随便设置的，要注意阅读发件邮箱全称。

（2）看电子邮件标题。大量钓鱼邮件主题关键字涉及"系统管理员""通知""订单""采购单""发票""会议日程""参会名单""历届会议回顾"等，收到此类关键词的电子邮件，需提高警惕。

（3）看正文措辞。对使用"亲爱的用户""亲爱的同事"等一些泛化问候的电子邮件应保持警惕，同时要对任何制造紧急气氛的电子邮件提高警惕，如要求"请务必今日下班前完成"，这是让人慌忙中犯错的手段之一。也不要放松对"熟人"邮件的警惕。攻击者常常会利用攻陷的组织内成员邮箱发送钓鱼邮件，如果收到了来自信任的朋友或者同事的电子邮件，且对电子邮件内容表示怀疑，则可直接拨打电话向其核实。

（4）看正文目的。当心对方索要登录密码，一般正规的发件人所发送的电子邮件是不会索要收件人的电子邮箱登录账号和密码的，所以在收到电子邮件后要留意此类要求以避免上当。

（5）看正文内容。不要轻易打开陌生电子邮件中的链接。正文中如果有链接地址，切忌直接打开，大量的钓鱼邮件使用短链接（如 http://t.cn/zWU7f71）或带链接的文字来迷惑用户。如果接到的电子邮件是邮箱升级、邮箱停用等办公信息通知类邮件，那么在打开链接时，还应认真比对链接中的网址是否为单位网址，如果不是，则该电子邮件可能为钓鱼邮件。

6.4.3　其他网络应用

1．远程登录

远程登录（Telnet）又叫远程终端或虚拟终端，允许一个地点的用户与另一个地点的计算机上运行的应用程序进行交互对话。远程登录使用支持 Telnet 协议的 Telnet 软件。

远程登录服务通过 telnet.exe 命令进入，Windows 系统内置了 Telnet 命令，在"运行"对话框中输入"Telnet"，进入 Telnet 模式，输入"help"或"？"，可以看到 Telnet 的常用命令。

2．电子公告栏系统

电子公告栏系统（Bulletin Board Service，BBS）是 Internet 提供的一项重要服务，指基于网络的实时或非实时的高度公开化的信息发布系统。现在，BBS 是一个广义的概念，凡在 Internet 上以电子布告牌、电子白板、电子论坛、网络聊天室和留言板等交互形式为上网用户提供信息发布的行为都属于 BBS。

现在，网上各类 BBS 论坛不计其数。BBS 站点通常开辟有若干主题的讨论区；在 BBS 中，可以阅读人们对各种问题的意见，还可以选择感兴趣的主题讨论区参加讨论，发表看法；在实时的聊天室还可以多人同时就某一问题进行讨论。

由于 BBS 是高度公开化的信息发布方式，通常 BBS 的正式注册成员都可以在上面发表言论，因此 BBS 必须保持一个良好和健康的讨论环境。对于不健康和低级趣味的言论，BBS 是坚决反对的。网站开辟 BBS 论坛，必须遵守国家的相关法律规定。

3．网络即时通信

随着 Internet 应用的日益大众化，各种网络聊天工具纷纷出现，以 MSN 和 QQ 为代表的网络即时通信已成为人们日常上网活动的重要部分。

1996 年底，4 个以色列年轻人编写了一款名为 ICQ 的 IM（即时通信软件）。人们一般认为 ICQ 的含义是 I Seek You（我找你）。

我国腾讯公司（网址为 http://www.qq.com）开发的中文 OperICQ（简称 OICQ，即 QQ），在国内拥有大量用户。QQ 支持显示好友在线信息，能即时传送文字、图片、语音和视频等多种信息，还可以传送文件和电子邮件、支持在线游戏，给人们的日常交流、休闲娱乐和工作学习带来了很多方便。

4．Blog 与微博

Blog 的中文意思是"网络日志"，而博客（Blogger）就是写 Blog 的人。很多网站都为用户提供免费的个人博客空间，一个 Blog 其实就是一个网页，它通常由简短且经常更新的帖子所构成，这些文章按照年份和日期倒序排列。

作为 Blog 的一种类型，近年来，微博变得非常流行。微博即微博客（MicroBlog）的简称，是一种新的基于用户关系的信息分享、传播及获取平台。用户可以通过 Web、WAP 及各种客户端组件个人社区，以简短文字更新信息，实现即时信息分享。

博客和微博是继 E-mail、BBS 和 ICQ 之后出现的第 4 种网络交流方式，代表新的生活方式和工作方式，更代表新的学习方式。博客和微博是 Internet 上的重要应用之一，是计算机文化中值得关注的现象。

6.5　本章小结

通过对本章的学习，读者应该掌握计算机网络和 Internet 的基础知识；理解计算机网络与网络信息的基本概念；了解 Internet 的发展史和基本常见的网络服务；了解计算机病毒的基础知识和计算机病毒的防治；掌握安全浏览网页和收发电子邮件的操作方法。具备了这些知识，可以更好地使用计算机网络为生活和学习服务。

6.6　练习题

一、单项选择题

1．HTML 文件不能在哪个软件中编写？（　　）

　　A．Edit　　　　　　　　　　　　　　　　　B．Word

　　C．WPS　　　　　　　　　　　　　　　　　D．Windows 的画笔

2．Netware 采用的通信协议是（　　）。

　　A．NetBEUI　　　　　B．NetX　　　　　　C．IPX/SPX　　　　　D．TCP/IP

3．TCP 协议的主要功能是（　　）。

　　A．数据转换　　　　　　　　　　　　　　　B．分配 IP 地址

　　C．路由控制　　　　　　　　　　　　　　　D．分组及差错控制

4．TCP 协议对应于 OSI 七层协议的（　　）。

　　A．会话层　　　　　B．物理层　　　　　C．传输层　　　　　D．数据层

5. HTML 语言是一种（　　　）。
   A. 标注语言　　　　　　B. 机器语言　　　　　　C. 汇编语言　　　　　　D. 算法语言

6. OSI（开放系统互连）参考模型的最底层是（　　　）。
   A. 表示层　　　　　　　B. 网络层　　　　　　　C. 应用层　　　　　　　D. 物理层

7. 以下 IP 地址中为 C 类地址是（　　　）。
   A. 123.213.12.23　　　　　　　　　　　　B. 213.123.23.12
   C. 23.123.213.23　　　　　　　　　　　　D. 132.123.32.12

8. 关于使用 FTP 下载文件，下列说法错误的是（　　　）。
   A. FTP 即文件传输协议　　　　　　　　　B. 登录 FTP 不需要账户和密码
   C. 可以使用专用的 FTP 客户机下载文件　　D. FTP 使用客户机/服务器模式工作

9. 哪类 IP 地址允许在一个网络上有超过 1000 台的主机？（　　　）
   A. A 类　　　　　　　　　　　　　　　　B. B 类
   C. C 类　　　　　　　　　　　　　　　　D. 以上所有的

10. Internet 广泛采用（　　　）交换技术。
    A. 程控交换　　　　　　B. 线路交换　　　　　　C. 电路交换　　　　　　D. 分组交换

11. URL 中的 HTTP 是指（　　　）。
    A. 超文本传输协议　　　　　　　　　　　B. 文件传输协议
    C. 计算机主机名　　　　　　　　　　　　D. TCP/IP 协议

12. 使用浏览器访问 WWW 站点时，下列说法正确的是（　　　）。
    A. 只能输入 IP　　　　　　　　　　　　 B. 需同时输入 IP 地址和域名
    C. 只能输入域名　　　　　　　　　　　　D. 输入 IP 地址或域名

13. 一座大楼内的一个计算机网络系统，属于（　　　）。
    A. PAN　　　　　　B. LAN　　　　　　C. MAN　　　　　　D. WAN

14. 电子邮件能传送的信息（　　　）。
    A. 是压缩的文字和图像信息　　　　　　　B. 只能是文本格式的文件
    C. 是标准 ASCII 字符　　　　　　　　　　D. 是文字、声音和图形图像信息

15. 接收电子邮件的服务器使用（　　　）协议。
    A. DNS　　　　　　B. POP3　　　　　　C. SMTP　　　　　　D. UDP

16. 目前我国电信部门开设的 Internet 接入方法中没有（　　　）。
    A. 拨号上网　　　　　　　　　　　　　　B. ADSL 接入
    C. 电力线上网　　　　　　　　　　　　　D. 局域网接入方式

17. 目前大多数家庭和小型企业采用的 Internet 接入为 ADSL，它的下载速率通常为（　　　）。
    A. 2～6Mb/s　　　　　B. 12Mb/s　　　　　C. 56kb/s　　　　　D. 100Mb/s

18. 小型企业通过 ADSL 共享方式接入 Internet 时，（　　　）不是必需的。
    A. ADSL Modem　　　　　　　　　　　　B. 以太网网卡
    C. 宽带路由器　　　　　　　　　　　　　D. 普通拨号 Modem

19. 现在市场上的宽带无线路由器的初始管理 IP 地址通常是（　　　）。
    A. 动态获得的　　　　B. 192.168.1.1　　　　C. 由用户指定的　　　　D. 172.16.01

20. IE 浏览器收藏夹的作用是（　　　）。
    A. 收集感兴趣的页面地址　　　　　　　　B. 记忆感兴趣的页面内容

C．收集感兴趣的文件内容 D．收集感兴趣的文件名

21．关于电子邮件，下列说法错误的是（   ）。

　A．发件人必须有自己的 E-mail 账户 B．必须知道收件人的 E-mail 地址

　C．发件人必须有自己的邮政编码 D．可以使用 Outlook 管理联系人信息

二、多项选择题

1．现在常用的计算机网络操作系统是（   ）。

　A．UNIX B．Linux

　C．Windows 2003 Server D．DOS

2．计算机局域网的特点是（   ）。

　A．覆盖的范围较小 B．传输速率高

　C．误码率低 D．投入较大

3．目前，连接 Internet 的方式有（   ）。

　A．通过有线电视网 B．拨号 IP

　C．仿真终端 D．通过局域网连接入网

4．局域网传输介质一般采用（   ）。

　A．光缆 B．同轴电缆 C．双绞线 D．电话线

5．OSI 七层协议中包括（   ）。

　A．传输层 B．网络层 C．TCP/IP 层 D．X25 层

三、填空题

1．HTML 语言程序的开始标记是_____，结束标记是_____。

2．符号 cdfz@163.com 表示_____，其中 163.com 表示_____。

3．在 ISO/OSI 参考模型中，数据链路层是第_____层。

4．FTP 是_____，它允许用户将文件从一台计算机传输到另一台计算机。

5．HTML 语言的命令 B，其开始标记是_____，结束标记是_____。

6．世界最早投入运行的计算机网络是_____。

7．TCP/IP 模型由低到高分别为_____、_____、_____、_____层次。

8．互联网中 URL 的中文意思是_____。

9．计算机网络的功能主要表现在_____、_____、_____等。

10．局域网的英文简称为_____，城域网的英文简称为_____，广域网的英文简称为_____。

四、简述题

1．什么是计算机网络？常见网络分为哪些类型？

2．局域网络的拓扑结构有哪几种？各有什么特点？

3．域名包括哪几部分？每部分的含义是什么？

4．用 IE 将网页添加到收藏夹与将网页保存到计算机有什么区别？

附录 A

计算机应用知识和
能力等级考试

全国计算机等级考试一级 Microsoft Office

考试大纲（2018 年版）

基本要求

1. 具有微型计算机的基础知识（包括计算机病毒的防治常识）。

2. 了解微型计算机系统的组成和各部分的功能。

3. 了解操作系统的基本功能和作用，掌握 Windows 的基本操作和应用。

4. 了解文字处理的基本知识，熟练掌握文字处理 Microsoft Word 的基本操作和应用，熟练掌握一种汉字（键盘）输入方法。

5. 了解电子表格软件的基本知识，掌握电子表格软件 Excel 的基本操作和应用。

6. 了解多媒体演示软件的基本知识，掌握演示文稿制作软件 PowerPoint 的基本操作和应用。

7. 了解计算机网络的基本概念和因特网（Internet）的初步知识，掌握 IE 浏览器软件和 Outlook Express 软件的基本操作和使用。

考试内容

一、计算机基础知识

1. 计算机的发展、类型及其应用领域。

2. 计算机中数据的表示、存储与处理。

3. 多媒体技术的概念与应用。

4. 计算机病毒的概念、特征、分类与防治。

5. 计算机网络的概念、组成和分类，计算机与网络信息安全的概念和防控。

6. 因特网网络服务的概念、原理和应用。

二、操作系统的功能和使用

1．计算机软、硬件系统的组成及主要技术指标。

2．操作系统的基本概念、功能、组成及分类。

3．Windows 操作系统的基本概念和常用术语，文件、文件夹、库等。

4．Windows 操作系统的基本操作和应用：

（1）桌面外观的设置，基本的网络配置。

（2）熟练掌握资源管理器的操作与应用。

（3）掌握文件、磁盘、显示属性的查看、设置等操作。

（4）中文输入法的安装、删除和选用。

（5）掌握检索文件、查询程序的方法。

（6）了解软、硬件的基本系统工具。

三、文字处理软件的功能和使用

1．Word 的基本概念，Word 的基本功能和运行环境，Word 的启动和退出。

2．文档的创建、打开、输入、保存等基本操作。

3．文本的选定、插入与删除、复制与移动、查找与替换等基本编辑技术，多窗口和多文档的编辑。

4．字体格式设置、段落格式设置、文档页面设置、文档背景设置和文档分栏等基本排版技术。

5．表格的创建、修改，表格的修饰，表格中数据的输入与编辑，数据的排序和计算。

6．图形和图片的插入，图形的建立和编辑，文本框、艺术字的使用和编辑。

7．文档的保护和打印。

四、电子表格软件的功能和使用

1．电子表格的基本概念和基本功能，Excel 的基本功能、运行环境、启动和退出。

2．工作簿和工作表的基本概念和基本操作，工作簿和工作表的建立、保存和退出；数据输入和编辑；工作表和单元格的选定、插入、删除、复制、移动；工作表的重命名和工作表窗口的拆分和冻结。

3．工作表的格式化，包括设置单元格格式、设置列宽和行高、设置条件格式、使用样式、自动套用模式和使用模板等。

4．单元格绝对地址和相对地址的概念，工作表中公式的输入和复制，常用函数的使用。

5．图表的建立、编辑、修改及修饰。

6．数据清单的概念，数据清单的建立，数据清单内容的排序、筛选、分类汇总，数据合并，数据透视表的建立。

7．工作表的页面设置、打印预览和打印，工作表中链接的建立。

8．保护和隐藏工作簿和工作表。

五、PowerPoint 的功能和使用

1．中文 PowerPoint 的功能、运行环境、启动和退出。

2．演示文稿的创建、打开、关闭和保存。

3．演示文稿视图的使用，幻灯片基本操作（版式、插入、移动、复制和删除）。

4．幻灯片基本制作（文本、图片、艺术字、形状、表格等插入及其格式化）。

5．演示文稿主题选用与幻灯片背景设置。

6．演示文稿放映设计（动画设计、放映方式、切换效果）。

7．演示文稿的打包和打印。

六、因特网（Internet）的初步知识和应用

1．了解计算机网络的基本概念和因特网的基础知识，主要包括网络硬件和软件，TCP/IP协议的工作原理，以及网络应用中常见的概念，如域名、IP 地址、DNS 服务等。

2．能够熟练掌握浏览器、电子邮件的使用和操作。

考试方式

上机考试，考试时长 90 分钟，满分 100 分。

1．题型及分值

单项选择题（计算机基础知识和网络的基本知识） 20 分。

Windows 操作系统的使用 10 分。

Word 操作 25 分。

Excel 操作 20 分。

PowerPoint 操作 15 分。

浏览器（IE）的简单使用和电子邮件收发 10 分。

2．考试环境

操作系统：中文版 Windows 7。

考试环境：Microsoft Office 2010。

全国计算机等级考试二级 Microsoft Office 高级应用

考试大纲（2018 年版）

基本要求

1. 掌握计算机基础知识及计算机系统组成。

2. 了解信息安全的基本知识，掌握计算机病毒及防治的基本概念。

3. 掌握多媒体技术基本概念和基本应用。

4. 了解计算机网络的基本概念和基本原理，掌握因特网网络服务和应用。

5. 正确采集信息并能在文字处理软件 Word、电子表格软件 Excel、演示文稿制作软件 PowerPoint 中熟练应用。

6. 掌握 Word 的操作技能，并熟练应用编制文档。

7. 掌握 Excel 的操作技能，并熟练应用进行数据计算及分析。

8. 掌握 PowerPoint 的操作技能，并熟练应用制作演示文稿。

考试内容

一、计算机基础知识

1. 计算机的发展、类型及其应用领域。

2. 计算机软硬件系统的组成及主要技术指标。

3. 计算机中数据的表示与存储。

4. 多媒体技术的概念与应用。

5. 计算机病毒的特征、分类与防治。

6. 计算机网络的概念、组成和分类，计算机与网络信息安全的概念和防控。

7. 因特网网络服务的概念、原理和应用。

二、Word 的功能和使用

1. Microsoft Office 应用界面使用和功能设置。

2. Word 的基本功能，文档的创建、编辑、保存、打印和保护等基本操作。

3. 设置字体和段落格式、应用文档样式和主题、调整页面布局等排版操作。

4. 文档中表格的制作与编辑。

5. 文档中图形、图像（片）对象的编辑和处理，文本框和文档部件的使用，符号与数学公式的输入与编辑。

6. 文档的分栏、分页和分节操作，文档页眉、页脚的设置，文档内容引用操作。

7. 文档审阅和修订。

8. 利用邮件合并功能批量制作和处理文档。

9. 多窗口和多文档的编辑，文档视图的使用。

10. 分析图文素材，并根据需求提取相关信息引用到 Word 文档中。

三、Excel 的功能和使用

1. Excel 的基本功能，工作簿和工作表的基本操作，工作视图的控制。

2. 工作表数据的输入、编辑和修改。

3．单元格格式化操作、数据格式的设置。

4．工作簿和工作表的保护、共享及修订。

5．单元格的引用、公式和函数的使用。

6．多个工作表的联动操作。

7．迷你图和图表的创建、编辑与修饰。

8．数据的排序、筛选、分类汇总、分组显示和合并计算。

9．数据透视表和数据透视图的使用。

10．数据模拟分析和运算。

11．宏功能的简单使用。

12．获取外部数据并分析处理。

13．分析数据素材，并根据需求提取相关信息引用到 Excel 文档中。

四、PowerPoint 的功能和使用

1．PowerPoint 的基本功能和基本操作，演示文稿的视图模式和使用。

2．演示文稿中幻灯片的主题设置、背景设置、母版制作和使用。

3．幻灯片中文本、图形、SmartArt、图像（片）、图表、音频、视频、艺术字等对象的编辑和应用。

4．幻灯片中对象动画、幻灯片切换效果、链接操作等交互设置。

5．幻灯片放映设置，演示文稿的打包和输出。

6．分析图文素材，并根据需求提取相关信息引用到 PowerPoint 文档中。

考试方式

上机考试，考试时长 120 分钟，满分 100 分。

1．题型及分值

单项选择题 20 分（含公共基础知识部分 10 分）。

Word 操作 30 分。

Excel 操作 30 分。

PowerPoint 操作 20 分。

2．考试环境

操作系统：中文版 Windows 7。

考试环境：Microsoft Office 2010。

反侵权盗版声明

电子工业出版社依法对本作品享有专有出版权。任何未经权利人书面许可，复制、销售或通过信息网络传播本作品的行为，歪曲、篡改、剽窃本作品的行为，均违反《中华人民共和国著作权法》，其行为人应承担相应的民事责任和行政责任，构成犯罪的，将被依法追究刑事责任。

为了维护市场秩序，保护权利人的合法权益，我社将依法查处和打击侵权盗版的单位和个人。欢迎社会各界人士积极举报侵权盗版行为，本社将奖励举报有功人员，并保证举报人的信息不被泄露。

举报电话：（010）88254396；（010）88258888

传　　真：（010）88254397

E-mail：　dbqq@phei.com.cn

通信地址：北京市海淀区万寿路 173 信箱
　　　　　电子工业出版社总编办公室

邮　　编：100036